职业技能等级认定培训教材

工业机器人系统运维员

（基础知识）

林燕文　李福运　主编

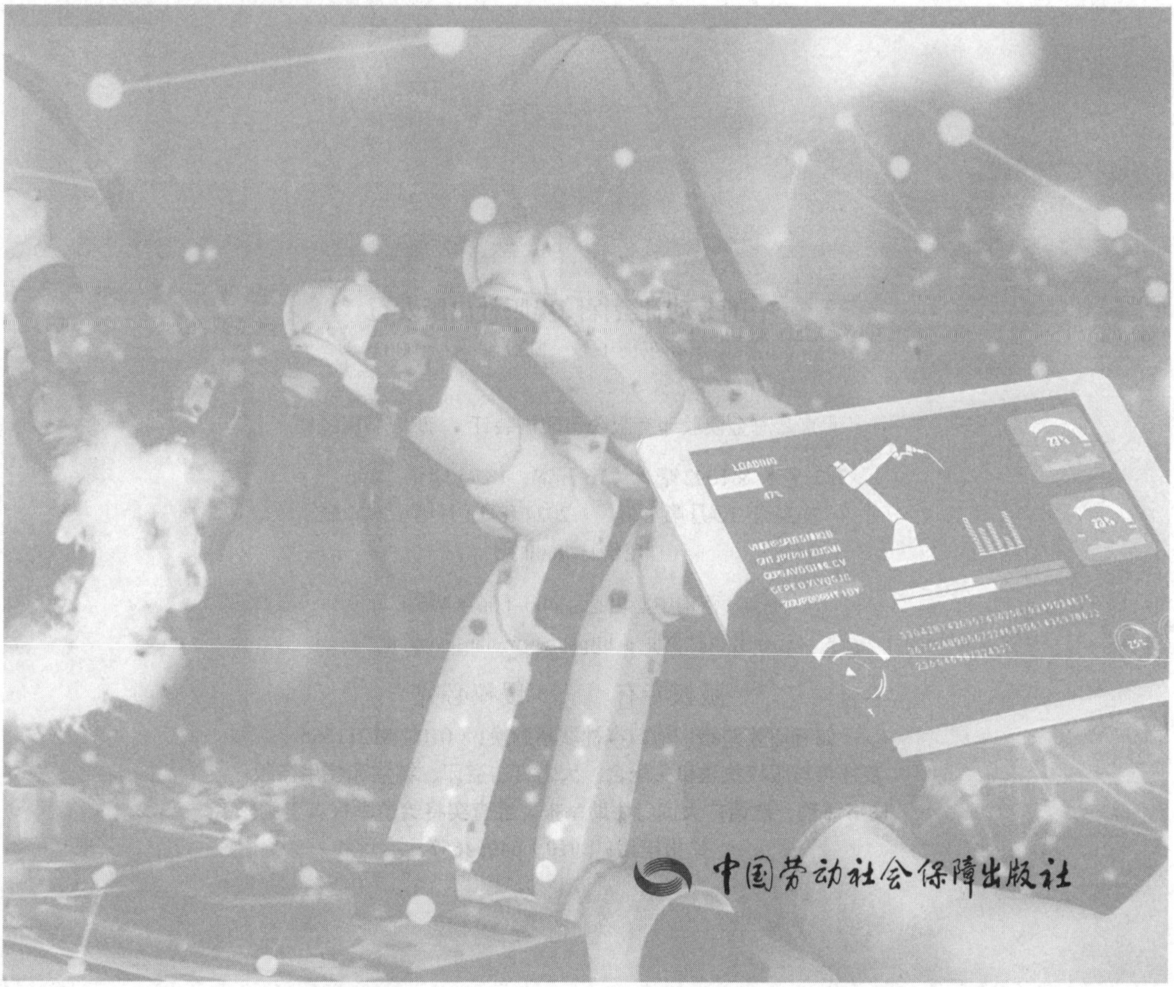

中国劳动社会保障出版社

图书在版编目（CIP）数据

工业机器人系统运维员：基础知识 / 林燕文，李福运主编. -- 北京：中国劳动社会保障出版社，2024.

（职业技能等级认定培训教材）. -- ISBN 978-7-5167-6695-8

Ⅰ. TP242.2

中国国家版本馆 CIP 数据核字第 2024V6A738 号

中国劳动社会保障出版社出版发行

（北京市惠新东街 1 号　邮政编码：100029）

*

北京鑫海金澳胶印有限公司印刷装订　　新华书店经销

787 毫米 ×1092 毫米　16 开本　18.75 印张　296 千字

2024 年 12 月第 1 版　　2024 年 12 月第 1 次印刷

定价：48.00 元

营销中心电话：400-606-6496

出版社网址：https://www.class.com.cn

本书编审人员

主　编　林燕文　李福运

编　者　苏冬胜　胡　敏　刘晓锋　徐文谦　洪　震　刘　曼
　　　　殷　欢　钟桂林　王　斌　王　强　李　阳　杨俊卿
　　　　陈南江　李　潭　宋伟宁　吴东临　谭　红　马法源

主　审　靖　娟　侯　江

前　言

为加快建立劳动者终身职业技能培训制度，全面推行职业技能等级制度，推进技能人才评价制度改革，进一步规范培训管理，提高培训质量，有关专家根据《工业机器人系统运维员国家职业技能标准（2020年版）》（以下简称《标准》）和职业培训包课程规范编写了工业机器人系统运维员职业技能等级认定培训系列教材（以下简称等级教材）。

工业机器人系统运维员等级教材紧贴《标准》和职业培训包课程规范要求编写，内容上突出职业能力优先的编写原则，结构上按照职业功能模块分级别编写。该等级教材共包括《工业机器人系统运维员（基础知识）》《工业机器人系统运维员（中级）》《工业机器人系统运维员（高级）》《工业机器人系统运维员（技师　高级技师）》4本。《工业机器人系统运维员（基础知识）》是各级别工业机器人系统运维员均需掌握的基础知识，其他各级别教材内容分别包括各级别工业机器人系统运维员应掌握的理论知识和操作技能。

本书是工业机器人系统运维员等级教材中的一本，是职业技能等级认定推荐教材，也是职业技能等级认定题库开发的重要依据，已纳入职业培训包教材资源，适用于职业技能等级认定培训和中短期职业技能培训。

本书在编写过程中得到青葵智造（北京）科技有限公司、宜昌市人力资源和社会保障局、宜昌市职业技能鉴定指导中心、宜昌市点军区人力资源和社会保障局、南昌市人力资源和社会保障局、广东松山职业技术学院、江西科技师范大学、伊犁师范大学、南昌技师学院、青岛技师学院、云南技师学院、北京电子科技职业学院、江西制造职业技术学院、江西机电职业技术学院、江西现代职业技术学院、广西生态工程职业技术学院、安徽机电职业技术学院、宜昌科谷技工学校、佛山市华材职业技术学校、柳州五菱汽车科技有限公司、宜昌青葵机器人科技有限公司、南昌市言诺科技有限公司、宜昌蒲公英职业培训学校有限公司、上海发那科机器人有限公司等单位的大力支持与协助，在此一并表示衷心感谢。

目　录 CONTENTS

职业模块 1
职业认知与职业道德

培训课程 1

职业认知

一、工业机器人系统运维员的职业定义

工业机器人系统运维员是使用工具、量具、检测仪器及设备，对工业机器人、工业机器人工作站或系统进行数据采集、状态监测、故障分析与诊断、维修及预防性维护与保养作业的人员。

工业机器人系统运维员的工作任务包括以下内容。

1. 对工业机器人本体、末端执行器、周边装置等机械系统进行常规性检查、诊断。

2. 对工业机器人电控系统、驱动系统、电源及线路等电气系统进行常规性检查、诊断。

3. 根据维护保养手册，对工业机器人本体、工业机器人工作站或系统进行零位校准、防尘、更换电池、更换润滑油等维护保养。

4. 使用测量设备采集工业机器人本体、工业机器人工作站或系统运行参数、工作状态等数据，并进行监测。

5. 对工业机器人工作站或系统的故障进行分析、诊断与维修。

6. 编制对工业机器人系统进行维护、维修的工作流程。

二、工业机器人的定义

美国机器人工业协会提出：工业机器人是用来搬运材料、工具的可编程多功能机械手，或通过调用不同程序来完成各种工作任务的特种装置。

我国科学家对机器人的定义是：机器人是一种自动化的机器，这种机器具

备一些与人和生物相似的能力，如感知能力、规划能力、动作能力和协同能力，是一种具有高度灵活性的自动化机器。

而国际标准化组织曾于 1987 年对工业机器人给出了定义：工业机器人是一种具有自动控制操作和移动功能的可编程操作机，能完成多种作业。

最新的 ISO 8373：2012 对工业机器人给出了更具体的解释：工业机器人具备自动控制及可再编程、多用途功能。机器人操作机具有三个或三个以上的可编程轴。在工业自动化应用中，机器人的底座可固定也可移动。

尽管定义各不相同，但指明了工业机器人所具有的四个基本特点，具体见表 1–1。

表 1–1　工业机器人的特点

序号	特点	说明
1	可编程	生产自动化的进一步发展是柔性自动化。工业机器人可以再编程，程序流程可变，即具有柔性
2	拟人化	工业机器人在机械结构上有类似人的大臂、小臂、手腕、手爪等部分。此外，智能化工业机器人还有许多类似人类的“生物传感器”，如皮肤型接触传感器、力传感器、负载传感器、视觉传感器等
3	通用性	除了专门设计的专用工业机器人以外，一般的工业机器人可以在无人参与的情况下，自动完成多种动作功能
4	涉及学科广泛	就工业机器人技术而言，属于机械学和微电子学的结合

值得一提的是，经过多年发展，部分工业机器人除了以上特点，已具备了优异的协同合作能力，最大限度地优化了人力和机器资源的分配与利用。图 1–1 所示为遨博工业协作机器人与运维员协同作业。

图 1–1　遨博工业协作机器人与运维员协同作业

机器人技术的发展将带动其他技术的发展，机器人技术的发展和应用水平也可以验证一个国家科学技术和工业的发展水平。

三、工业机器人系统运维仪器、设备及工具（见表 1-2）

表 1-2 工业机器人系统运维仪器、设备及工具

名称	图示	说明
扭力扳手	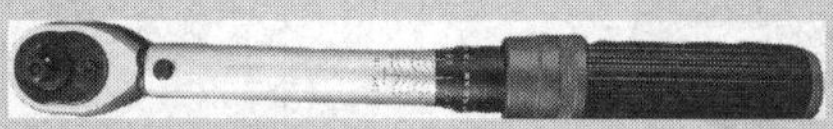	用于螺钉、螺栓、螺母等螺纹紧固件，使用时可以根据需要控制施加的力矩大小
百分表	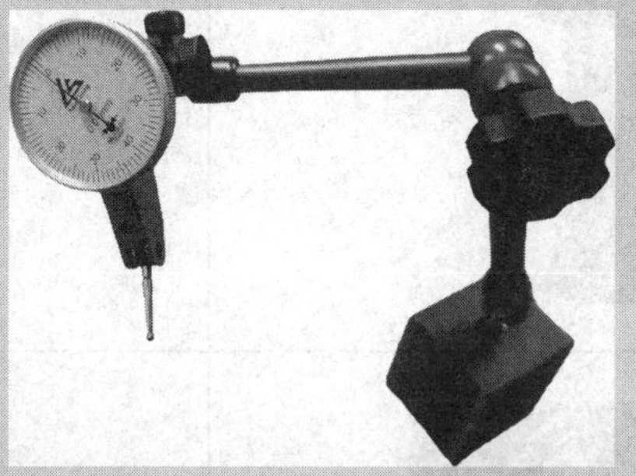	检测工件的形状和位置误差等，也可以用于校正零件的安装位置
水平仪		检验设备的直线度和安装的水平位置、垂直位置
测振仪	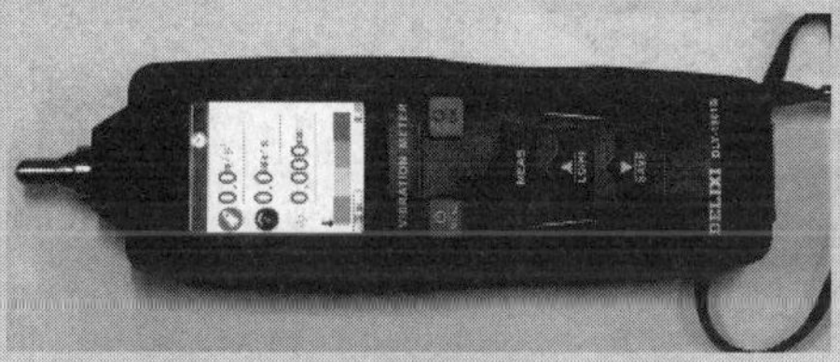	用于设备常规振动的测量（如振动位移、速度、加速度等系统参数）
防静电手套	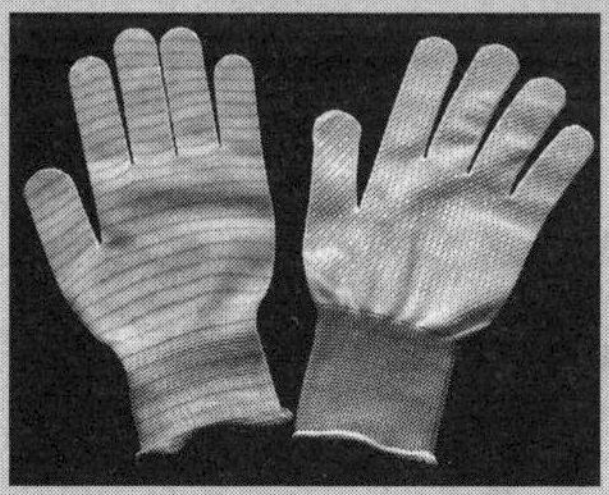	可确保在进行精密器件组装时不会对产品造成破坏，同时防止静电对人体造成伤害
工业擦拭布		具有吸收力强、不损伤物体表面、不掉毛屑、无静电产生等特点，可配合溶剂一起使用

续表

名称	图示	说明
噪声测试仪		可对工业环境做噪声检测，以便维护人员对噪声采取相应控制措施
测温仪		可对工业环境的温度进行测量，以便维护人员对设备温度进行管控
兆欧表	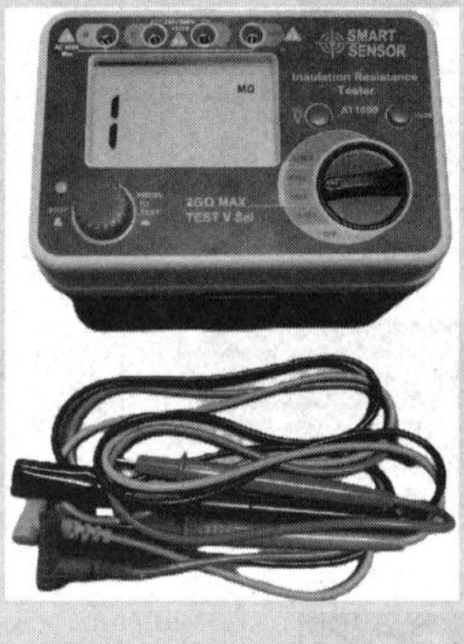	用于测量电路、电动机绕组、电缆、电气设备等的绝缘电阻
钳形万用表	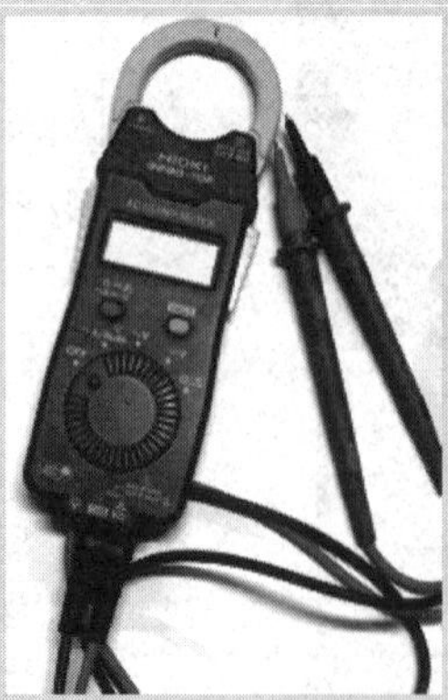	用于测量设备的电阻、电压、电流等

续表

名称	图示	说明
电工工具箱	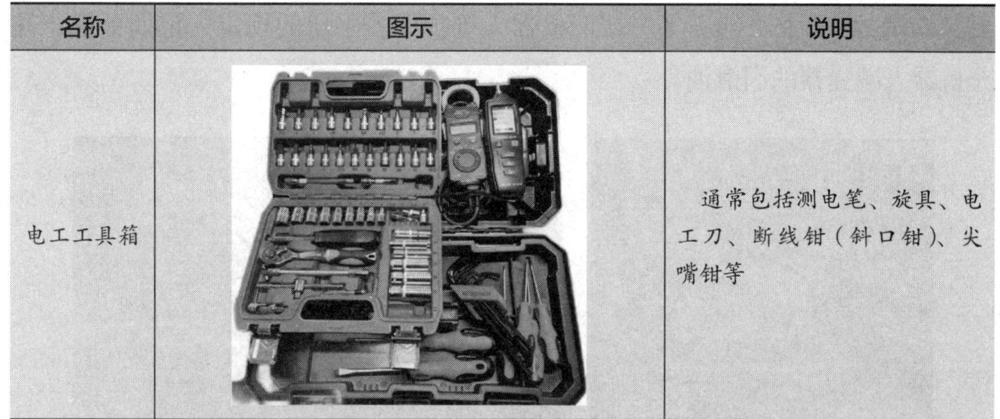	通常包括测电笔、旋具、电工刀、断线钳（斜口钳）、尖嘴钳等

四、工业机器人系统运维员的工作内容

工业机器人是一种通用性很强的自动化设备，可根据作业要求完成各种动作，再配上不同类型的末端执行器，就能完成各种不同的作业。在日常工作中，工业机器人的本体、末端执行器等机械系统难免会发生故障而影响机器人的运行，导致无法准确地完成工作，如传动皮带松动、齿轮磨损、减速机漏油等，这些故障可以直接观察到，如图 1–2、图 1–3 所示；而有些故障必须借助工具检测才能确定具体原因及处理方式，如图 1–4、图 1–5 所示。

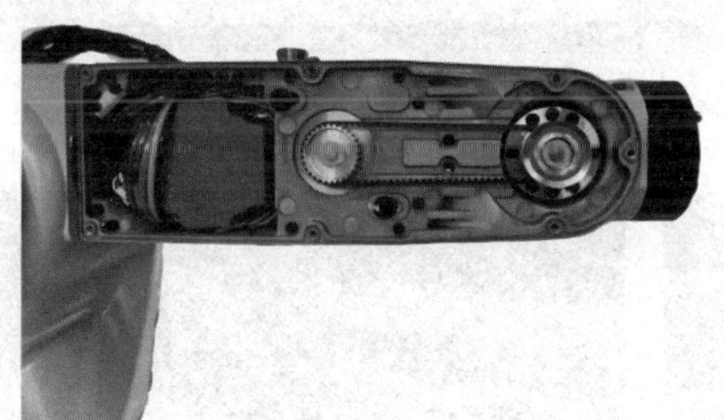

图 1–2　观察工业机器人传动皮带、齿轮

在对电气系统进行检查时，可使用万用表、旋具、扳手等工具对主电路、控制电路（I/O 信号、控制按钮）、气路等进行检查，如图 1–6 所示。

除日常修护工作外，在工业机器人工作站运行过程中，若由于误操作、临时断电、超负荷运行等原因导致系统发生故障，需要进行系统故障修复时，可参阅维修手册中的“基于报警代码的常见问题处理方法”进行故障处理与修复。

常见系统维护工作内容有零位校准（见图 1-7）、更换电池（见图 1-8）、更换润滑油（见图 1-9）等。按照机器人维护保养手册的规定，定期更换、补充机器人减速器的润滑油。

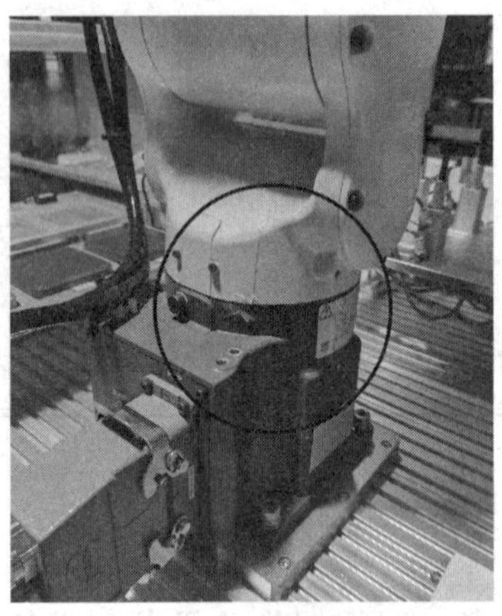

图 1-3　工业机器人减速机漏油

图 1-4　末端执行器（夹爪）行程调整

图 1-5　工业机器人本体水平检查

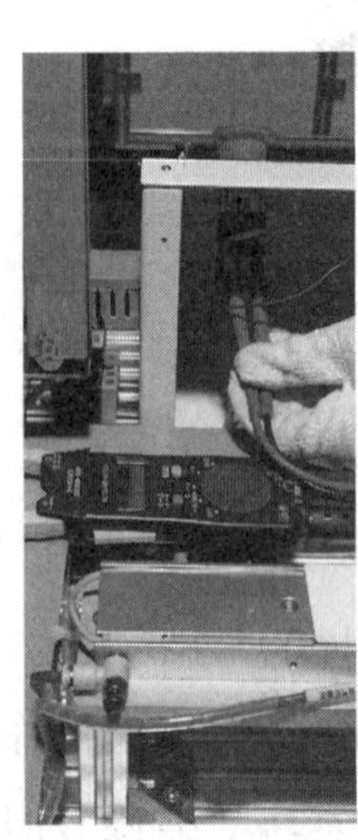

图 1-6　使用万用表对工业机器人电气系统进行检查

图 1–7　零位校准

图 1–8　更换电池

图 1–9　更换润滑油

在工业机器人工作时，需要对工业机器人工作站或系统的运行参数、工作状态进行监测，以便及时发现并处理报警问题，如图 1–10 所示。

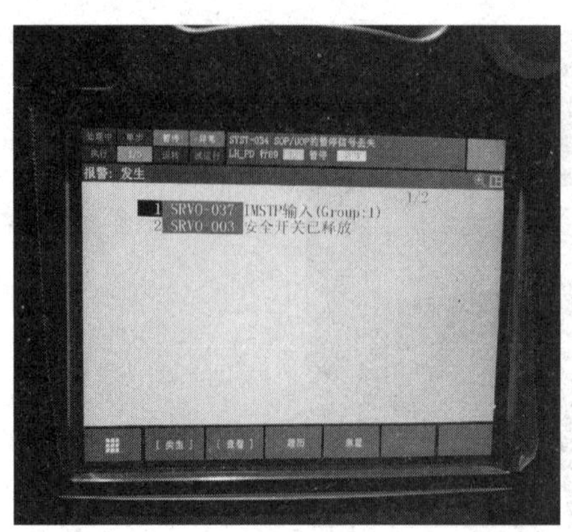

图 1–10 处理机器人运行过程中发生的报警

通常，为了延长工业机器人的使用寿命，需要定期对其做运行维护检查，并通过“工业机器人运维检修报告表”记录每次检修的内容及时间，示例见表 1–3。

表 1–3 工业机器人运维检修报告表

工业机器人运维检修报告			
设备名称	××× 机器人	型号	QKZZ–01A
检修日期	20×× 年 ×× 月 ×× 日	使用部门	×××
检修人员	××、××		
检修内容	机器人运行状态（或工业机器人工作站）		
检修方案	①先断电，检查设备零件是否有损毁； ②上电操作，运行程序，查看是否有报警。		
控制措施落实情况	安全措施已就位，工装穿戴完成。 检查人：×× 20×× 年 ×× 月 ×× 日		
检修情况记录	①运维平台各设备无损坏现象； ②机器人上电； ③运行程序，查看是否有报警； ④根据报警内容进行修复； ⑤检修完毕，机器人正常运行，无报警。		
检修后的安全状态	机器人正常运行，无报警。 确认人：×× 20×× 年 ×× 月 ×× 日		
使用部门意见	可以正常使用。 确认人：×× 20×× 年 ×× 月 ×× 日		
备注			

培训课程 2 职业道德基本知识

一、道德

1. 道德的概念

道德是一种社会意识形态，以善恶为判断标准，不以个人的意志转移，顺理则为善，违理则为恶。道德是对理想人格的推崇，往往代表着社会的正面价值取向，起判断行为正当与否的作用。

道德具有教育、导向的功能，与政治、法律、艺术等意识形态有密切的关系。道德的特点见表 1–4。

表 1–4 道德的特点

序号	特点	说明
1	共同性	在类似或相同的经济条件、文化背景和民族心理环境下，人们存在某类相似或相同的特性
2	民族性	一个民族区别于其他民族的特征，包括民族的精神、气质、语言、风俗、习惯、传统及生活方式等。不同民族间的道德标准亦有所不同
3	历史继承性	道德既有发展的一面，又有继承的一面
4	自律性	道德主体借助于对客观世界的认识，自愿地认同社会道德规范，并结合个人的实际情况践行，把被动的服从变为主动的律己

2. 道德的作用

道德在社会中起到非常重要的作用，它可以影响个人的行为和社会的运作。道德的作用主要有以下六个方面。

（1）引导个人行为。道德为个人提供了一套行为准则和规范，帮助人们判断是非对错，指导人们做出正确的选择。

（2）促进社会和谐。道德强调尊重他人的权利和利益，促进人与人之间的和谐相处，减少冲突和矛盾。

（3）维护社会秩序。道德规范有助于维护社会的稳定和秩序，防止违法犯罪行为的发生。

（4）培养良好品德。遵循道德规范可以培养个人的良好品德，如诚实、正直、善良、宽容等。

（5）增强社会凝聚力。共同的道德价值观可以增强社会的凝聚力，使人们增加认同感和归属感。

（6）推动社会进步。道德观念的不断发展和进步，可以推动社会文明的进步和发展。

二、职业道德

《新时代公民道德建设实施纲要》要求：推动践行以爱岗敬业、诚实守信、办事公道、热情服务、奉献社会为主要内容的职业道德，鼓励人们在工作中做一个好建设者。

1. 职业道德的概念

职业道德属于道德这个庞大体系中的重要一员，是指从事一定职业的人们在职业活动中应该遵循的行为规范和伦理准则。它调节从业人员与服务对象、从业人员与职业之间的关系，是职业或行业范围内的特殊要求，是社会道德在职业领域的具体体现。职业道德的基本要素见表 1–5。

表 1–5　职业道德的基本要素

序号	基本要素	说明
1	职业理想	对职业境界的追求和向往，是人们世界观、人生观、价值观在职业活动中的集中体现。它是形成职业态度的基础，是实现职业目标的精神动力
2	职业态度	对岗位工作一种相对稳定的劳动态度和心理倾向，是从业者精神境界、职业道德素养和劳动态度的重要体现
3	职业义务	在职业活动中自觉地履行对他人、社会应尽的职业责任
4	职业纪律	从业者在岗位工作中必须遵守的规章、制度、条例等职业行为规范。例如，国家公安、司法人员必须秉公执法、铁面无私等

续表

序号	基本要素	说明
5	职业良心	从业者在履行职业义务中所形成的对职业责任的自觉意识和自我评价活动。所从事的职业和岗位不同，职业良心的表现形式也不同
6	职业荣誉	社会对从业者职业道德活动价值所做出的褒奖和肯定评价，以及从业者在主观认识上对自己职业道德活动的一种自豪、自尊的荣辱意向
7	职业作风	从业者在职业活动中表现出来的相对稳定的工作态度和职业风范。从业者在职业岗位中表现出来的尽职尽责、奋力拼搏、艰苦奋斗等作风都属于职业作风

2. 职业道德的作用

职业道德是社会道德体系的重要组成部分，它一方面具有社会道德的一般作用，另一方面又具有自身的特殊作用，具体见表 1–6。

表 1–6　职业道德的作用

序号	作用	说明
1	调节从业人员内部及与服务对象间的关系	职业道德的基本职能是调节职能
2	有助于维护本行业的信誉	从业人员职业道德水平高是产品质量和服务质量的有效保证
3	促进本行业的发展	行业、企业的发展有赖于良好的经济效益，而良好的经济效益源于高素质的员工
4	有助于提高全社会的道德水平	职业道德是社会道德的重要内容
5	劳动精神契合职业道德建设的价值目标	劳动是职业道德形成和发展的基础。习近平总书记指出，劳动是人类的本质活动，劳动光荣、创造伟大是对人类文明进步规律的重要诠释
6	劳模精神彰显职业道德建设的榜样力量	劳模精神是劳动模范在职业活动中展现出来的优秀职业素养与职业道德的凝练
7	工匠精神提升职业道德建设的专业高度	工匠精神是劳动者实现自我价值的重要途径。工匠精神是一种职业精神，它是职业道德、职业能力、职业品质的体现，是从业者的一种职业价值取向和行为表现

劳动者对职业的敬畏、对工作的执着、对产品和服务质量的严格要求，塑造了不断追求完美和卓越的工匠精神。具有工匠精神的劳动者视岗位工作为职业使命和职业理想，能够主动履行职业义务和职业责任。

习近平总书记强调：“激励更多劳动者特别是青年一代走技能成才、技能报国之路，培养更多高技能人才和大国工匠。”

在职业岗位上传承弘扬工匠精神是工业机器人系统运维员的重要使命，执着专注、精益求精、一丝不苟、追求卓越，练就高强的专业能力和专业素养，书写属于自己的“工匠故事”。

培训课程 3 职业守则

一、爱岗敬业，忠于职守

“爱岗敬业”意味着对自己所从事的工作充满热情和敬业精神。它不仅是对工作的一种态度，更是一种职业素养。

“忠于职守”强调对工作职责的忠诚和坚守。它意味着认真履行自己的工作职责，不偏离岗位要求，不逃避责任。

“爱岗敬业，忠于职守”是一种积极向上的职业道德准则，它对个人的职业发展和组织的成功都具有重要意义。

二、勤奋进取，精通业务

“勤奋进取”意味着持续不断地努力工作，不满足于现状，积极追求进步和提高。它包括付出额外的努力、持续学习和自我发展。

“精通业务”强调对所从事领域的深入了解和专业知识的掌握。它不仅要求扎实掌握工作的基本技能和流程，还要求了解行业趋势、最新技术和最佳实践。精通业务的人能够高效地完成工作任务，形成高质量的成果，并在工作中展现出专业水准。

“勤奋进取，精通业务”是一种积极的职业态度和追求，它能够帮助个人在职业生涯中取得成功，提升个人竞争力，并为组织的发展做出贡献。

三、遵守法律，团结协作

“遵守法律”意味着尊重和遵守国家的法律、法规，这是每个公民的基本义务和责任。遵守法律有助于维护社会秩序、保护公共利益和个人权益，建立一个公平、安全和有序的社会环境。

“团结协作”强调人们之间相互合作、共同努力的重要性。在一个团队、组织或社区中，通过团结协作，个人的力量可以得到整合和增强，从而实现更远大的目标。团结协作能够促进信息共享、资源整合和协同工作，从而提高效率和效果。

“遵守法律，团结协作”是一种重要的价值观和行为准则，它有助于建立和谐社会，增强组织效能，培养个人的良好品德。

四、爱护设备，安全操作

“爱护设备”意味着要珍惜和善待所使用的设备，包括定期维护与保养、正确使用、避免滥用和损坏设备等，从而延长设备的寿命，提高工作效率，减少设备维修和更换的成本。

“安全操作”强调在操作设备时要遵循安全规定和程序，以确保人员与设备的安全，包括穿戴适当的个人防护装备、了解设备的操作手册和安全指南、遵守操作流程、避免危险行为等。安全操作有助于防止事故和伤害的发生，保护人员的生命安全，保护设备财产不受损失。

“爱护设备，安全操作”是一种负责任和专业的工作态度，不仅有助于提高工作效率和质量，还能保护人员与设备的安全，减少潜在的风险和损失。

五、诚实守信，讲求信誉

“诚实守信”意味着我们要保持诚实，不说谎，不欺骗他人。无论是在个人生活还是职业生涯中，诚实守信都是赢得别人信任和尊重的关键。

“讲求信誉”是指通过高质量的工作、优质的产品或服务来建立良好的声誉。一个有信誉的人或组织能够赢得客户的信任和忠诚度，因为他们知道诚信者会始终如一地提供可靠的结果。

“诚实守信，讲求信誉”对于个人和组织都非常重要，不仅有助于建立长期的信任关系、促进合作、增强社会和谐，还能为个人和组织赢得声誉和成功。

六、精益求精，追求匠心

“精益求精”意味着不断努力提高技能和表现，力求做到最好。它是一种持续改进的心态，不断寻求改进的机会，以求达到更高的水平。

“追求匠心”强调的是对工作的热爱和专注。匠心独具的人不仅仅是为了完成任务而工作，而是将自己的心血和灵魂融入每一个细节，追求的是创造出独特而高质量的作品或成果，对自己的工作充满热情，并愿意付出额外的努力来追求卓越。

“精益求精，追求匠心”的态度能够带来许多好处。它可以促使个人不断成长和进步，提高专业技能，学习专业知识。同时，这种态度还能够激发个人的创造力和创新精神，从而创造出更多独特而有价值的成果。

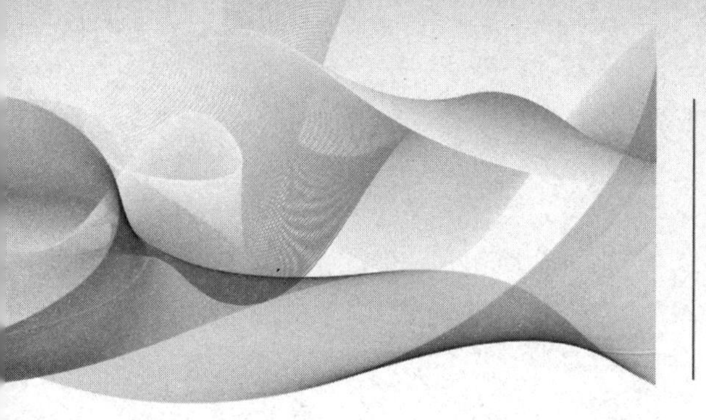

职业模块 2 通用知识

培训课程 1

计算机技术基础

一、计算机系统

计算机是一种用于高速计算的现代化智能电子设备，可以进行数值计算和逻辑运算，具有存储记忆功能，能够按照程序运行，自动、高速处理海量数据。

计算机的发展历程见表 2–1。

表 2–1　计算机的发展历程

发展	描述
第一台电子管计算机	采用电子管作为逻辑元件，用磁鼓或磁芯作为存储器，输入 / 输出设备主要是穿孔卡片或纸带。这时的计算机体积庞大，耗电量大，可靠性差，运算速度慢，主要用于数值计算
第二代晶体管计算机	采用晶体管代替电子管，设备的体积减小，耗电量降低，可靠性提高，运算速度加快。这时的计算机主要用于科学计算、数据处理和事务处理
第三代集成电路计算机	采用中小规模集成电路作为逻辑元件，用磁芯作为存储器，外存储器开始使用磁盘。这时的计算机体积更小，耗电量更低，可靠性更高，运算速度更快，开始广泛应用于各个领域
第四代大规模集成电路计算机	采用半导体存储器作为主存储器，这时的计算机运算速度可达每秒几百万次甚至上亿次，广泛应用于办公自动化、数据库管理、工业控制等领域
现代计算机	采用更先进的技术，同时计算机的体积更小，性能更高，价格更低。这时的计算机广泛应用于办公自动化、数据库管理、工业控制、网络通信、多媒体等诸多领域

1. 计算机系统的组成与使用

（1）计算机系统的组成。硬件是计算机系统的物理组成部分，包括中央处理器（central processing unit，CPU）、内存、输入/输出设备、外存、网络设备等。软件是指控制计算机运行的程序、数据和文档的集合，包括系统软件和应用软件。计算机系统的组成如图 2-1 所示。

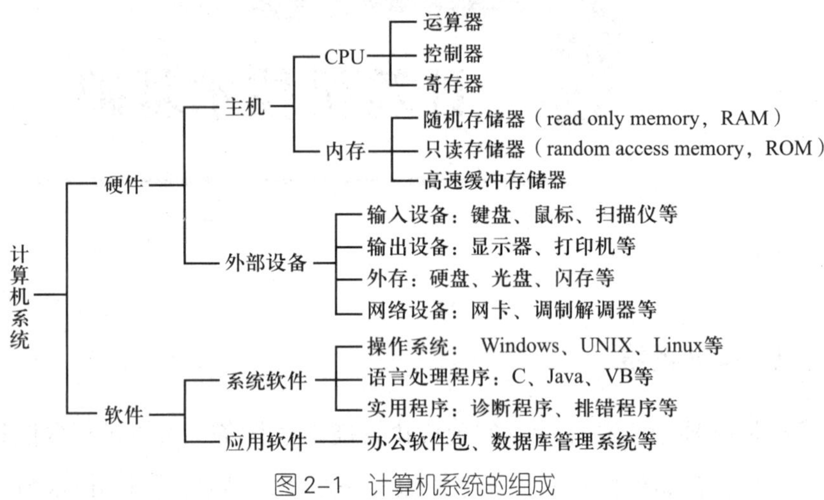

图 2-1　计算机系统的组成

计算机操作系统（operating system，OS）是管理和控制计算机硬件与软件资源的计算机程序，其他任何软件都必须在操作系统的支持下才能运行。常见的操作系统有 Windows、Android、UNIX、MacOS、Linux 等。

计算机 CPU 组成见表 2-2。

表 2-2　计算机 CPU 组成

序号	名称	描述
1	运算器	运算器也称算术逻辑单元（arithmetic and logic unit，ALU），具有算术运算和逻辑运算功能
2	控制器	控制器是计算机的核心部件，控制计算机的运算、处理、输入和输出等工作
3	寄存器	寄存器是 CPU 内部的一小块高速存储区域，用于临时存储数据和指令。寄存器的访问速度非常快，通常以纳秒为单位。CPU 可以在执行指令时快速地访问和操作寄存器中的数据，从而提高计算机的运行速度

计算机中的程序和数据以二进制的形式存放于存储器中，数据类型见表 2-3。存储容量的大小以字节为单位来计量，经常使用 KB（千字节）、MB（兆字节）、GB（吉字节）及 TB（太字节）等来表示。它们之间的换算关系是：1 MB=1 024 KB，1 GB=1 024 MB，1 TB=1 024 GB。在某些计算中为了计算简便经常把 1 024 默认为是 1 000。

表 2–3 数据类型

类型	描述
位（bit）	计算机存储数据的最小单位。机器字中一个单独的符号“0”或“1”被称为一个二进制位
字节（Byte）	计算机存储容量的计量单位，也是数据处理的基本单位，8 个二进制位构成一个字节。一个字节的存储空间称为一个存储单元
字（Word）	计算机处理数据时，一次存取、加工和传递的数据长度称为字。一个字通常由若干个字节组成
字长	中央处理器可以同时处理的数据长度。字长决定寄存器和总线的数据宽度

常用的输入设备有键盘和鼠标（见图 2–2）、光笔、扫描仪、数字化仪、条形码阅读器等。

图 2–2 键盘和鼠标

常用的输出设备有显示器、打印机（见图 2–3）、绘图仪等。

图 2–3 打印机

通常将输入设备和输出设备统称为 I/O 设备（input/output），它们都属于计算机的外部设备。

（2）计算机基本使用。常见的计算机基本操作见表 2–4。

表 2–4　常见的计算机基本操作

序号	基本操作	图示	操作说明
1	启动计算机	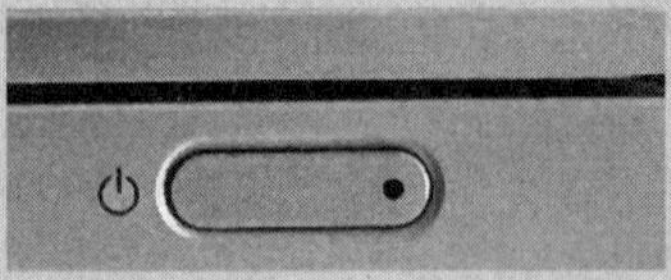	按下电源按钮等待计算机启动
2	登录系统		输入用户名和密码，登录系统
3	运行程序		双击程序图标，等待程序运行
4	使用文件和文件夹	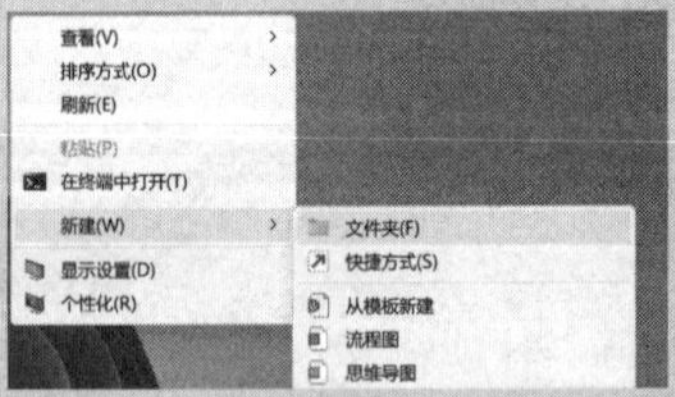	创建、复制、移动、重命名文件和文件夹，或删除不需要的文件和文件夹
5	管理磁盘	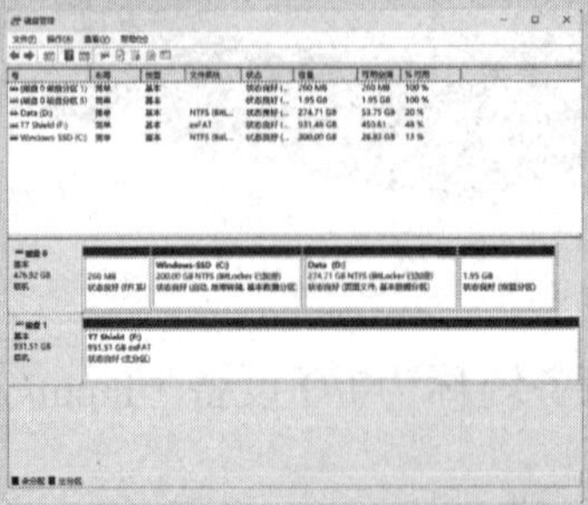	创建、格式化磁盘分区，或删除磁盘分区

续表

序号	基本操作	图示	操作说明
6	使用回收站	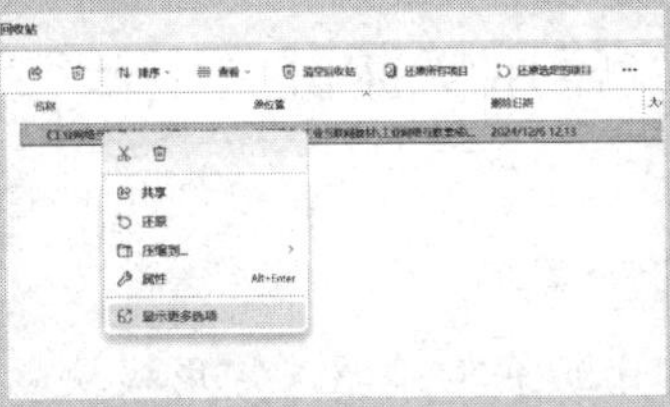	删除文件或文件夹时，文件或文件夹会被移到回收站中。选中回收站内相应文件或文件夹，可进行还原操作、永久删除操作等
7	设置桌面	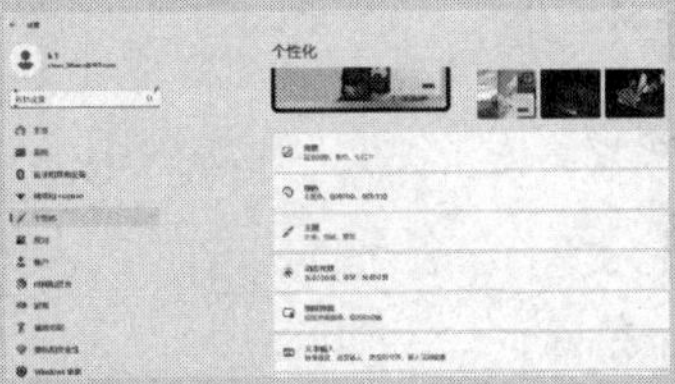	设置桌面背景、屏幕保护程序、主题和字体等
8	管理用户账户	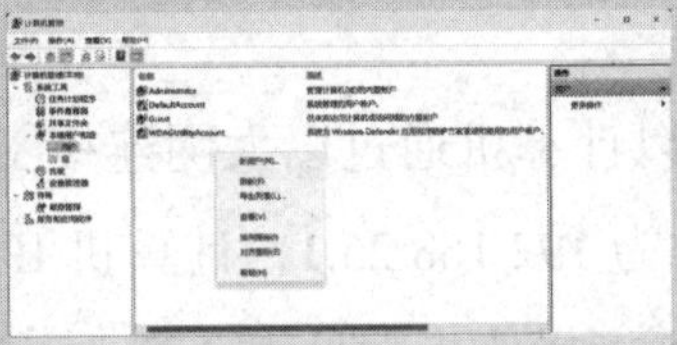	创建新用户账户，设置用户账户密码和权限，或删除用户账户
9	安装和卸载软件		使用软件安装或卸载程序进行软件安装或卸载
10	关闭计算机	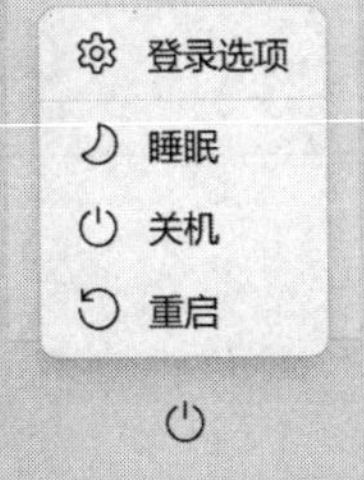 登录选项 睡眠 关机 重启	单击“开始”菜单→“电源”→“关机”

小贴士

常用快捷键

Windows（⊞）：打开开始菜单。

Windows+X：打开右键开始菜单，调入常用模块。

Windows+E：打开文件资源管理器。

Windows+R：打开运行对话框。

Windows+L：锁定计算机。

Windows+D：显示桌面。

Windows+M：最小化所有窗口。

Windows+Shift+S：屏幕截图。

（3）计算机与外部通信。以计算机通过以太网连接工业机器人通信的操作为例，已知工业机器人端口 IP 为 192.168.25.1，计算机 IP 需要跟机器人网段保持一致（如设置为 192.168.25.2），操作步骤见表 2–5。

表 2–5　计算机通过以太网连接工业机器人

步骤	图示	操作说明
第 1 步		打开计算机 Windows 设置，选择“网络和 Internet”选项
第 2 步	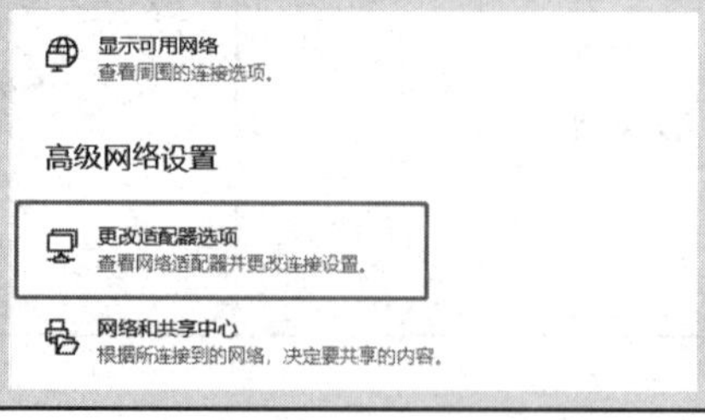	进入“网络和 Internet”界面后，在“高级网络设置”下选择“更改适配器选项”

续表

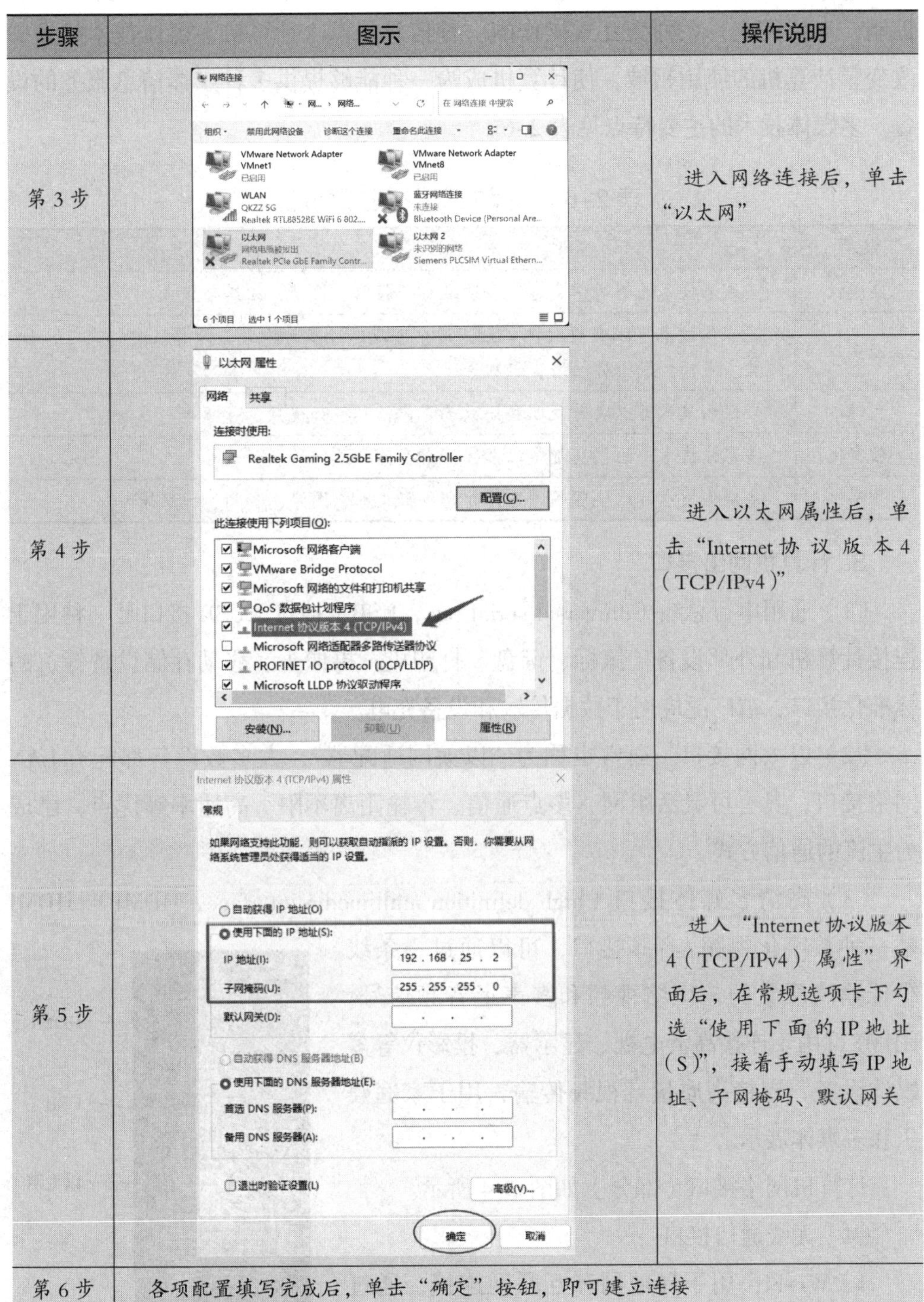

步骤	图示	操作说明
第 3 步		进入网络连接后，单击“以太网”
第 4 步		进入以太网属性后，单击“Internet 协议版本 4（TCP/IPv4）”
第 5 步		进入“Internet 协议版本 4（TCP/IPv4）属性”界面后，在常规选项卡下勾选“使用下面的 IP 地址(S)”，接着手动填写 IP 地址、子网掩码、默认网关
第 6 步	各项配置填写完成后，单击“确定”按钮，即可建立连接	

2. 计算机多媒体技术

计算机多媒体技术不仅仅是各种信息媒体的简单复合，而是把文本、图形、图像、动画和声音等多种形式的信息结合在一起，通过计算机进行综合处理和控制，支持完成一系列交互式操作的一种信息技术。计算机多媒体技术的发展改变了计算机的使用领域，使计算机成为一种能够提供多种媒体信息服务的设备。多媒体技术的主要特点见表 2–6。

表 2–6　多媒体技术的主要特点

特点	说明
集成性	多媒体技术能够对信息进行多通道统一获取、存储、组织与合成
交互性	多媒体技术可以实现人机交互，用户可以通过多种方式与计算机进行交互，如键盘、鼠标、触摸屏、语音识别等
实时性	多媒体技术可以实时处理和播放多媒体信息，如视频、音频等
数字化	多媒体技术中的信息都是以数字形式存储和处理的
多样性	多媒体技术可以处理多种媒体信息，如文本、图像、音频、视频等

3. 计算机网络接口

（1）通用串行总线（universal serial bus，USB）接口。USB 接口是一种用于连接计算机和外部设备（鼠标、键盘、打印机、摄像头、移动存储设备等）的标准化接口，被广泛应用于数据传输和设备充电。

（2）以太网接口。通常也称为“以太网适配器”，大多数设备都配有 LAN 网络接口，具有可灵活组网、多点通信、传输距离不限、高速率等优点，已成为主流的通信方式。

（3）高清多媒体接口（high definition multimedia interface，HDMI）。HDMI 是一种数字化视频 / 音频接口，可以通过一条线缆传输高质量的未压缩视频和多声道音频信号。HDMI 可用于连接高清电视、显示器、投影仪等多媒体设备，支持高质量音视频传输，用于家庭娱乐和多媒体展示。

计算机网络接口（部分）如图 2–4 所示。

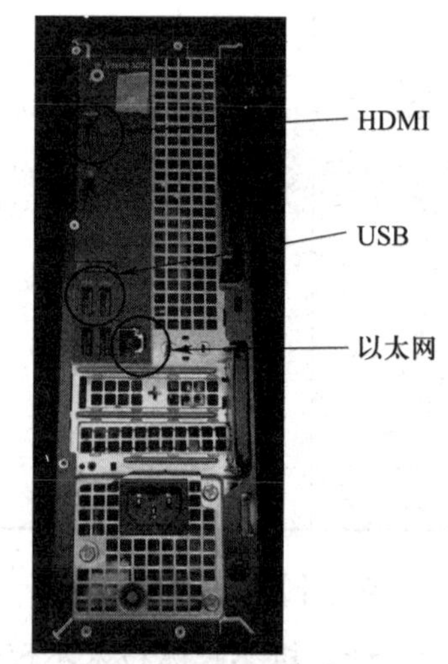

图 2–4　计算机网络接口（部分）

（4）无线通信接口

1）Wi–Fi：用于局域网和互联网连接，通过无线方式将设备连接到无线路由器或接入点，实现数据传输和上网。

2）蓝牙（bluetooth）：用于短距离数据传输，

如连接耳机、音箱、键盘、鼠标和智能手机等设备。

3）近场通信（near field communication，NFC）：用于极短距离内的数据交换，如支付、身份验证和文件传输等。

4. 数据库系统类型

数据库系统（data base system，DBS）通常由软件、数据库和数据管理员组成。软件主要包括操作系统、各种宿主语言、实用程序及数据库管理系统。数据库是指长期存储在计算机内的，有组织、可共享数据的集合，由数据库管理系统统一管理，数据的插入、修改和检索均要通过数据库管理系统进行。数据管理员负责创建、监控和维护整个数据库，使数据能被任何有权使用的用户有效使用。数据库系统组成如图 2–5 所示。

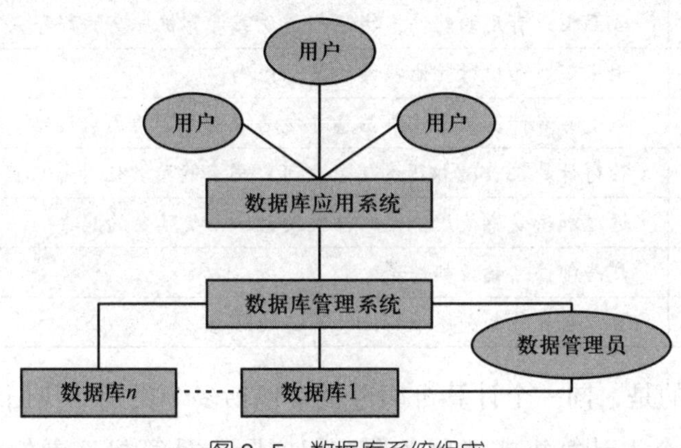

图 2–5 数据库系统组成

数据库管理系统是数据库系统的核心软件，在操作系统的支持下工作，能科学地组织和存储数据，高效获取和维护数据。主要数据库软件见表 2–7。

表 2–7 主要数据库软件

名称	优势
MySQL	快速、多线程、多用户和健壮的 SQL 数据库服务器，支持关键任务、重负载生产系统的使用
SQL Server	提供了众多的 Web 和电子商务功能，支持 XML 和 Internet 标准
Oracle	产品系列齐全，几乎涵盖所有应用领域，支持所有的工业标准

二、计算机病毒

广义的计算机病毒也称为恶意代码，包括木马、下载器、启动器、蠕虫、Rootkit、勒索病毒、垃圾邮件、间谍软件等。根据《中华人民共和国计算机信息系统安全保护条例》，计算机病毒是指编程或者在计算机程序中插入的破坏计算机功能或者毁坏数据，影响计算机使用，并能自我复制的一组计算机指令或者程序代码。

1. 计算机病毒种类

常见计算机病毒见表 2–8。

表 2–8　常见计算机病毒

名称	特点
后门	攻击者可以绕过安全认证，远程控制受感染的计算机
僵尸网络	由大量被感染的计算机组成的网络，可以发起大规模的网络攻击，如 DDoS 攻击
木马	表面上是有用的软件，实际却是危害计算机安全的程序
下载器、启动器	用来下载和执行其他病毒的恶意代码
间谍软件	从受害者计算机上收集信息并发送给攻击者的恶意代码
Rootkit	获得计算机 root 权限的工具，可以用来隐藏其他计算机病毒
勒索病毒	通过加密受感染用户的文件或硬盘以索要赎金的病毒
垃圾邮件	广告邮件、钓鱼邮件等
蠕虫	可以自我复制并感染其他计算机的病毒

值得注意的是，同一个计算机病毒经常包括多个类别。我们通常认为计算机病毒只感染个人计算机或者服务器，但实际上计算机病毒的攻击目标（见图 2–6）已经扩大到联网的智能家居设备，如快速发展的汽车智能驾驶系统等。

图 2–6　计算机病毒的攻击目标

2. 感染计算机病毒的迹象

若计算机出现如下迹象，那么表明该计算机很可能已经感染了计算机病毒，需要引起重视，及时处理。

（1）操作系统无法正常启动或运行缓慢。

（2）计算机经常死机或突然重新启动。

（3）磁盘空间无故锐减。

（4）正常运行的程序发生非法错误，无法正常运行或闪退。

（5）文件丢失、文件被破坏或莫名出现新文件。

（6）外接设备不受控制，例如鼠标自己在动或者打印机发生异常。

（7）屏幕莫名出现文字，或显示图像，或播放音乐。

（8）文件的日期、时间、属性发生变化。

3. 计算机病毒的防御

防御计算机病毒的关键在于提高计算机系统的防御性能以及个人安全意识，建议采取的手段如下。

（1）安装正版操作系统和正版软件，使用杀毒软件，并及时更新补丁。

（2）提高安全意识，不打开来路不明的电子邮件，浏览网页时不随意点击不确定的链接。

（3）在防火墙上部署反病毒功能，能够通过比对自身病毒特征库检测出病毒文件，然后通过阻断、告警等手段对检测出的病毒文件进行干预或提醒。

4. 计算机维护

计算机维护是提高计算机使用效率和延长计算机使用寿命的重要措施。计算机维护主要体现在两个方面：一是硬件维护（见表 2–9）；二是软件维护（见表 2–10）。

表 2–9 计算机硬件维护

序号	项目	方法
1	清洁	使用干净的布或压缩空气清除计算机外部和内部的灰尘，以防灰尘积累导致的散热问题或硬件故障
2	检查电缆	定期检查计算机的电缆连接，确保牢固、没有松动或损坏
3	更新驱动程序	定期检查和更新计算机硬件设备的驱动程序，以确保其正常运行并提高性能
4	硬盘维护	定期进行磁盘碎片整理和磁盘清理，以提高硬盘的性能并延长寿命

续表

序号	项目	方法
5	备份数据	定期备份重要的数据和文件，以防丢失
6	检查电池	对于笔记本电脑，定期检查电池的健康状况，并根据需要进行更换
7	散热维护	确保计算机的散热系统正常工作，定期清理散热器和风扇，以防过热导致硬件故障
8	安全检查	定期检查计算机的安全设置，包括防火墙、杀毒软件和操作系统补丁，以确保计算机的安全性
9	硬件升级	根据需要升级计算机的硬件，如内存、硬盘及显卡等，以提高性能

表 2–10　计算机软件维护

序号	项目	方法
1	安装更新	定期安装操作系统、应用软件和驱动程序并及时更新，以修复漏洞、提高性能和添加新功能
2	清理垃圾文件	使用系统工具或第三方软件清理临时文件、缓存文件和不需要的文件，释放磁盘空间
3	杀毒软件扫描	使用可靠的杀毒软件定期扫描计算机，防止感染病毒
4	定期备份数据	定期备份重要数据和文件，以防丢失。可以使用外部硬盘、云存储等方式进行备份
5	优化系统性能	定期整理磁盘碎片、清理注册表、优化启动项等，提高系统的运行速度
6	清理无用的程序	卸载不再使用的程序，以减少系统资源的占用
7	记录软件设置和配置	在更改重要软件的设置和配置时做好记录，以便在需要时进行还原
8	检查软件兼容性	在安装新软件之前，检查与现有软件的兼容性，避免冲突和不稳定
9	定期检查系统日志	查看系统日志，了解计算机的运行状况，及时发现并解决问题

培训课程 2

常用办公软件应用

日常生活中最常用的三个办公软件见表 2-11。

表 2-11 常用办公软件

名称	图标	功能
Microsoft Office Word	W	用于创建和编辑文档，如信函、报告、简历、手册、论文等。可以对文本进行排版、格式化，插入图片和表格等
Microsoft Office Excel	X	用于创建和编辑电子表格，如预算表、统计数据、财务报表等。可以进行数据计算、统计、分析和图表绘制等
Microsoft Office PowerPoint	P	用于创建演示文稿，如会议演示、课程讲解、产品推介等。可以进行文字、图片、音视频的排版，设置动画效果，设计幻灯片等

一、Word 软件应用

1. Word 窗口的组成

以 Microsoft Office Word 2021 为例，Word 的窗口由标题栏、快速访问工具栏、功能选项卡、文本编辑区、状态栏等组成，如图 2-7 所示。

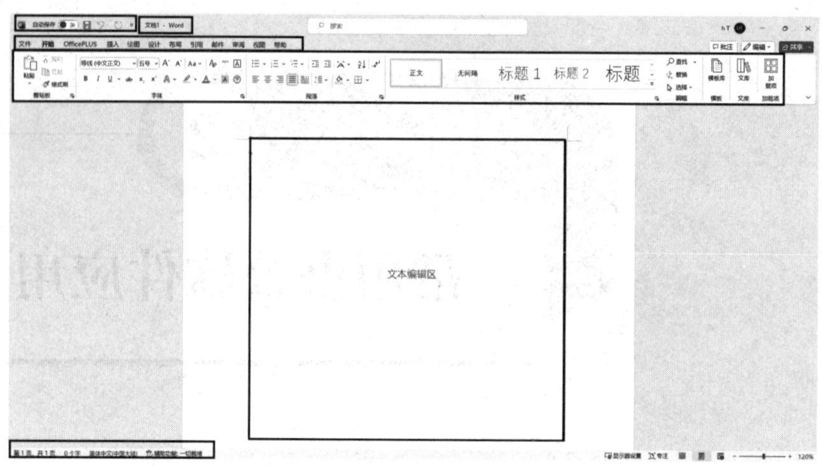

图 2–7　Microsoft Office Word 2021 窗口

（1）标题栏。标题栏位于窗口最上方，用于显示文档的名称，默认文档名为“文档 1”“文档 2”“文档 3”等，要移动窗口，需要拖动标题栏。

（2）快速访问工具栏。快速访问工具栏（见图 2–8）用于放置最常用的命令，如新建、打开、保存、撤销等，可以根据需要添加或删除命令。

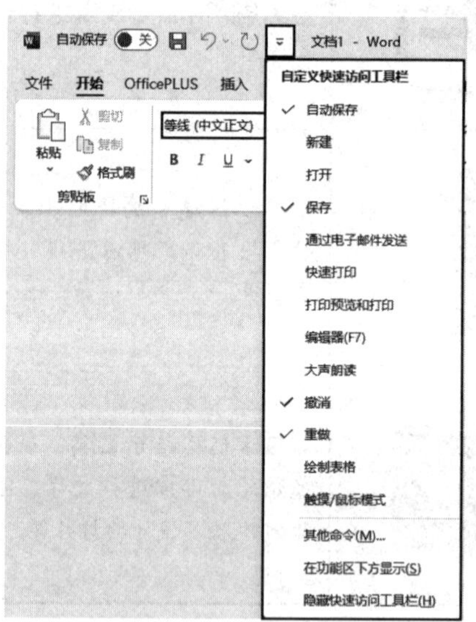

图 2–8　快速访问工具栏

（3）功能选项卡

1）“开始”选项卡（见图 2–9）主要用于对 Word 文档进行文字编辑和格式设置，是最常用的选项卡，包含剪贴板、字体、段落、样式、编辑、模板、文库、加载项等分组，其中最常用的是字体组和段落组。

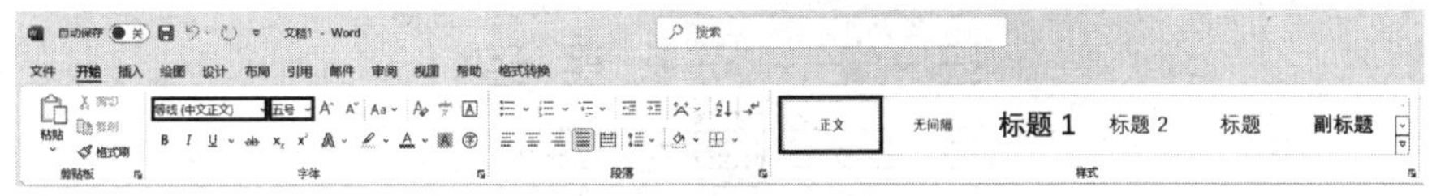

图 2–9 “开始”选项卡

①字体组（见图 2–10）第一行命令包括：字体、字号、增大字号、减小字号、更改大小写、清除所有格式、拼音指南等。

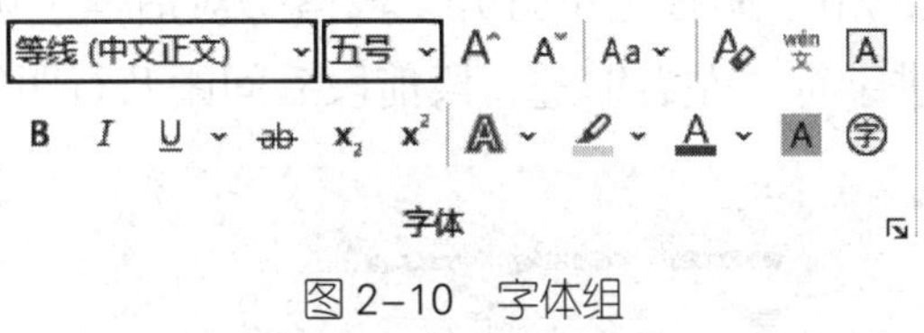

图 2–10 字体组

字体组第二行命令包括：加粗、倾斜、下划线、删除线、下标、上标、文本效果和版式、突出显示、字体颜色、字符底纹等。

字体组第三行右下角有一个箭头，代表“字体”对话框命令，单击后可打开“字体”对话框（见图 2–11）。它包括“字体”和“高级”两个选项卡。

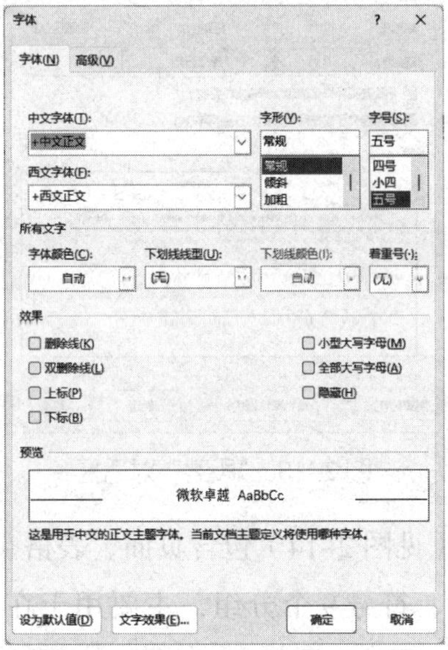

图 2–11 “字体”对话框

②段落组（见图 2–12）用于设置段落格式，主要命令包括：项目符号、自动编号、项目列表、减少 / 增大缩进量，左对齐、居中对齐、右对齐、两端对齐、分散对齐，设置段落的底纹、边框、中文版式、排序，显示 / 隐藏字符设置等。

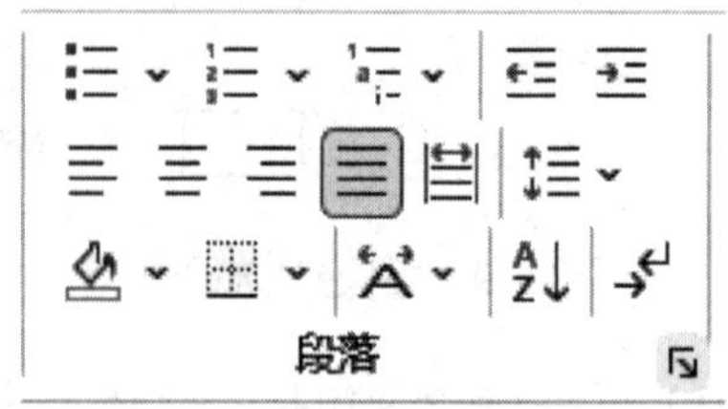

图 2–12　段落组

点击段落组右下角的 ↘ 标记可打开“段落”对话框（见图 2–13），可设置段落对齐方式、缩进字符、左右缩进、段前段后间距及行距等。

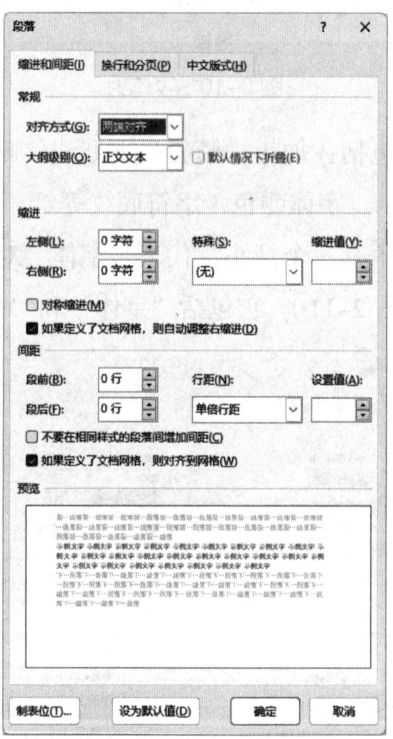

图 2–13　“段落”对话框

2）“插入”选项卡（见图 2–14）包含页面、表格、插图、媒体、链接、批注、页眉和页脚、文本、符号 9 个分组，主要用于在 Word 中插入各种元素。常用的操作有插入表格、图片、图标、SmartArt、页眉、页脚、页码、文本框、艺术字、符号等。

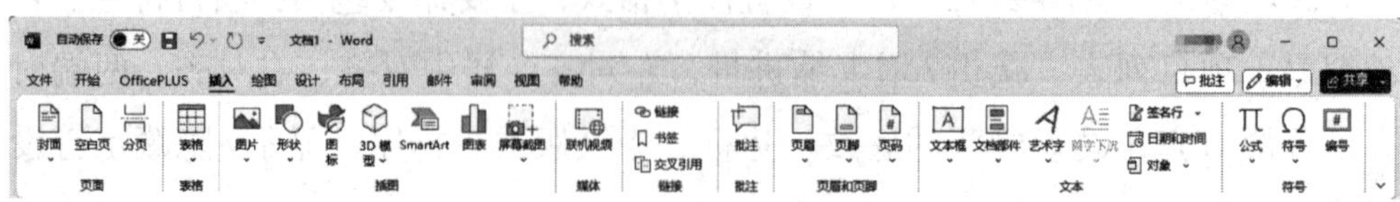

图 2–14　“插入”选项卡

3）“绘图”选项卡（见图 2–15）包含绘图工具、模具、编辑、转换、插入、重播 6 个分组。

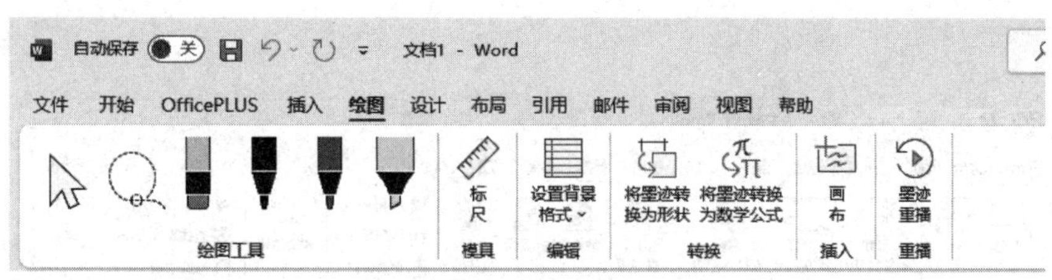

图 2–15　“绘图”选项卡

4）“设计”选项卡（见图 2–16）包含主题、文档格式、页面背景 3 个分组，主要作用是设计文档格式和编辑背景。

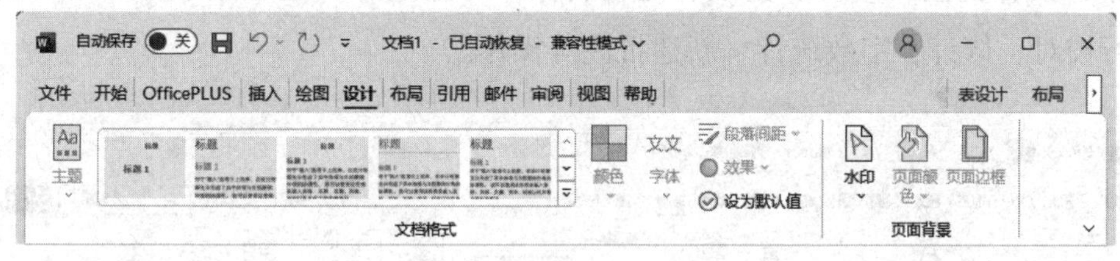

图 2–16　“设计”选项卡

5）“布局”选项卡（见图 2–17）包含页面设置、稿纸、段落、排列 4 个分组，主要作用是设置 Word 文档的页面样式。常用命令有设置页边距、纸张大小以及分栏等。

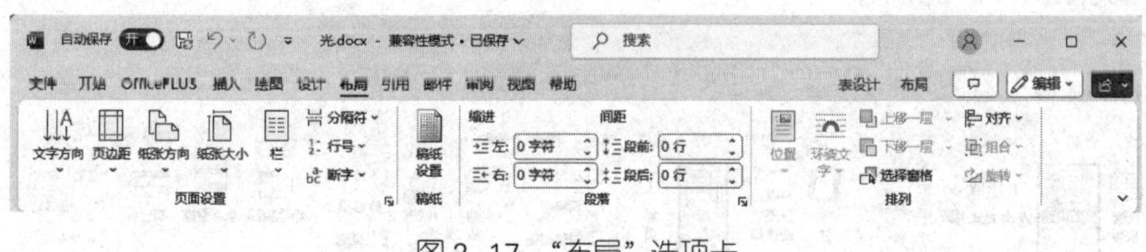

图 2–17　“布局”选项卡

6）“引用”选项卡（见图 2–18）包含目录、脚注、信息检索、引文与书目、题注、索引、引文目录 7 个分组，主要用于实现在 Word 文档中插入目录等比较高级的功能。

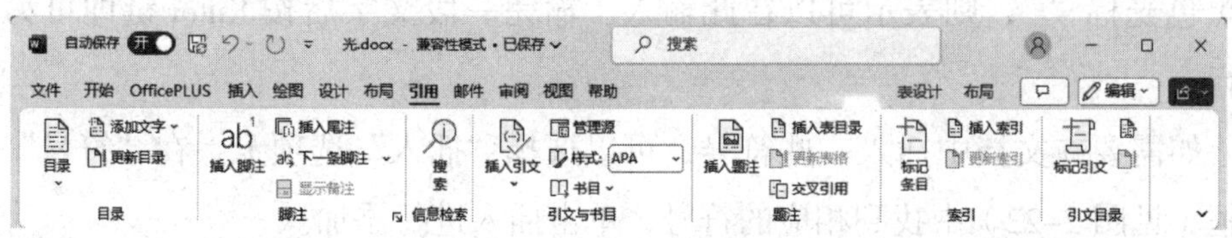

图 2–18　“引用”选项卡

7）“邮件”选项卡（见图 2–19）包含创建、开始邮件合并、编写和插入域、预览结果、完成 5 个分组，专门用于在 Word 文档中进行邮件合并等操作。

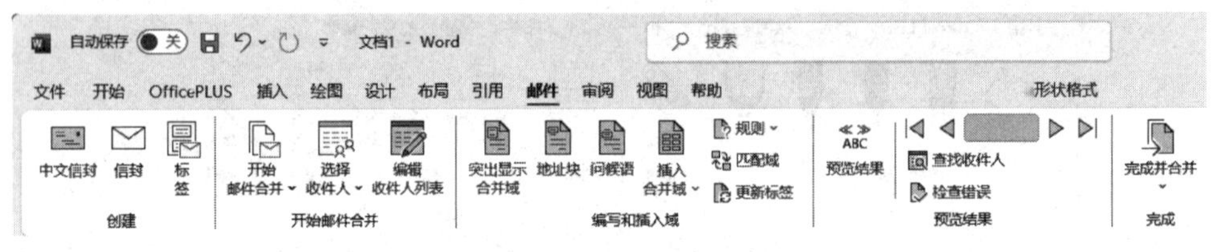

图 2–19 “邮件”选项卡

8）“审阅”选项卡（见图 2–20）包含校对、语音、辅助功能、语言、中文简繁转换、批注、修订、更改、比较、保护、墨迹等，主要用于对 Word 文档进行校对、修订、字数统计、新建批注等操作。

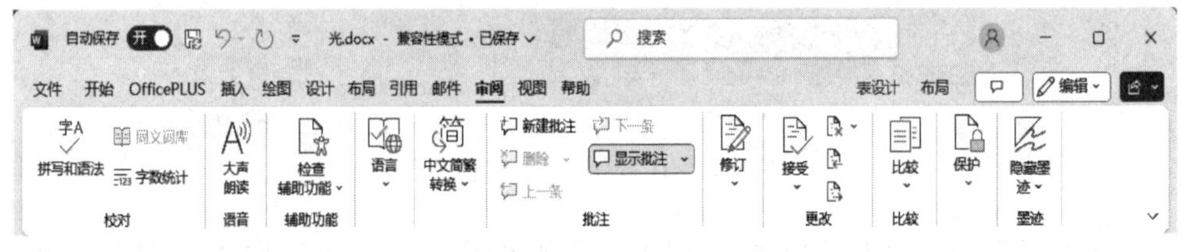

图 2–20 “审阅”选项卡

9）“视图”选项卡（见图 2–21）的主要作用是设置 Word 文档操作窗口的视图类型。

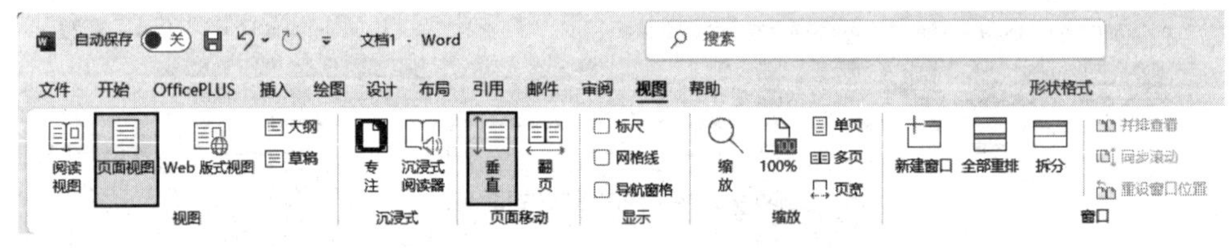

图 2–21 “视图”选项卡

2. Word 文档编辑

（1）文本输入。输入文字时，鼠标单击需要输入文字的位置，出现闪烁的黑色光标“|”，则表示可以在此输入。输完一段文字后按 Enter 键即可另起一行。

如需要在文档中插入一些符号，可以选择“插入”选项卡，在“符号”对话框（见图 2–22）中找到相应的符号，单击插入进行添加。

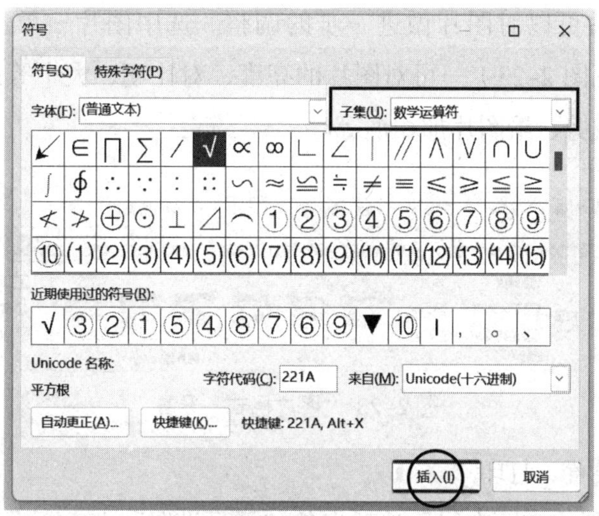

图 2–22 “符号”对话框

（2）文本的选定、插入、删除

1）文本选定

①选定连续内容：最常用的是把光标定位到需要选定内容的开始处，按住鼠标左键在文本中拖动，可以选择连续的文本；还可以把光标定位到需要选定内容的开始处，按住 Shift 键，再单击选定内容的末尾处。

②选定非连续内容：鼠标点按选定一部分内容，按住 Ctrl 键继续点按选定其他不连续的文本内容。

③双击选定字词：光标移动到某处双击选定光标处一个词。

④三击左键选定一段：在某段任意处三击左键可选定该段。

2）文本插入。文本插入有两种模式：插入模式和覆盖模式。使用插入模式时，后面的文字会自动后移；使用覆盖模式时，输入的文字会覆盖后面的文字。两种方式可以按键盘上的 Insert 键切换。

3）文本删除。按键盘上的 Backspace 键可以删除光标左侧文本，按 Delete 键可以删除光标右侧文本。如果要删除大量的文本，应先选中文本，然后按 Delete 键或 Backspace 键。如果在编辑文本的过程中执行了某项错误的操作，可以单击快速访问工具栏中的撤销按钮 ↶ 来撤销错误操作，也可使用快捷键 Ctrl+Z 进行操作。

（3）图片插入。在 Word 文档中常需要用到图片，可选择“插入”选项卡，在“图片”选项中插入图片。

插入图片后可以对图片做进一步的调整。选中图片→单击顶部菜单中的“图片格式”（见图 2–23）→可对图片的亮度、对比度、大小等进行调整，也可以删除背景、裁剪、给图片加相框等。

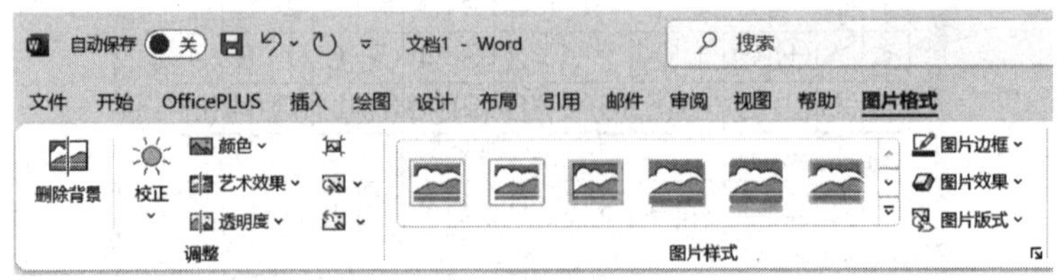

图 2–23 “图片格式”设置

（4）页面设置、打印

1）页面设置。在“布局”选项卡的“页面设置”中，可设置纸张大小、方向、页边距、文字方向、分栏与分隔等。“页面设置”对话框如图 2–24 所示。

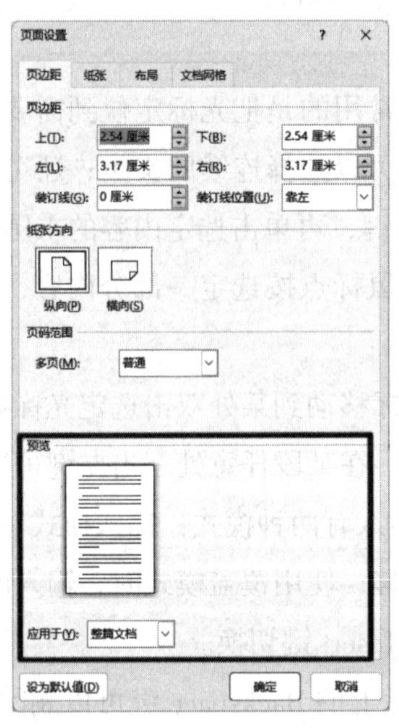

图 2–24 “页面设置”对话框

Word 虽然提供了多种纸张样式，但如果这些纸张样式都无法满足需求，此时就需要进行自定义。

选择“布局”选项卡→单击“纸张大小”图标→选择下拉菜单的“其他纸张大小”→打开“页面设置”对话框→单击“纸张大小”的下拉列表框→选择“自定义大小”（见图 2–25）→输入宽度和高度→单击“确定”按钮。

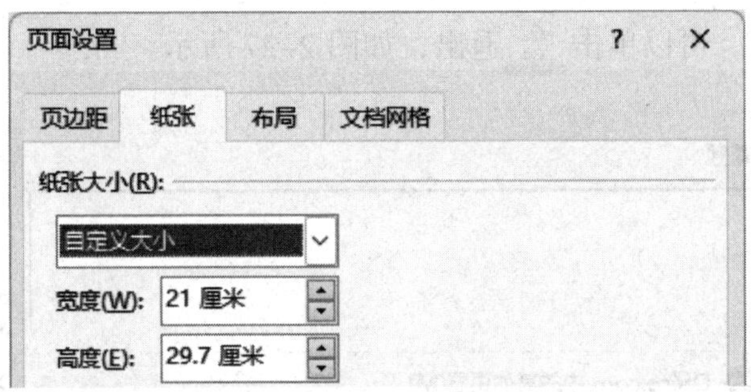

图 2–25　自定义大小

布局设置主要设置节的起始位置，也可以将页眉和页脚设置为奇偶页不同或者首页不同，如图 2–26 所示。

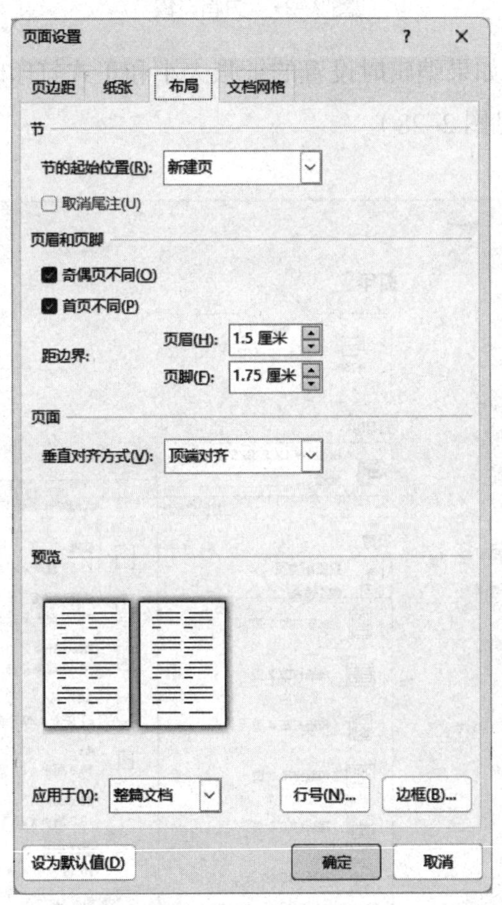

图 2–26　布局设置

页眉和页脚的设置在“插入”选项卡的“页眉和页脚”组，可选择页眉和页脚的内置格式。选择“编辑页眉”选项，这时光标会自动跳到页眉的位置，输入页眉内容后，可以单击 关闭页眉和页脚 退出，如图 2–27 所示。

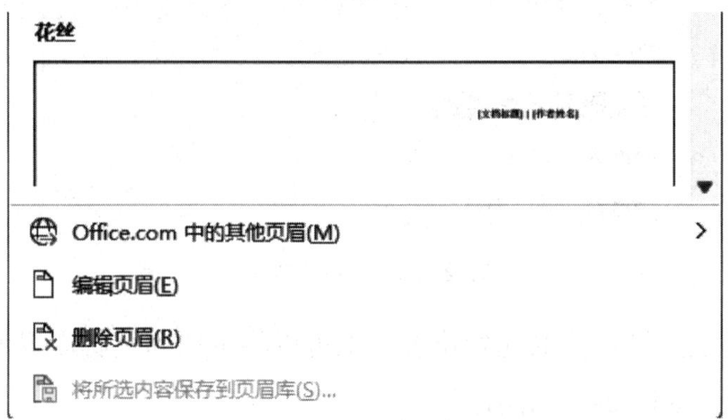

图 2–27　页眉设置

2）页面打印。如果编辑时设置的纸张大小和正式打印时的纸张大小不同，要选择缩放打印（见图 2–28）。

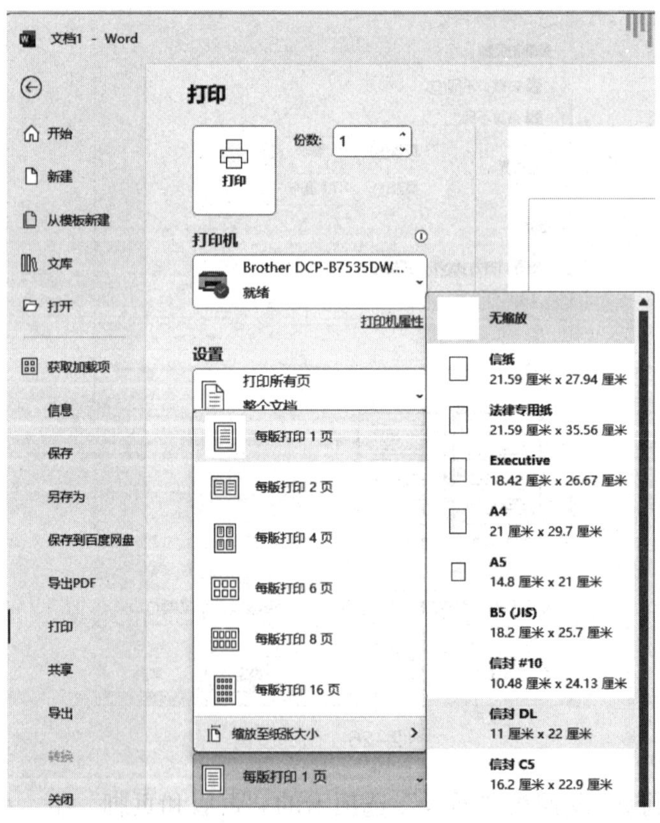

图 2–28　缩放打印

（5）表格设置。当文本中存在表格时，选中表格，标题栏中会出现“表设计”（见图 2–29）与“布局”（见图 2–30）两个选项卡，可根据实际需求对表格进行调整。

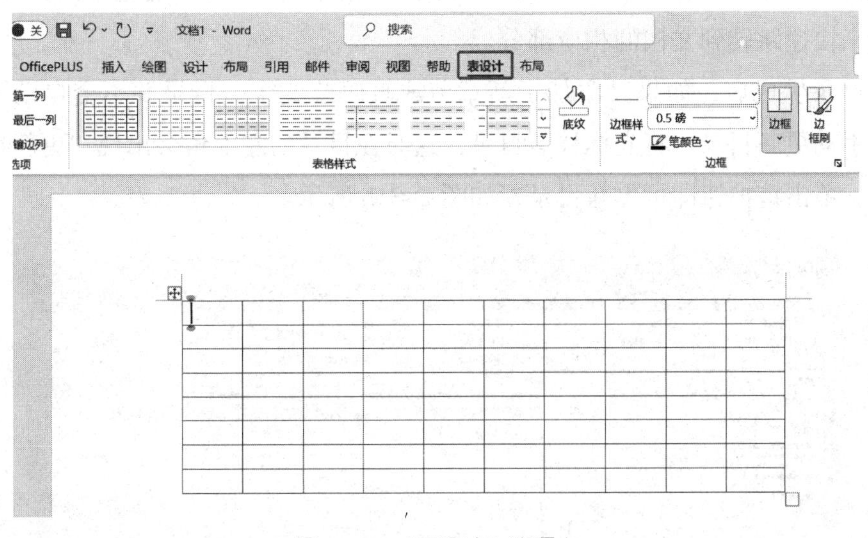

图 2–29 “表设计”选项卡

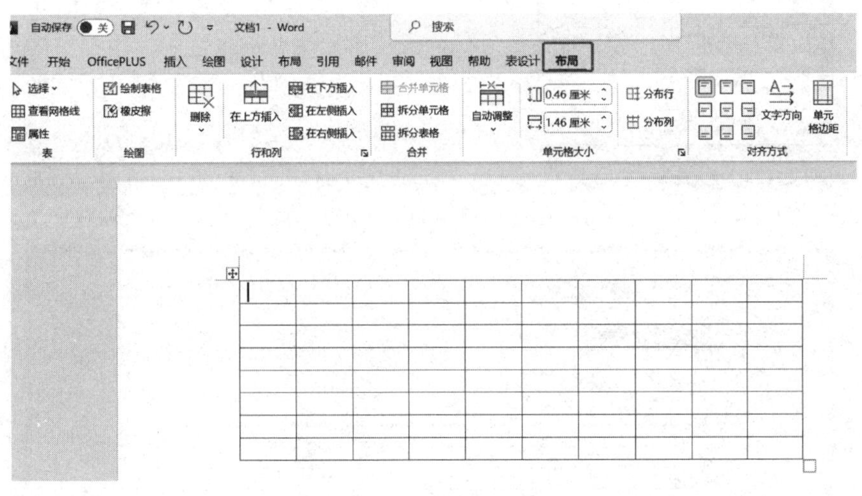

图 2–30 “布局”选项卡

（6）生成目录。Word 的目录基于大纲级别和段落样式进行提取。在 Word 中，有内置的标题样式，如“标题 1”“标题 2”等，这些标题样式对应于不同的大纲级别。用户可以选择这些内置的标题样式来自动生成目录，也可以以自定义样式创建目录。

要创建目录，用户可以单击“引用”选项卡的“目录”组，选择自动生成目录或自定义目录，如图 2–31a 所示。如果选择自动生成目录，Word 将根据文档中的标题样式自动提取目录内容；如果选择自定义目录，用户可以手动选择要包含在目录中的标题和页码。一旦目录被创建，用户可以通过单击目录中的标题来快速跳转到文档的相应部分。

目录生成后，如果又添加了新章节或页码改变了，目录并不会自动更新，需要手动更新目录。将光标移至目录，这时在目录的左上角会出现“更新目录”按钮，单击该按钮即可更新目录，如图 2–31b 所示。

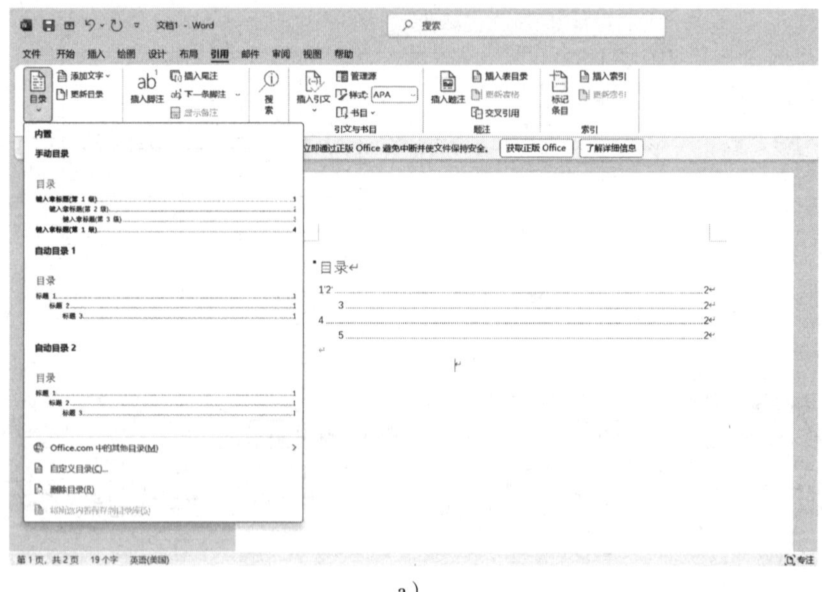

a）

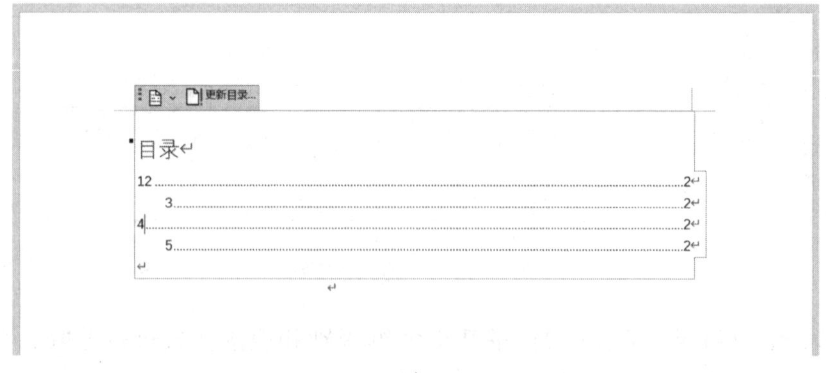

b）

图 2–31 目录的创建与更新

a）创建目录 b）更新目录

相关链接

Word 常用快捷键见表 2–12。

表 2–12　Word 常用快捷键

按键	功能
Ctrl+X/C/V	剪切 / 复制 / 粘贴
Ctrl+F/H/G	查找 / 替换 / 定位
Ctrl+B	加粗
Ctrl+U	加下划线
Ctrl+I	斜体
Ctrl+/，Ctrl+shift+/	调整字体大小
Ctrl+A	全选
Ctrl+shift++/Ctrl+=	上 / 下脚标
Ctrl+1/2/5	单倍 / 双倍 /1.5 倍行间距
Ctrl+shift+C/Ctrl+shift+V	复制粘贴格式
Ctrl+Enter	另起一页
Shift+Enter	另起一行
Enter	另起一段
Ctrl+E	居中
Ctrl+R	右对齐
Ctrl+L	左对齐
Ctrl+Z	撤销
Ctrl+Y	恢复
Ctrl+S	保存
Alt+Tab	切换窗口
Alt+ 鼠标选择	竖向选择
Shift+F3	英文字母大小写切换
Insert（一般不用）	改写
F4	模仿上一步操作（万能）
Ctrl+N	新建文本

二、Excel 软件应用

1. Excel 基本操作

Excel 文件称为工作簿，其扩展名是 .xlsx。工作簿的文件名显示在工作区的标题栏，一个工作簿可以包含多个工作表，在某一个时刻只能有一个工作表处于工作状态，一般称为活动工作表。

（1）新建工作表。在创建工作簿时，系统默认创建了一个名为 Sheet1 的工作表，用户可以单击工作表名称右侧的“+”添加新的工作表（见图 2–32）。

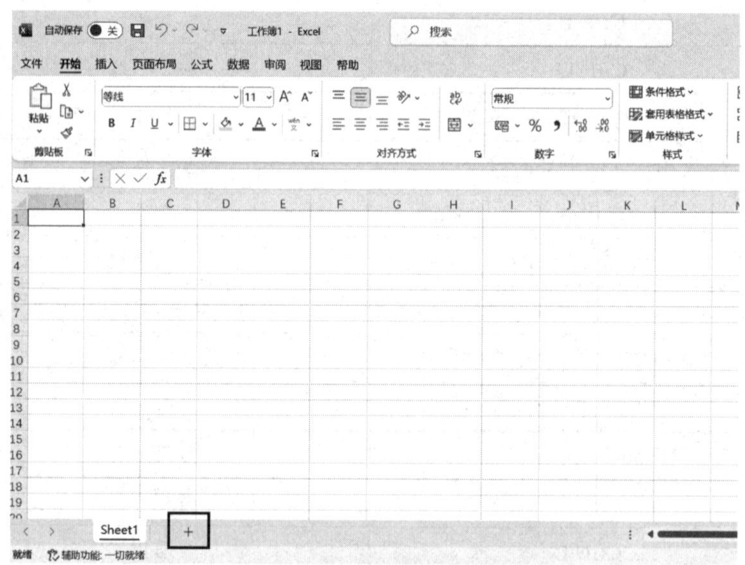

图 2–32　添加新的工作表

（2）移动、复制工作表

1）移动工作表

①同一工作簿中：按鼠标左键拖动工作表至目标位置即可。

②不同工作簿中：右击要移动的工作表→选择“移动或复制”→在工作簿列表框中选择目标工作簿→单击“确定”按钮。

2）复制工作表

①同一工作簿中：同时按 Ctrl 键和鼠标左键拖动工作表至目标位置即可。

②不同工作簿中：右击要复制的工作表→单击“移动或复制”→在工作簿列表框中选择目标工作簿→选中“建立副本”选项→单击“确定”按钮。

不同工作簿移动或复制工作表如图 2–33 所示。

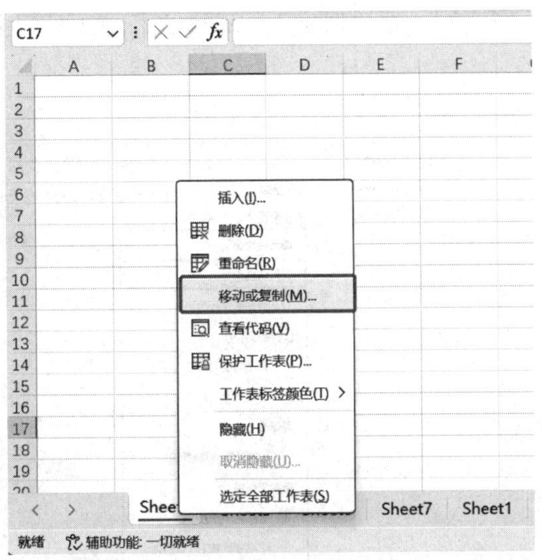

图 2-33　不同工作簿移动或复制工作表

（3）行、列和单元格操作。Excel 中横线组成的区域为行，竖线组成的区域为列。单元格是构成工作表最基础的元素，由行和列相互交叉形成。单元格地址由它所在的列和行构成，如 A5 则表示位于 A 列第 5 行的单元格。用鼠标单击选定的单元格称为活动单元格，被选定后边框显示为绿色，窗口的名称框中会显示此单元格的地址，编辑栏中会显示此单元格中的内容。可以对单元格进行插入、删除、移动、复制、合并、取消合并等操作。区域由多个单元格组成，分为连续区域和不连续区域。对于连续区域，可以用矩形区域左上角和右下角的单元格地址进行标识，如图 2-34 所示。

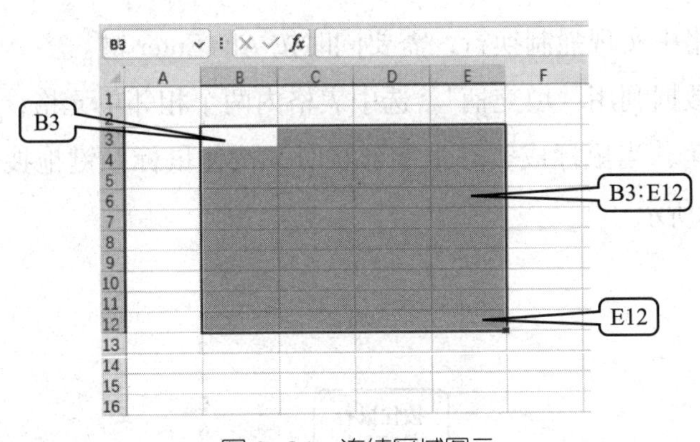

图 2-34　连续区域图示

1）行高 / 列宽的调整。光标放在行线或列线交界处，当光标变成双箭头时，按鼠标左键拖动；或者在“开始”选项卡→“单元格”组→选择“格式”→设置相应的“行高”或“列宽”，调整光标选中区域的行高 / 列宽（见图 2–35）。

图 2–35　行高 / 列宽调整

2）数据输入

①默认对齐方式：字符为左对齐，数字为右对齐。

②输入由数字组成的字符串时，应在数字前加单引号。

③数字太大时，系统会自动用科学记数法表示，如 12345678912334400 会被自动表示成 1.23457E+16。

④在单元格中实现强制换行，需要同时按 Alt+Enter 键。

⑤规律性数据利用“填充柄”。选中表格内两个相邻单元格，将鼠标放在选中区域的右下角，当鼠标成实心十字形状时，按住鼠标左键拖拽会自动填充数据，如图 2–36 所示。

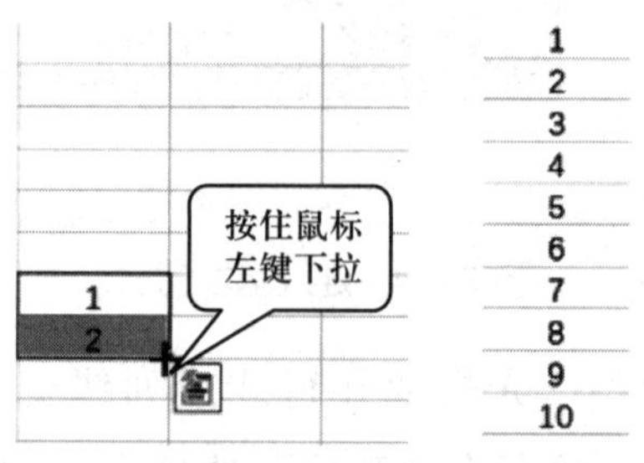

图 2–36　利用“填充柄”填充数据

3）套用表格格式。Excel 提供了很多表格格式（见图 2–37），用户可以选择套用，提高工作效率。具体操作方法是：选择需要设置的表格区域→“开始”选项卡→“样式”组→“套用表格格式”选项→选择合适的格式→确认设置的区域范围→单击“确定”按钮。

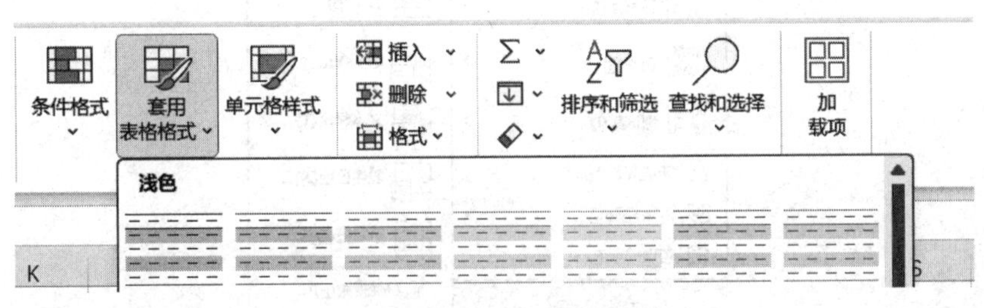

图 2–37 套用表格格式

4）条件格式。在实际使用工作表时，有时需要突出显示单元格内的数据，如使用数据条、突出显示等，这时使用条件格式可以根据条件更改单元格区域的外观。

如图 2–38 所示为某班级学生个人科目成绩排行表，使用条件格式将“分数”列内（C18：C25）大于 80 的分数设置为红色、加粗。

	A	B	C
13			
14			
15			
16	某班级学生个人科目成绩排行表		
17	学号	科目	分数
18	20206	数学	60
19	20220	计算机网络基础	77
20	20236	Access数据库应用	80
21	20201	体育	90
22	20217	语文	95
23	20205	英语	98
24	20218	计算机应用基础	100
25	20211	计算机实操	100

图 2–38 某班级学生个人科目成绩排行表

“开始”选项卡→“样式”组→“条件格式”选项→单击“突出显示单元格规则”，在弹出的菜单中根据要求选择“大于”选项，如图 2–39 所示。在弹出的“大于”对话框中，根据要求设置条件数据及数据的字体格式（见图 2–40），单击“确定”按钮。

条件格式还可以根据最前 / 最后规则突出显示单元格数据。选中需要设置格式的单元格区域→“开始”选项卡→“样式”组→“条件格式”选项→单击“最前 / 最后规则”，在弹出的菜单中根据要求进行选择，如图 2–41 所示。

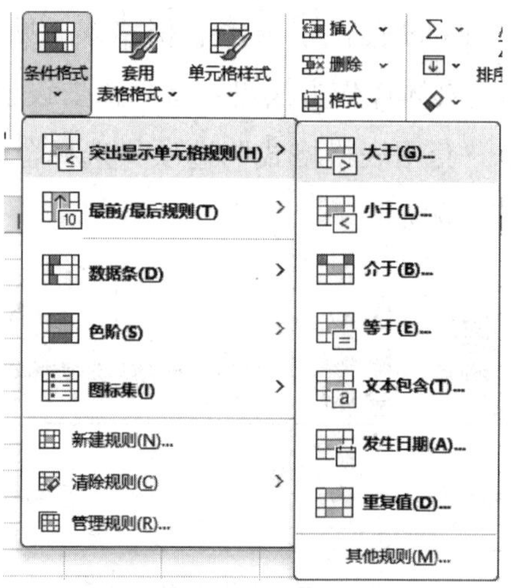

图 2–39　突出显示单元格规则

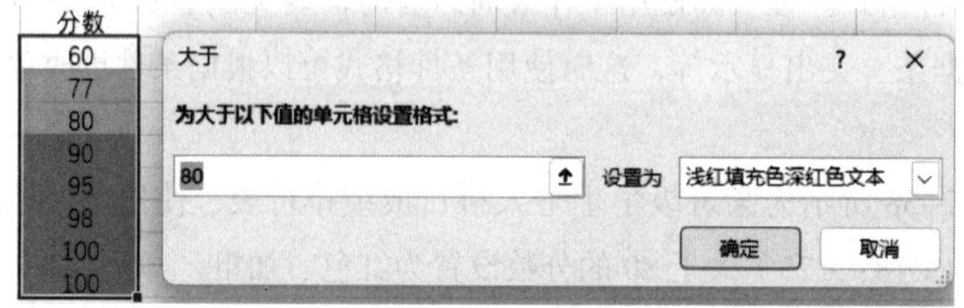

图 2–40　设置条件数据及数据的字体格式

图 2–41　利用最前 / 最后规则突出显示单元格数据

2. 公式与函数的基本使用

在 Excel 中，公式用于对工作表中的数据进行计算，并将运算结果显示在单元格中。常用运算符见表 2–13。

表 2–13 常用运算符

算术运算符	比较运算符	字符运算符	引用运算符
+（加）	=（等于）	&（连接）	:（冒号）
–（减）	>（大于）		,（逗号）
*（乘）	<（小于）		空格
/（除）	>=（大于等于）		
%（百分比）	<=（小于等于）		

Excel 提供了大量的函数，可在“公式”选项卡的“插入函数”组中找到。函数是 Excel 内部预先定义并按照特定算法来实现特定功能的模块。

Excel 函数可以出现在公式中，也可以单独使用。如果单独使用函数，必须在函数名前加“=”号。常用函数见表 2–14。

表 2–14 常用函数

函数	功能
SUM	数据求和
SUMIF	根据指定条件求和
SUMIFS	根据多个条件求和
COUNT	数据计数
COUNTIF	根据指定条件计数
COUNTIFS	根据多个条件计数
MIN	计算多个数据的最小值
MINIFS	根据指定条件，计算符合条件的最小值
MAX	计算多个数据的最大值
MAXIFS	根据指定条件，计算符合条件的最大值
AVERAGE	计算多个数据的平均值
LEFT	提取文本左侧指定数量的字符
RIGHT	提取文本右侧指定数量的字符
MID	从文本指定位置开始，提取指定长度的字符
TEXT	单元格内容格式化
IF	条件判断
AND	多条件与运算，即所有条件需要全部满足
OR	多条件或运算，即满足任意一个条件即可
VLOOKUP	根据条件查询并返回符合条件的结果
INDEX	查询指定位置的内容并返回
MATCH	在数据区域中查找符合条件的内容，并返回对应位置
LOOKUP	在指定的数据区域中，查找符合条件的数据并返回

以上函数也可在“开始”选项卡—“编辑”组的“函数”下拉菜单（见图 2–42）中找到。

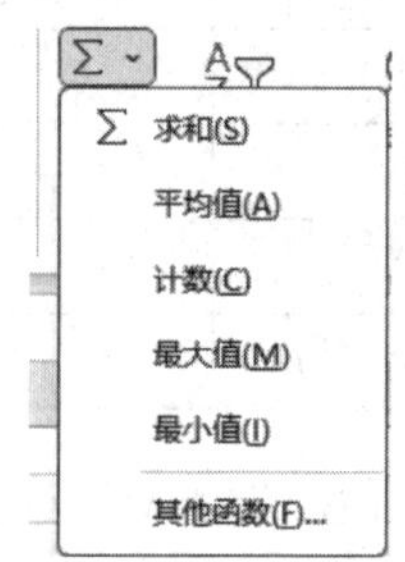

图 2–42 “函数”下拉菜单

相关链接

常见错误代码

当公式发生错误时，相应单元格会显示错误代码，便于用户查找原因。常见错误代码及产生原因见表 2–15。

表 2–15 常见错误代码及产生原因

错误代码	产生原因
#####	公式的计算结果太长，单元格无法显示，可以增大单元格的列宽来解决
# DIV/0!	除数为 0
# N/A!	函数缺少参数或函数参数不可用
# NAME?	函数表达式中使用了不正确的单元格引用或使用了不正确的区域运算符等
# VALUE!	公式中正在使用一个不可用的名字
# NULL!	函数参数输入错误，如函数需要数值或者逻辑值作为参数却输入了文本等
# REF!	单元格引用无效，如函数引用的单元格被删除等
# NUM!	公式或函数使用了无效数值

3. 数据图表

当有大量的表格需要绘制或者优化时，为了以最直观的方式使人看懂表格所呈现的数据，可通过“插入”选项卡，选择所需的图表样式，并根据所选图表进行优化，如图 2-43 所示。

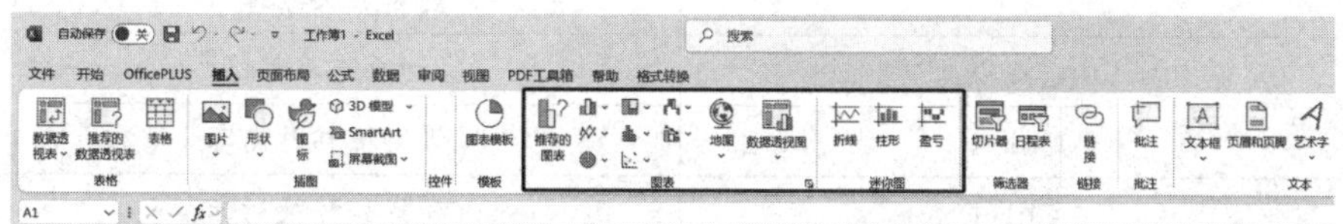

图 2-43 “插入”选项卡的图表样式

相关链接

Excel 常用快捷键

文件相关快捷键见表 2-16。

表 2-16 文件相关快捷键

快捷键	功能
Ctrl+O	打开文件
Ctrl+N	创建一个新的工作簿
Ctrl+S	保存工作簿
Ctrl+P	打印文件
Ctrl+F2	打开打印预览窗口
Ctrl+W	关闭当前工作簿
Alt+F4	关闭 Excel

通用快捷键见表 2-17。

表 2-17 通用快捷键

快捷键	功能
Alt+F+T（先按 Alt+F，再按 T）	打开 Excel 选项
F1	打开帮助
Ctrl+Z	撤销上次操作
Ctrl+Y	恢复撤销

续表

快捷键	功能
Ctrl+C	复制所选单元格
F4	重复上次操作
Ctrl+X	剪切所选单元格
Ctrl+V	从剪切板粘贴内容
Ctrl+F	弹出查找和替换对话框
Alt+F1	创建嵌入式图表
F11	在新的工作表中创建图表

表格内容筛选快捷键见表 2–18。

表 2–18　表格内容筛选快捷键

快捷键	功能
Ctrl+T	显示“创建表”对话框
Ctrl+Shift+L	触发自动筛选
Alt+ ↓	激活筛选
Shift+Space	选择整行
Ctrl+A	全选表格

表格导航快捷键见表 2–19。

表 2–19　表格导航快捷键

快捷键	功能
←	移动到左边单元格
→	移动到右边单元格
↑	移动到上边单元格
↓	移动到下边单元格
Ctrl+ →	移动到数据区域的右边缘
Ctrl+ ←	移动到数据区域的左边缘
Ctrl+ ↑	移动到数据区域的上边缘

续表

快捷键	功能
Ctrl+ ↓	移动到数据区域的下边缘
End	开启结束模式（左下角会显示结束模式）
Ctrl+G	定位窗口

数字格式化快捷键见表 2–20。

表 2–20 数字格式化快捷键

快捷键	功能
Ctrl+Shift+$	货币格式
Ctrl+Shift+%	百分比格式
Ctrl+shift+^	科学记数格式
Ctrl+shift+#	日期格式
Ctrl+shift+@	时间格式
Ctrl+shift+!	数字格式

三、PowerPoint 软件应用

1. PowerPoint 基本操作

（1）演示文稿与幻灯片。演示文稿与幻灯片相当于一本书与一页纸的关系。很多张纸组成一本书，很多张幻灯片组成一份演示文稿。

（2）创建幻灯片。选择“开始”选项卡，单击“新建幻灯片”，或者使用 Ctrl+M 组合键，即可快速添加 1 张空白幻灯片。如需要选择幻灯片版式，可以单击“新建幻灯片”的下拉菜单按钮，或者选择“幻灯片”组，单击“版式”按钮，即可完成相应的版式设置，如图 2–44 所示。

（3）添加文本。单击“插入”选项卡，单击“文本框”，在幻灯片的相应位置插入文本框，进行文本内容的添加（见图 2–45）。如需要更改文本内容或样式设计，可选中文本框，在弹出的“形状样式”选项卡中进行设置（见图 2–46）。

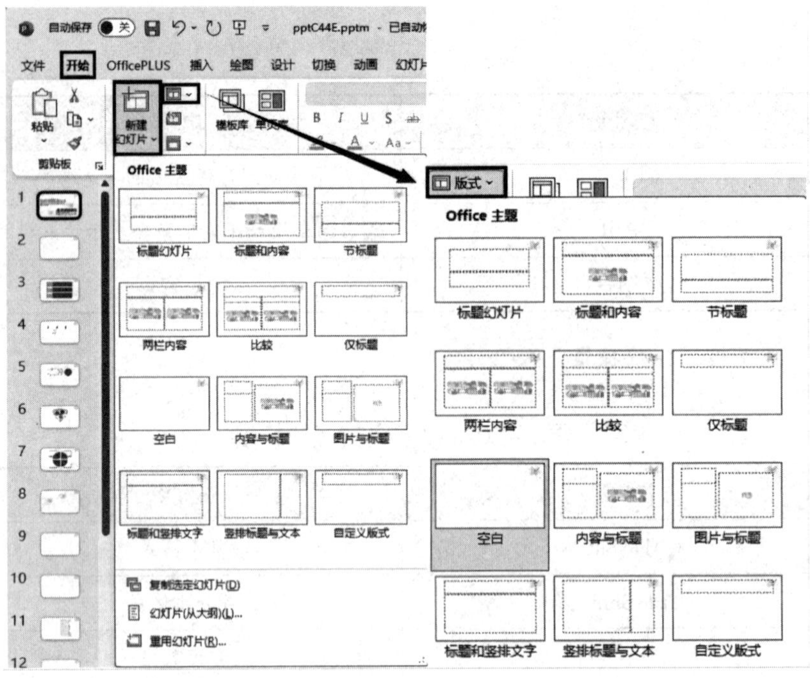

图 2–44　幻灯片创建与版式设置

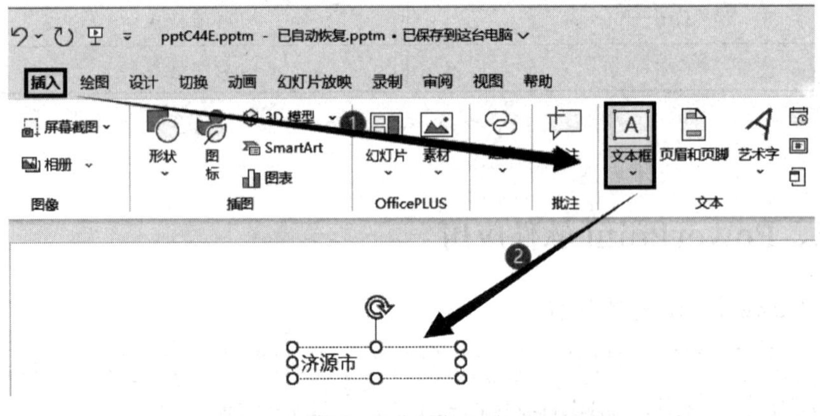

图 2–45　添加文本

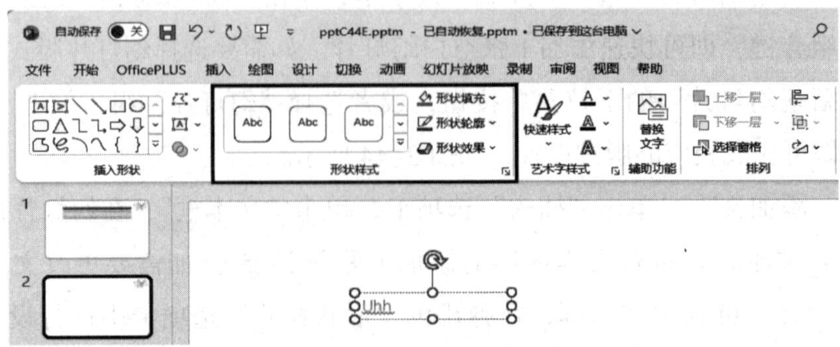

图 2–46　形状样式设置

（4）添加图片。选择“插入”选项卡，单击“图片”，选择图片来源即可完成图片添加（见图 2–47）。若需要更改图片格式，可选中需要更改的图片，在弹出的“图片格式”选项卡中按照要求进行设置（见图 2–48）。

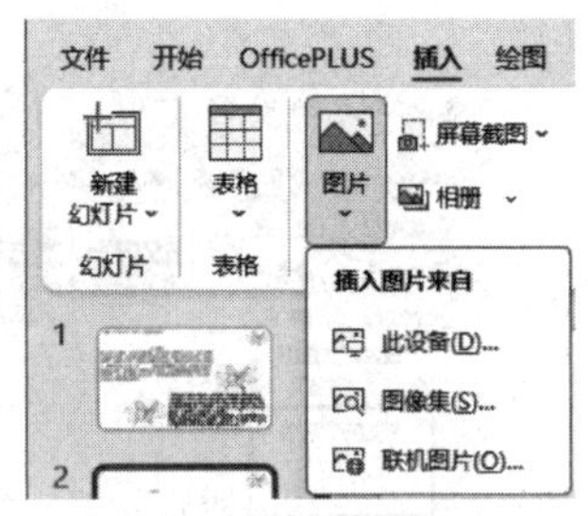

图 2–47 添加图片

（5）添加表格。选择“插入”选项卡，单击“表格”，根据需求进行表格添加，即可生成相应表格样式（见图 2–49）。若需要更换表格样式，选中表格，在弹出的“表设计”与“布局”选项卡中进行相应的操作（见图 2–50、图 2–51）。

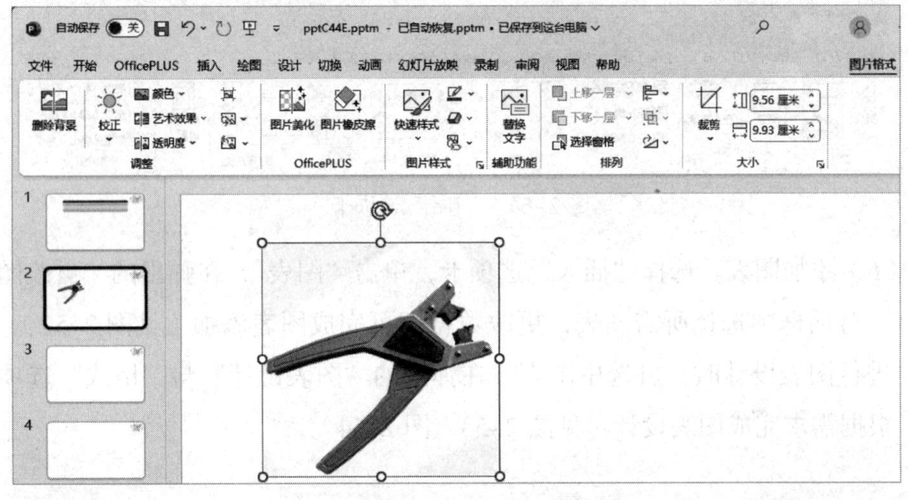

图 2–48 图片格式设置

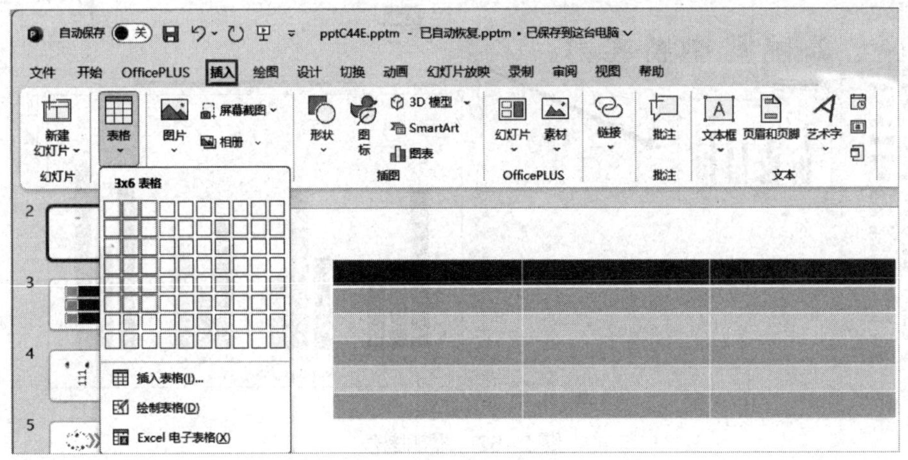

图 2–49 添加表格

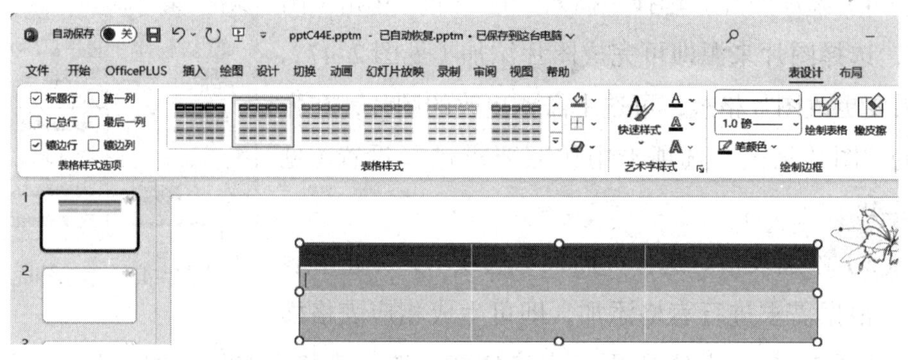

图 2–50 “表设计”选项卡

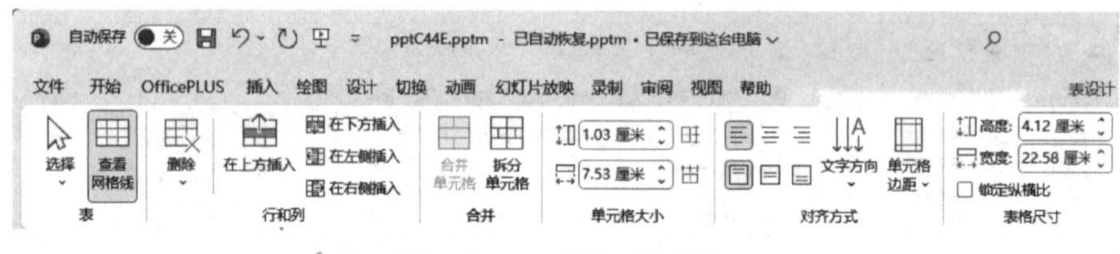

图 2–51 “布局”选项卡

（6）添加图表。选择“插入”选项卡，单击“图表”，在弹出的“更改图表类型”对话框中选择所需图表，更改数据即可完成图表添加（见图 2–52）。当需要进行图表设计时，可选中图表，在弹出的“图表设计”与“格式”选项卡中，根据需求完成图表设计（见图 2–53、图 2–54）。

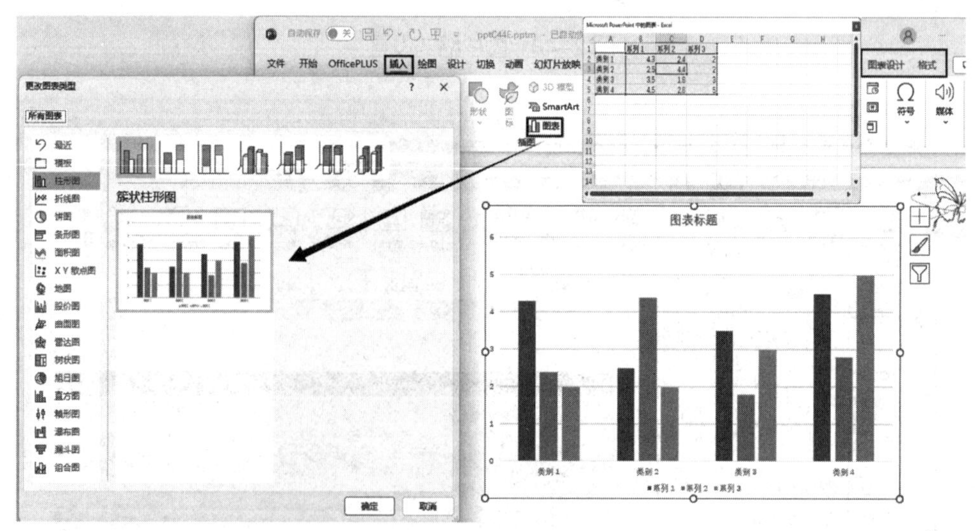

图 2–52 添加图表

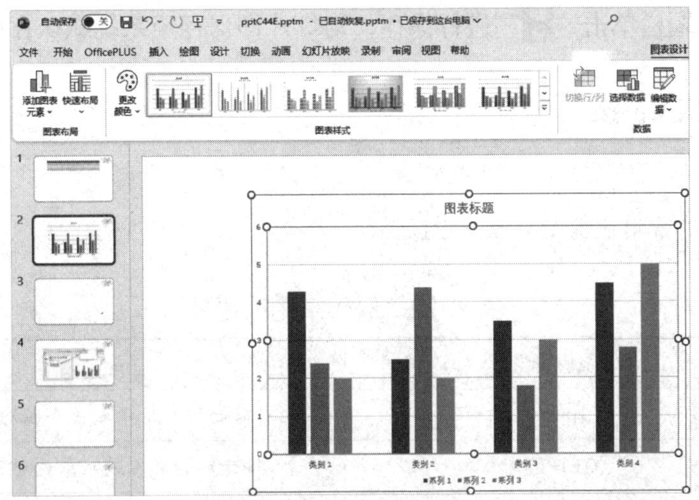

图 2–53 “图表设计”选项卡

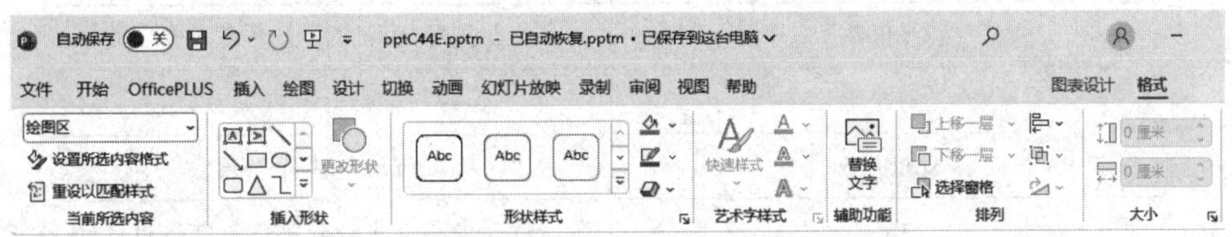

图 2–54 “格式”选项卡

（7）另存幻灯片。选择“文件”选项卡→“另存为”→“浏览”→根据需求选择和更改幻灯片保存位置和文件名→单击“保存”按钮，即可完成幻灯片另存设置（见图 2–55）。

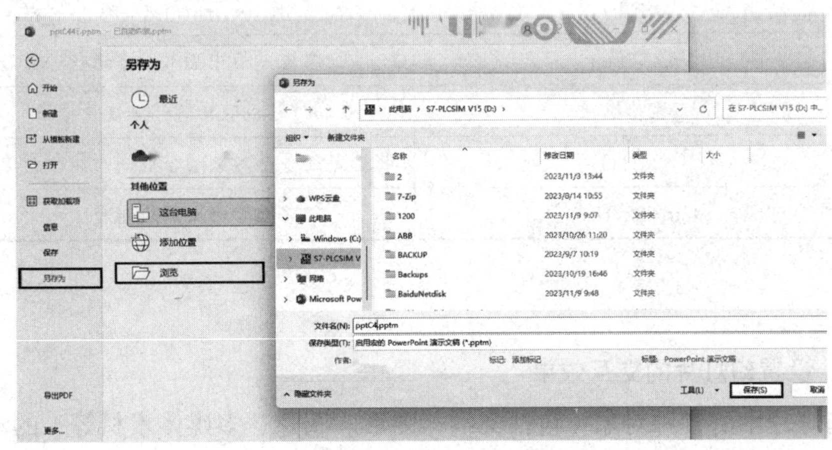

图 2–55 幻灯片另存设置

（8）保存幻灯片。针对幻灯片的保存，可选择“文件”选项卡→“保存”，或直接在标题栏单击“”进行保存，幻灯片即保存至系统默认存储位置。

相关链接

PPT 常用快捷键见表 2-21。

表 2-21　PPT 常用快捷键

快捷键	功能
Ctrl+M	在当前幻灯片后插入一个新幻灯片
Ctrl+L	将选定的文本或对象左对齐
Ctrl+R	将选定的文本或对象右对齐
Ctrl+E	将选定的文本或对象居中对齐
Ctrl+F	查找幻灯片中的文本或对象
F5	从第一张幻灯片开始放映
Shift+F5	从当前幻灯片开始放映
Tab	在幻灯片中移动光标到下一个可编辑区域
Shift+Tab	在幻灯片中移动光标到上一个可编辑区域
Shift+ 鼠标拖动对象	水平或垂直移动对象
Shift+ 单击动画面板的多个动画效果	同时对多个动画效果进行设置
Shift+ 单击幻灯片母版中的多个幻灯片版式	同时对多个版式进行编辑
Alt+F4	关闭幻灯片
Alt+Enter	在文本框中插入一个新行
空格键	在幻灯片放映中暂停 / 恢复播放
Ctrl+G	将选定的多个对象组合成一个组合对象
Ctrl+Shift+G	将组合对象解除组合

2. 设置幻灯片的交互效果

幻灯片中的各种对象（包括文本、图形、图片、多媒体素材等）的动画效果均在“动画”选项卡中进行设置（见图 2-56），主要包括进入动画、强调动画、退出动画和动作路径动画 4 种基本动画。利用这 4 种基本动画，可以组合设计出不同的动画效果。

图 2–56 “动画”选项卡

（1）添加动画效果。如图 2–57 所示，选中需要添加动画的元素，在“动画”选项卡的“高级动画”组中单击“添加动画”，或单击“动画”下拉菜单按钮选择需要的动画效果，如进入、退出等，即可添加动画。

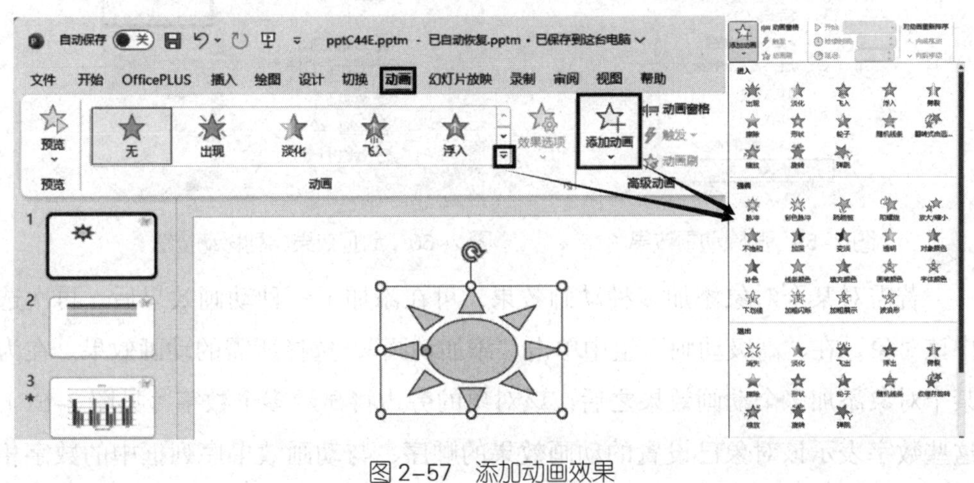

图 2–57 添加动画效果

若要查看已设置的动画，在“动画”选项卡的“高级动画”组中单击“动画窗格”，右侧弹出“动画窗格”窗口（见图 2–58），可以查看当前幻灯片上所有已设置动画的列表。

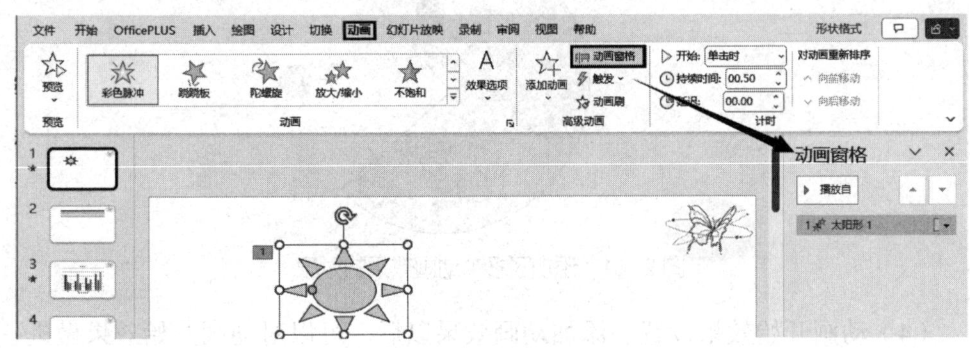

图 2–58 动画窗格

（2）删除动画效果。打开“动画窗格”→选中需要删除的动画效果→单击鼠标右键→选择“删除”命令，即可删除该对象的动画效果（见图 2–59）。

（3）动画效果排序。如需改变动画效果的出现顺序，选中一个动画效果序列框→单击“动画窗格”的“▲”或“▼”按钮（见图 2–60），即可改变动画效果的出现顺序。

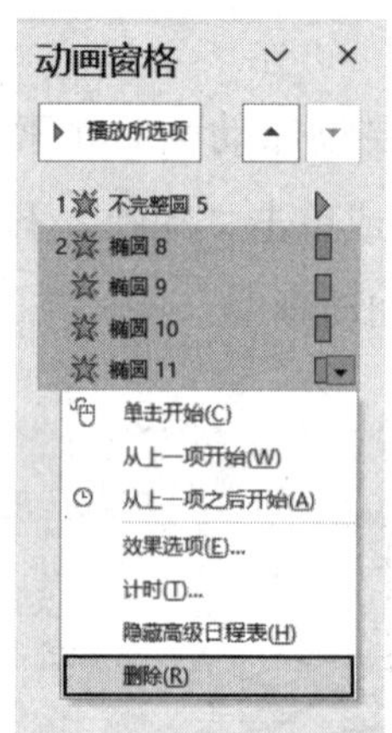

图 2–59　删除动画效果

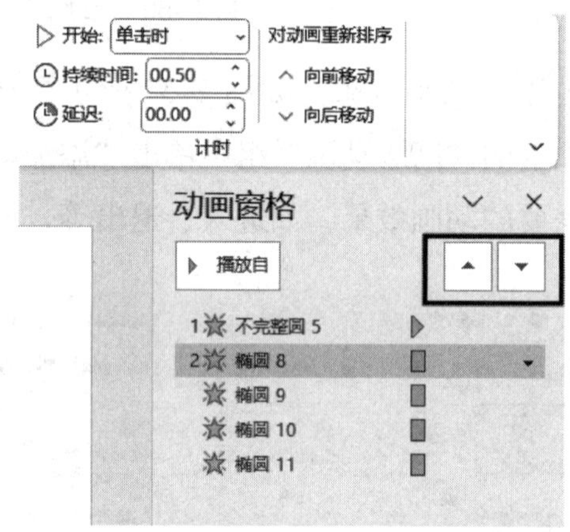

图 2–60　动画效果序列移动按钮

若需对某个对象添加多种动画效果，可在添加了一种动画效果后，再次选中该对象，在“高级动画”组中单击“添加动画”，选择所需的动画效果。在为某个对象添加多个动画效果之后，该对象的旁边将显示多个数字（见图 2–61），这些数字表示该对象已设置的动画效果的顺序，与动画效果序列框中的数字相对应。

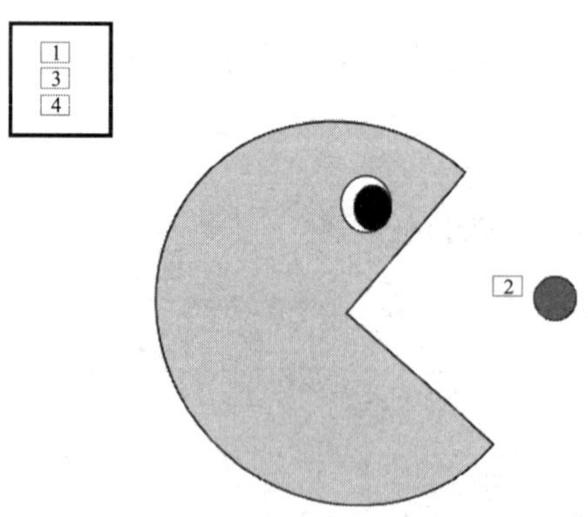

图 2–61　添加了多个动画效果的对象

（4）动画开始效果设置。添加动画效果以后，可以对动画开始效果做进一步的设置。在“动画”选项卡的“计时”组中，单击“开始”下拉列表按钮，有三个选项："单击时"（指单击鼠标、按方向键或回车键时播放动画效果），"与上一动画同时"（指当前动画与上一个动画同时开始播放），"上一动画之后"（指当前动画在上一个动画结束后立即开始播放），如图 2–62 所示。

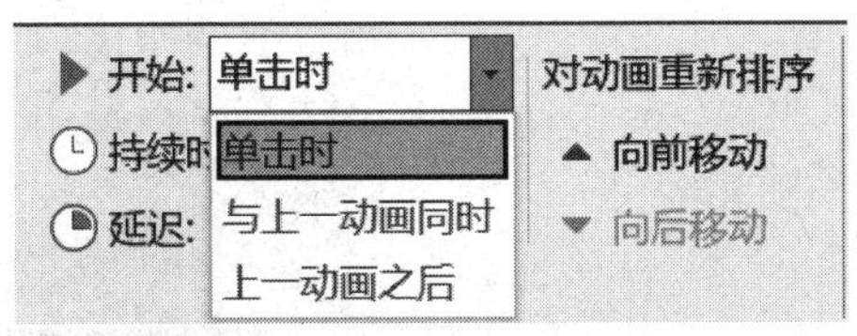

图 2–62　设置动画开始效果

（5）持续时间设置。设置的时间是指完成该动作所需的时间，用于设置对象的动作快慢。在"计时"组的"持续时间"框中输入所需的秒数，即可设置动画的持续时间（见图 2–63）。

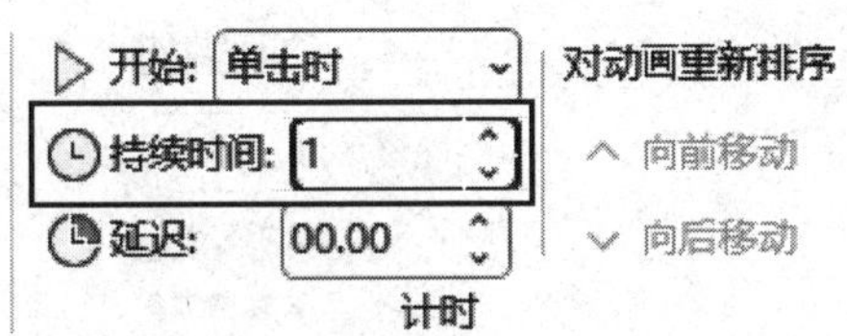

图 2–63　设置动画的持续时间

（6）延时设置。若要设置动画开始前的延时，可在"计时"组的"延迟"框中输入所需的秒数（见图 2–64）。

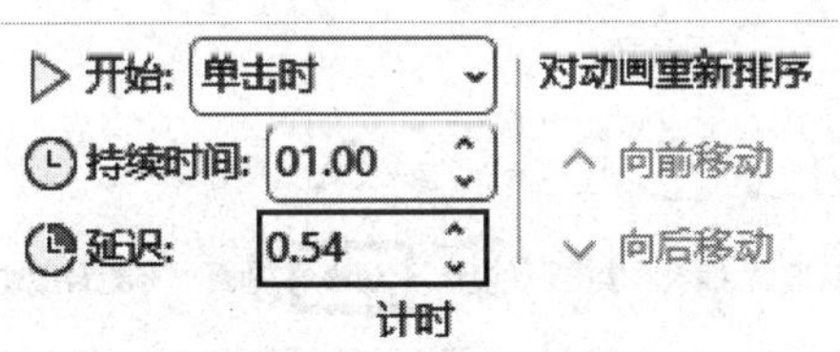

图 2–64　设置动画开始前的延时

（7）效果设置。在"动画"选项卡的"动画"组中，单击"效果选项"，出现该动画相应的效果选项。根据所选择的动画效果的不同，出现的选项有所不同（见图 2–65）。

（8）幻灯片切换设置。幻灯片切换是指放映时两张幻灯片过渡的动画，可选用不同的动画效果展示下一张幻灯片。

选择"切换"选项卡→单击"切换到此幻灯片"下拉菜单按钮→选择需要的切换效果，如淡入、淡出等，即可完成幻灯片切换效果设置（见图 2–66）。

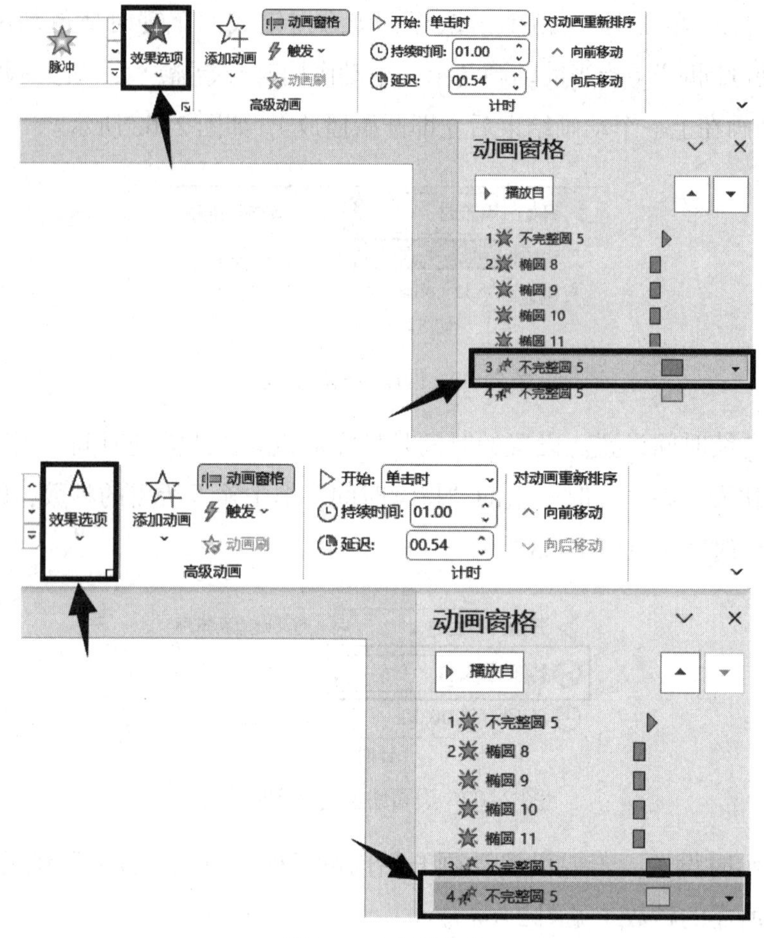

图 2–65　效果设置

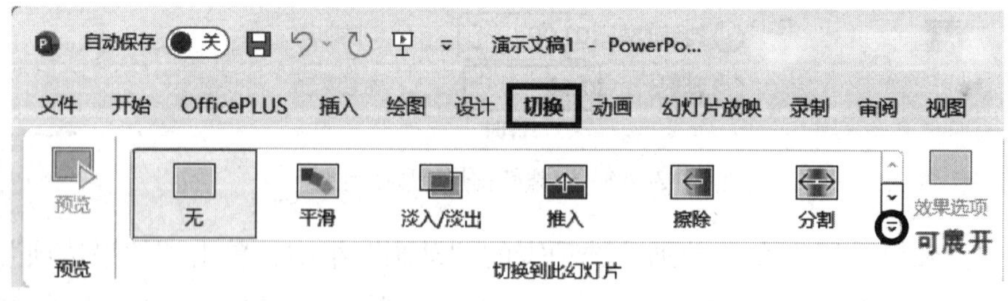

图 2–66　切换效果设置

PPT 默认的换片方式是“单击鼠标时”（见图 2–67），在幻灯片播放时单击鼠标即可切换到下一张幻灯片。如选中“设置自动换片时间”，可设置幻灯片切换时间，如“00：03”表示 3 秒后自动切换到下一张幻灯片，设置后在幻灯片缩略图的左下方将显示这张幻灯片的切换时间，如图 2–68 所示。如果将“单击鼠标时”和“设置自动换片时间”都选中，则在设置的自动换片时间内，单击鼠标仍可以进行切换。

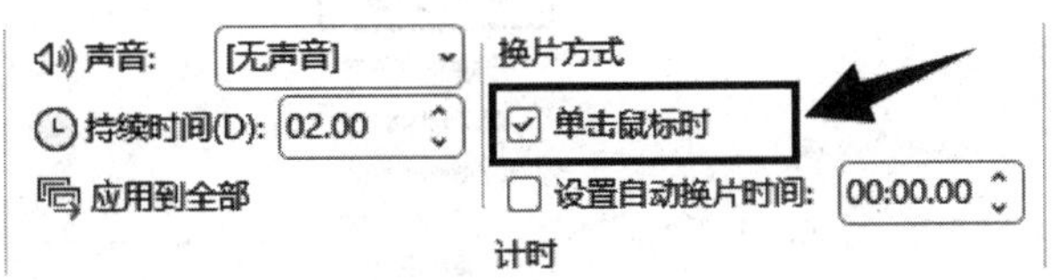

图 2-67 换片方式

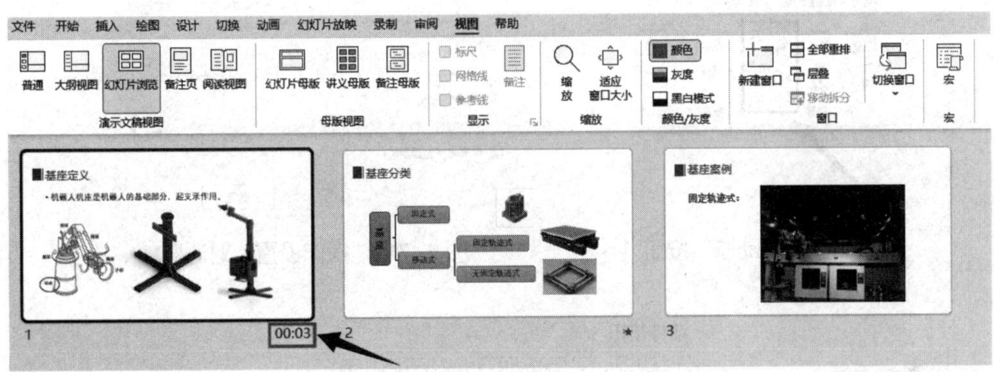

图 2-68 显示幻灯片的切换时间

在“切换”选项卡的“计时”组中，单击“应用到全部”，即可将以上所有设置应用到全部幻灯片（见图 2-69）。

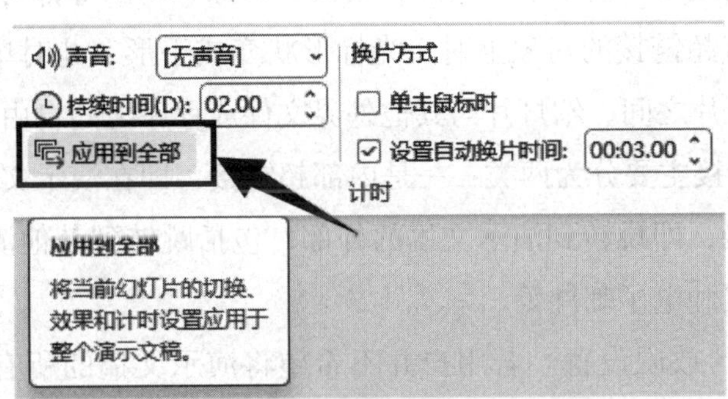

图 2-69 应用到全部幻灯片

（9）为对象添加动作。选择需要添加动作的对象，单击“插入”选项卡→“链接”组→“动作”按钮（见图 2-70），此时弹出“操作设置”对话框，在此可设置单击鼠标或鼠标悬停时的动作，如图 2-71 所示。

（10）绘制动作按钮。单击“插入”选项卡→“插图”组→“形状”按钮，选择所需的动作按钮，如图 2-72 所示，单击所选的动作按钮后，在当前幻灯片中按住鼠标左键拖动，可绘制出动作按钮。松开鼠标后会弹出“操作设置”对话框，用户可根据需要进行设置。

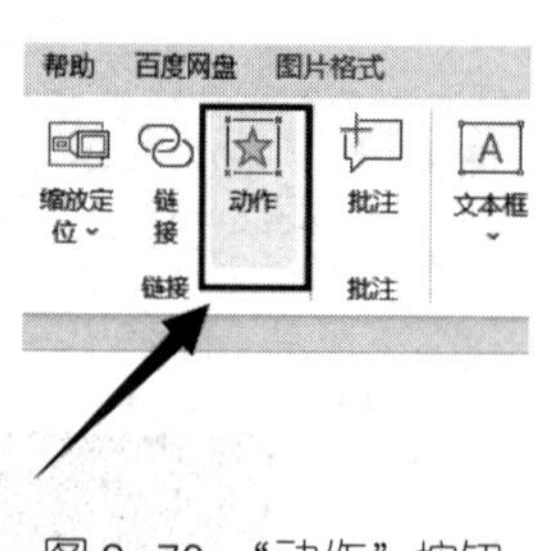

图 2-70 “动作”按钮

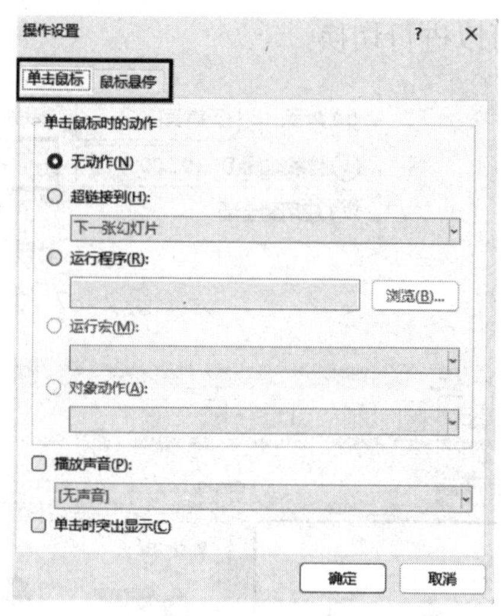

图 2-71 “操作设置”对话框

图 2-72 动作按钮

（11）超链接的使用。PPT 提供了功能强大的超链接功能。幻灯片中的文字（文本框）、自选图形、艺术字、图片、按钮、影像、动画等都可以设置超链接。当鼠标放在设有超链接的对象上时，光标形状变成手形，此时单击超链接可以在幻灯片与幻灯片之间、幻灯片与其他外界文件或程序之间自由地转换。

PPT 的超链接主要分为两类：一是内部超链接，即在演示文稿内部的跳转；二是外部超链接，即跳转到演示文稿的外部，包括跳转到其他演示文稿、其他文件、URL 网页和电子邮件等。

（12）幻灯片放映设置。若用户并不希望将演示文稿的所有部分展现给观众，而是根据需要选择不同的放映部分，则可以自定义放映部分。单击“幻灯片放映”选项卡中“开始放映幻灯片”组的“自定义幻灯片放映”，在下拉列表中选择“自定义放映”选项（见图 2-73），即可打开“自定义放映”对话框（见图 2-74）。

单击“新建”按钮，会弹出如图 2-75 所示的“定义自定义放映”对话框。选中左窗格“在演示文稿中的幻灯片”中的相应编号，单击“添加”按钮，该幻灯片就进入右窗格“在自定义放映中的幻灯片”中，设置完成后单击“确定”按钮即可。

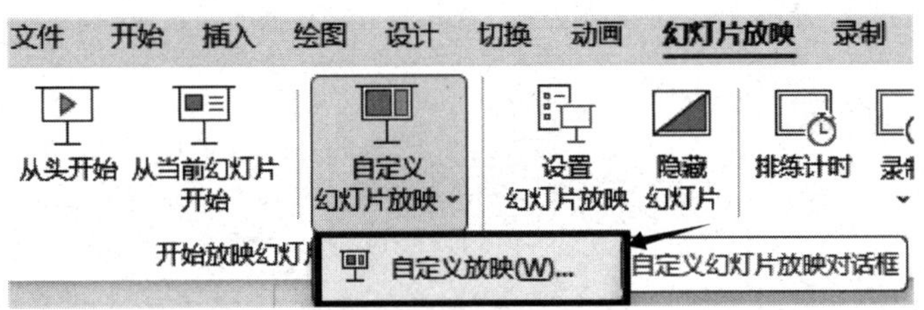

图 2-73 “自定义放映”选项

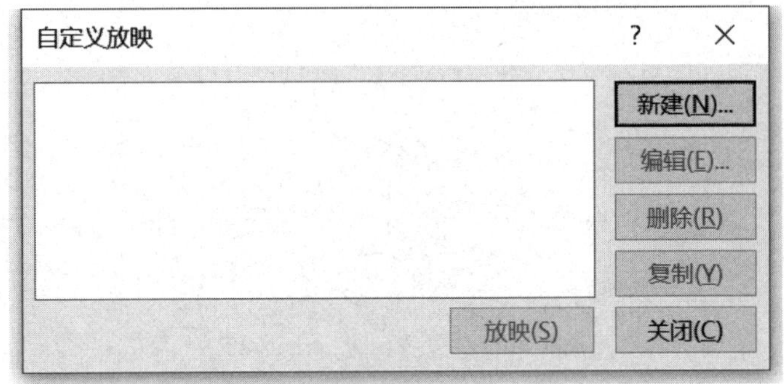

图 2-74 “自定义放映”对话框

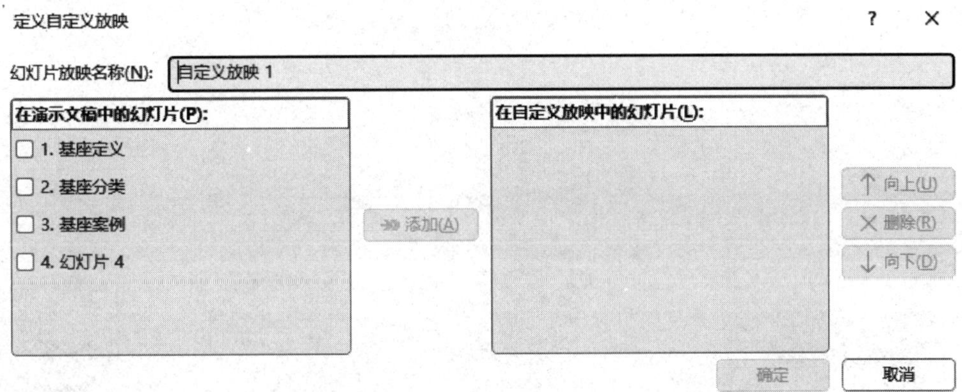

图 2-75 “定义自定义放映”对话框

职业模块 3 机械知识

培训课程 1

机械制图基础知识

一、制图元素

1. 图样

在工程技术中，根据投影原理、标准或有关规定表示工程对象，并且有必要技术说明的图称为图样。其目的是准确地表达机械零件、部件、装配体等的形状和尺寸大小。

2. 字体、比例

（1）绘图字体。工程图中的文字和字体，必须遵守国家标准的相关规定。

GB/T 14691—1993《技术制图　字体》中，规定了绘图字体的基本要求，部分见表 3–1。

表 3–1　绘图字体的部分基本要求

序号	要求
1	书写字体必须做到：字体工整、笔画清楚、间隔均匀、排列整齐
2	字体高度（用 h 表示）的公称尺寸系列为：1.8，2.5，3.5，5.7，10，14，20 mm。如需要书写更大的字，其字体高度应按 $\sqrt{2}$ 的比率递增，字体高度代表字体的号数
3	汉字应写成仿宋体字，并应采用中华人民共和国国务院正式公布推行的《汉字简化方案》中规定的简化字。汉字的高度 h 应不小于 3.5 mm，其字宽一般为 $h/\sqrt{2}$
4	字母和数字分 A 型和 B 型。A 型字体的笔画宽度（d）为字高（h）的 1/14；B 型字体的笔画宽度（d）为字高（h）的 1/10。在同一图样上，只允许选用一种型式的字体
5	字母和数字可写成斜体和直体。斜体字字头向右倾斜，与水平基准线成 75°
6	汉字、拉丁字母、希腊字母、阿拉伯数字和罗马数字等组合书写时，其排列格式和间距应符合 GB/T 14691—1993《技术制图　字体》3.6 节的相关规定

（2）绘图比例。GB/T 14690—1993《技术制图　比例》中，规定了绘图比例及其标注方法。图中图形与其实物相应要素的线性尺寸之比称作比例。比值为 1 即 1 ∶ 1，称为原值比例；比值大于 1 如 2 ∶ 1 等，称为放大比例；比值小于 1 如 1 ∶ 2 等，称为缩小比例。需要按比例绘制图样时，应在表 3–2 规定的系列中选取适当的比例。

表 3–2　优先比例

种类	比例		
原值比例	1 ∶ 1		
放大比例	5 ∶ 1	2 ∶ 1	
	5×10^n ∶ 1	2×10^n ∶ 1	1×10^n ∶ 1
缩小比例	1 ∶ 2	1 ∶ 5	1 ∶ 10
	1 ∶ 2×10^n	1 ∶ 5×10^n	1 ∶ 1×10^n

如果优先比例不适用，可使用一般比例，具体见表 3–3。

表 3–3　一般比例

种类	比例				
放大比例	4 ∶ 1	2.5 ∶ 1			
	4×10^n ∶ 1	2.5×10^n ∶ 1			
缩小比例	1 ∶ 1.5	1 ∶ 2.5	1 ∶ 3	1 ∶ 4	1 ∶ 6
	1 ∶ 1.5×10^n	1 ∶ 2.5×10^n	1 ∶ 3×10^n	1 ∶ 4×10^n	1 ∶ 6×10^n

（3）线型。GB/T 17450—1998《技术制图　图线》对图线做了如下定义：起点和终点间以任意方式连接的一种几何图形，形状可以是直线或曲线、连续线或不连续线。

GB/T 4457.4—2002《机械制图　图样画法　图线》在 GB/T 17450—1998《技术制图　图线》的基础上，补充规定了机械制图中所涉及图线的一般规则。基本线型及应用见表 3–4。

表 3–4　基本线型及应用

序号	名称	线型	一般应用
1	粗实线	——————	可见棱边线、可见轮廓线、相贯线、螺纹牙顶线、螺纹长度终止线、齿顶圆（线）、表格图及流程图中的主要表示线、系统结构线（金属结构工程）、模样分型线、剖切符号用线

续表

序号	名称	线型	一般应用
2	细实线	————————	过渡线、尺寸线、尺寸界线、指引线和基准线、剖面线、不连续同一表面连线、重合断面的轮廓线、螺纹牙底线、齿轮的齿根线、呈规律分布的相同要素连线等
3	波浪线	～～～	断裂处边界线、视图与剖视图的分界线
4	双折线	—\/—\/—	断裂处边界线、视图与剖视图的分界线
5	细虚线	-------------------	不可见棱边线、不可见轮廓线
6	粗虚线	— — — — — —	允许表面处理的表示线
7	细点画线	—·—·—·—·—	轴线、对称中心线、剖切线、分度圆（线）、孔系分布的中心线
8	粗点画线	——·——·——	限定范围表示线
9	细双点画线	—··——··—	相邻辅助零件的轮廓线，毛坯图中制成品的轮廓线、可动零件的极限位置的轮廓线、工艺用结构（成品上不存在）的轮廓线、特定区域线、中断线等

（4）标题栏及明细栏。每张图纸上都必须画出标题栏。标题栏由名称及代号区、签字区、更改区和其他区组成，是图样不可缺少的内容。标题栏的位置一般在图样的右下角，如图 3–1 所示。

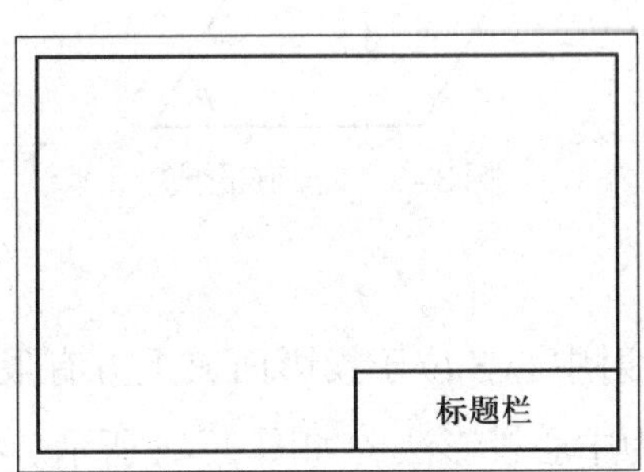

图 3–1 标题栏位置

明细栏由序号、代号、名称、数量、材料、质量、备注等内容组成，一般配置在标题栏的上方，序号按自下而上的顺序填写。如果上方位置不够，可紧靠标题栏左边自下而上延续。标题栏及明细栏的竖线用粗实线，内格横线用细实线，表头横线用粗实线，如图 3–2 所示。

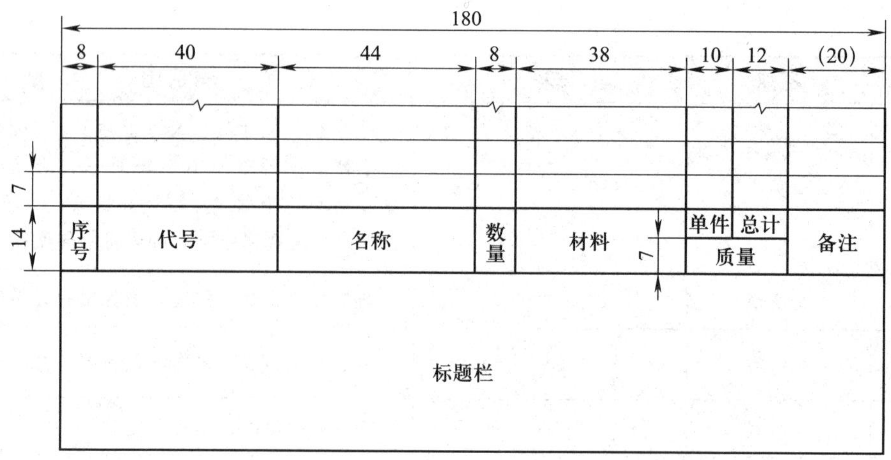

图 3–2　标题栏及明细栏

二、图样表示法

1. 投影法

（1）投影的形成。如图 3–3 所示，*S* 为投射中心，*A* 为空间中一点，*P* 为投影面，*SA* 连线为投射线，它与投影面 *P* 的交点 *a* 即为空间 *A* 点在投影面 *P* 上的投影。在投影面和投射中心确定的条件下，空间点 *A* 在投影面上的投影是唯一确定的。

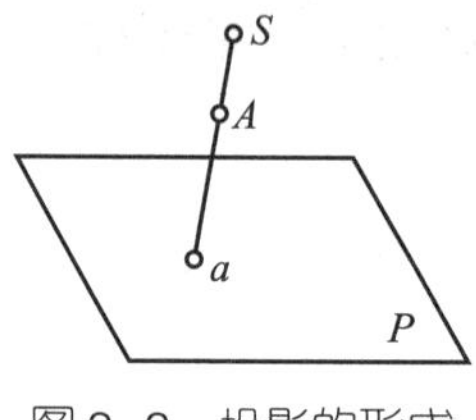

图 3–3　投影的形成

（2）投影法的种类

1）中心投影法。投射中心 *S* 位于投影面 *P* 上方有限远的地方，投射线由 *S* 点发出，这种投影法称为中心投影法，如图 3–4a 所示。中心投影法常用来画建筑物的透视图，在机械工程图样中很少采用。

2）平行投影法。假想把投射中心 *S* 移到距投影面 *P* 无穷远处，则投射线可视为互相平行，这种投影法称为平行投影法，如图 3–4b 所示。

平行投影法按投射线与投影面是否垂直又分为两种。

①斜投影法（又称斜角投影法），投射线与投影面 *P* 相倾斜，如图 3–5a

所示。

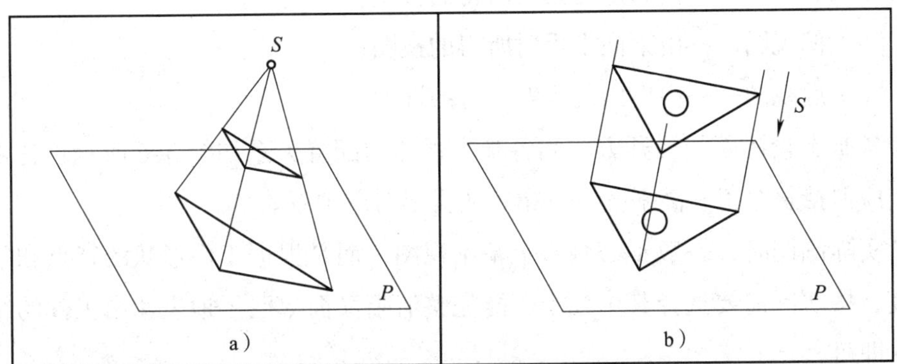

图 3-4 两种投影方法
a）中心投影法 b）平行投影法

②正投影法（又称直角投影法），投射线与投影面 P 垂直，如图 3-5b 所示。

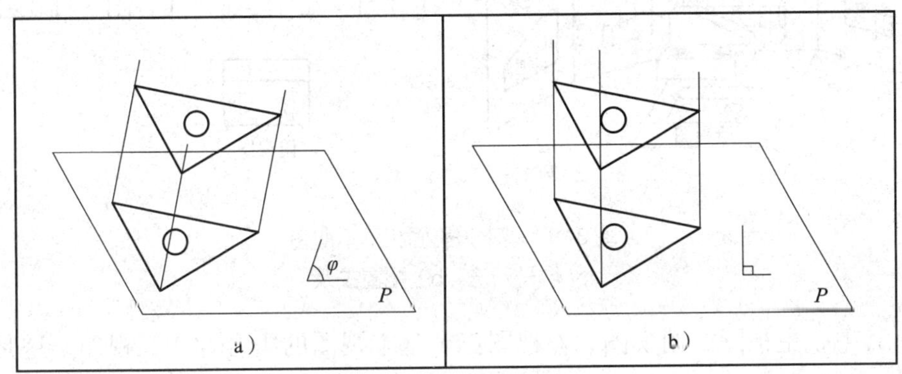

图 3-5 平行投影法的种类
a）斜投影法 b）正投影法

由于正投影法能准确表达物体的真实形状和大小，并且作图方便，因此在机械工程制图中被主要采用。

2. 视图

用多面正投影绘制出的物体图形称为视图，通常包括基本视图、向视图、局部视图和斜视图。下面着重介绍最常规的基本视图。

工件向六个基本投影面投射所得的视图称为基本视图，具体包括：

（1）主视图——由前向后投射所得的视图；

（2）俯视图——由上向下投射所得的视图；

（3）左视图——由左向右投射所得的视图；

（4）右视图——由右向左投射所得的视图；

（5）仰视图——由下向上投射所得的视图；

（6）后视图——由后向前投射所得的视图。

各基本投影面的展开方法和各基本视图的配置关系如图 3–6 所示。各视图之间应保持长对正、高平齐、宽相等的投影对应关系。

实际画图时，一般不必画六个基本视图，而是根据工件形状的特点和复杂程度，按实际需要选择其中几个，能完整清晰又简单明了地表达出工件的结构形状即可。

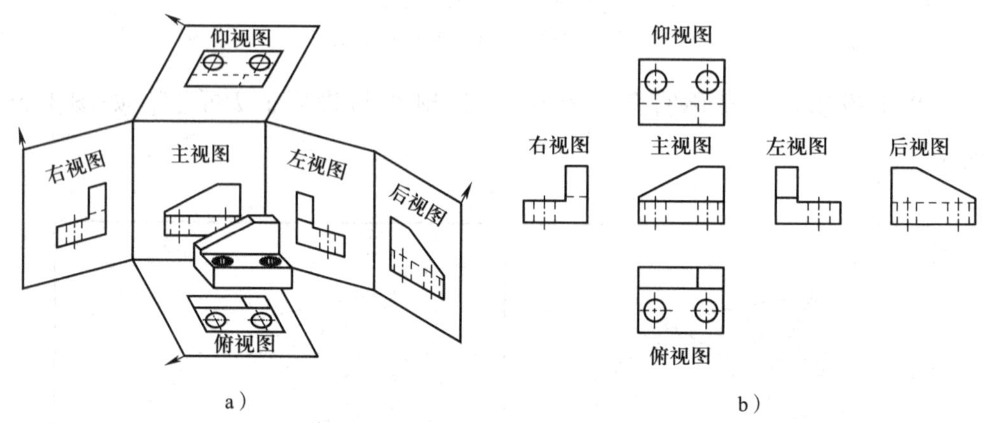

图 3–6　基本投影面和基本视图
a）展开方法　b）配置关系

其中，主视图、俯视图、左视图三个基本视图的组合称为三视图，这是工程界对物体几何形状约定俗成的抽象表达方式。

在画投影图时，一般不画出投影面的大小，既不画出投影面的边框线，也不画出投影轴。

3. 剖视图

为了辅助了解物体内部结构及相关参数，有时候需要对物体进行剖切，剖切后所得的视图分为全剖视图、半剖视图和局部剖视图。

（1）剖视图的表示方法

1）全剖视图。用剖切面完全剖开物体所得的剖视图称为全剖视图。全剖视图主要用于表达内部结构复杂，外形简单的不对称物体。

如图 3–7 所示，当物体具有对称平面时，在对称平面上投影的图形，可以依据对称中心线一分为二。

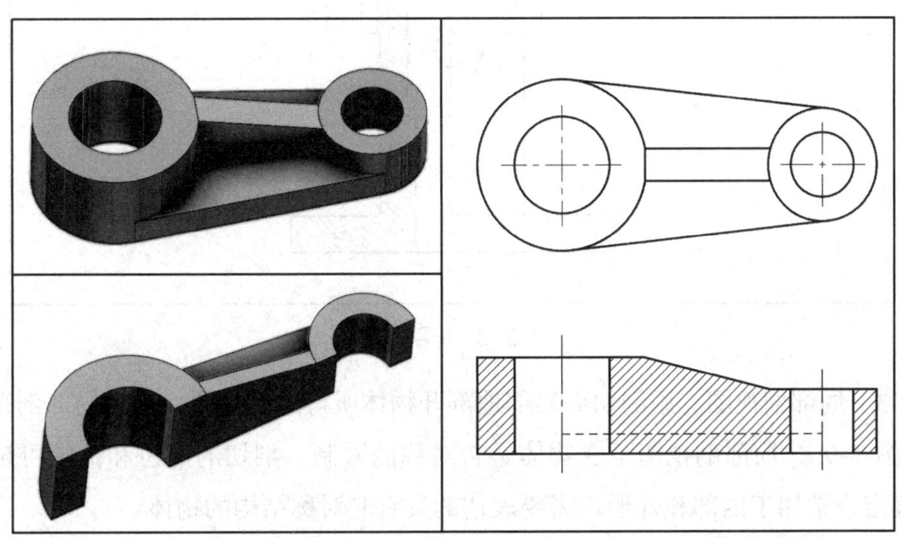

图 3–7 全剖视图

2）半剖视图。当物体具有对称平面时，向垂直于对称平面的投影面上投射的图形，可以以对称中心线为界，一半画成剖视图，另一半画成视图，称为半剖视图。对称或基本对称的物体可以采用半剖视图（见图 3–8）。

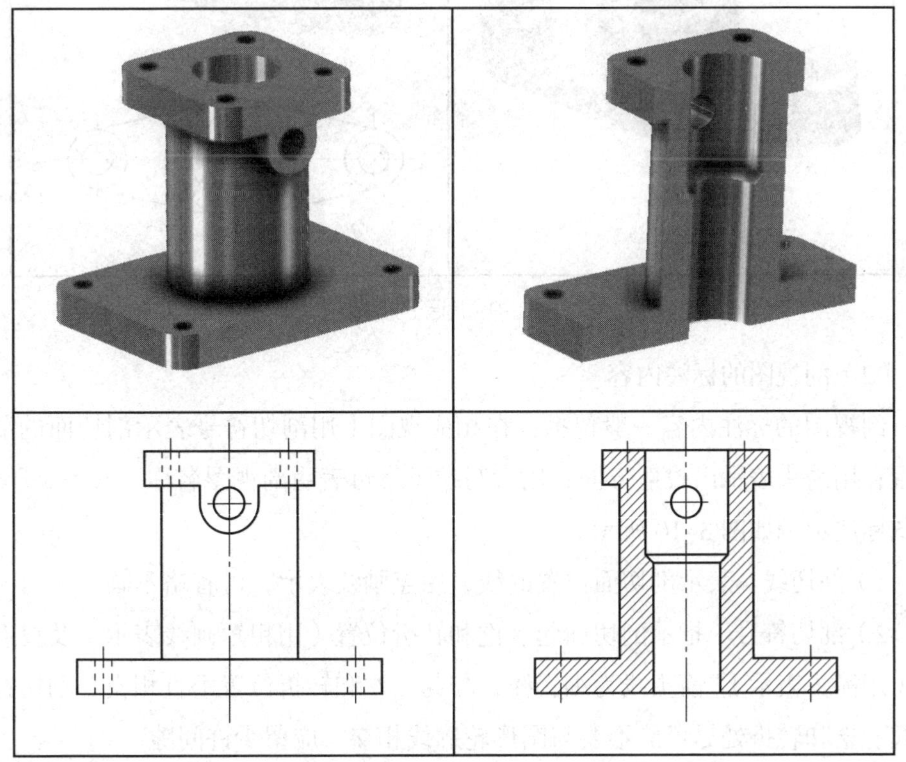

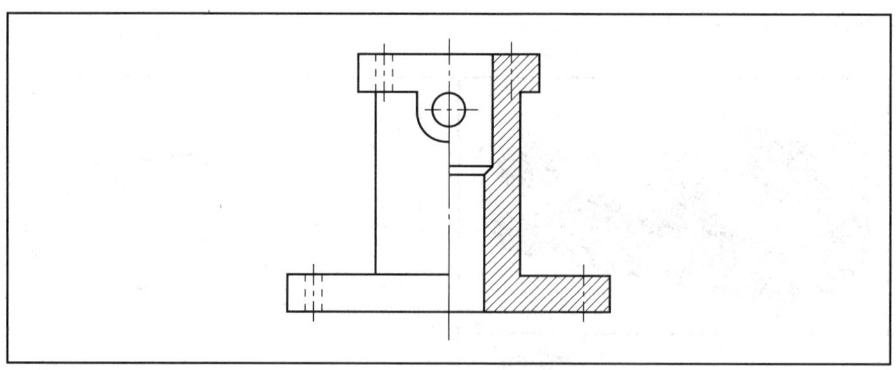

图 3–8　半剖视图

3）局部剖视图。用剖切面局部地剖开物体所得的剖视图，称为局部剖视图（见图 3–9），局部剖视图不受物体是否对称的限制，剖切的部位和范围可按需要确定，常用于内部和外形均需要表达的具有非对称结构的物体。

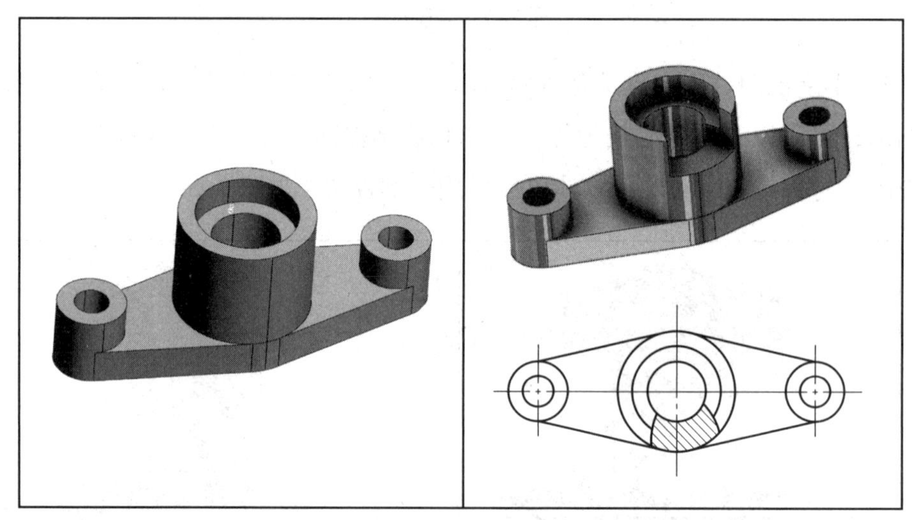

图 3–9　局部剖视图

（2）剖视图的标注内容

剖视图的标注内容一般包括：在相应视图上用剖切符号表示剖切面的剖切位置；用箭头表示出投射方向；用大写拉丁字母表明剖视图名称“×—×”。剖视图标注示例如图 3–10 所示。

1）剖切线。表示剖切面位置的线，用点画线表示，可省略不画。

2）剖切符号。指示剖切面起、讫和转折位置（用粗短画线表示）及投射方向（用箭头表示）。箭头线为细实线，与起、讫和转折位置垂直相交。剖切符号的起、讫和转折处尽可能不要与图形轮廓线相交，应留少许间隙。

如果在同一张图上同时有几个剖视图，则其名称应按字母顺序排列，不得重复。

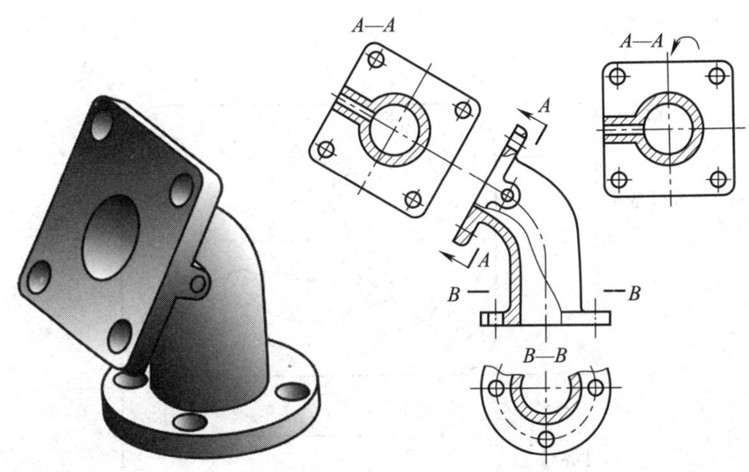

图 3–10 剖视图标注示例

三、尺寸标注法

图样中的视图只能表达物体的形状，物体各部分的大小则需要通过标注尺寸来表达。使用尺寸标注法画图时，应当遵守 GB/T 4458.4—2003《机械制图 尺寸注法》、GB/T 16675.2—2012《技术制图 简化表示法 第 2 部分：尺寸注法》的相关规定。尺寸标注的基本规则见表 3–5。

表 3–5 尺寸标注的基本规则

序号	基本规则
1	工件的真实大小应以图样上所注的尺寸数值为依据，与图形的大小及绘图的准确度无关
2	图样中（包括技术要求和其他说明）的尺寸，以毫米为单位时，不需标注单位符号（或名称）；如采用其他单位，则应注明相应的单位符号
3	图样中所标注的尺寸，为该图样所示工件的最后完工尺寸，否则应另加说明
4	工件的每一尺寸，一般只标注一次，并应标注在反映该结构最清晰的图形上

1. 尺寸的组成

一个完整的尺寸由尺寸界线、尺寸线（带箭头）、尺寸数字组成，如图 3–11 所示。

（1）尺寸界线。指明拟注尺寸的边界，用细实线绘制，引出端有 2 mm 以上的间隔，末端则超出尺寸线 2 ~ 3 mm。工程制图的尺寸标注中，为限定尺寸的范围，需要在图样中画出尺寸界线。两个尺寸界线相交时可以不间断，尺寸界线和轮廓线相交时也不必出现间断。圆的中心线和对称轮廓线相交时也遵循这个原则。

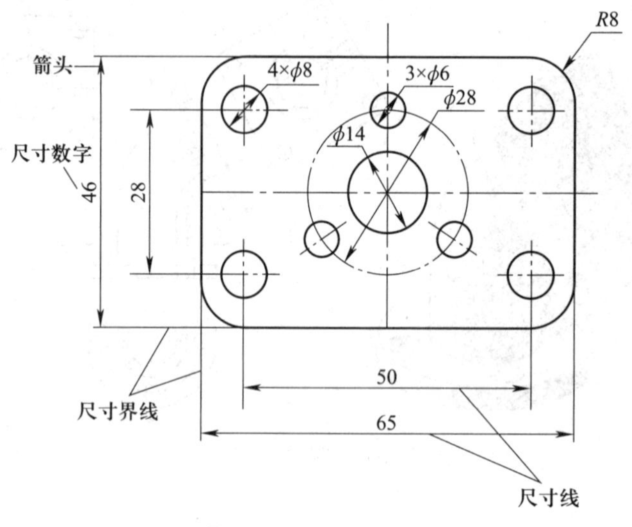

图 3–11　尺寸的组成

（2）尺寸线。画在两尺寸界线之间，为了标注尺寸而单独绘制的线段，上方标有数值，一般用细实线绘制，由一条细实线和两端的箭头组成，箭头分别指向尺寸的起始和终止位置。

（3）尺寸数字。表示物体实际的尺寸大小，一般标注在尺寸线的上方或中断处。

2. 图样的尺寸标注

零件图的尺寸标注是零件加工和检验的依据。因此，零件图上标注的尺寸除了应正确、完整、清晰外，还应尽可能合理，满足设计要求，便于加工测量。

（1）常见尺寸标注。常见的尺寸标注规定见表 3–6。

表 3–6　常见的尺寸标注规定

尺寸类型	规定	图例
直径及半径的尺寸	直径尺寸的数字之前应加注符号“ϕ”。半径尺寸的数字之前应加注符号“R”，其尺寸线应通过圆弧的中心	ϕ30　R24　R18

续表

尺寸类型	规定	图例
弦长及弧长的尺寸	弦长的尺寸线为直线，弧长的尺寸线为圆弧。在弧长的尺寸数字左方，须用细实线画出符号“⌒”	25　⌒26,18
角度的尺寸	角度的尺寸界线应沿径向引出，尺寸线应画成圆弧，其圆心是该角的顶点，尺寸线的终端应画成箭头	60°
斜度及锥度的尺寸	斜度及锥度的符号用粗实线画出，方向应与斜度、锥度方向一致	∠1 : 5　1 : 7

（2）不需要标注的尺寸

1）图示尺寸。由图形表明的一些按理想状态绘制的几何关系，如表面的相互垂直和平行、轮廓的相切、几个圆柱的共轴线以及形状和位置的对称，相同要素的均匀分布等，若无特殊要求，均按图示几何关系处理，不必标注。如图 3–12 所示，半圆头板的底边与两侧边垂直，两侧边平行，$\phi15$ 孔与 $R15$ 圆弧的同心，两个 $\phi6$ 小孔关于中轴线的对称都不必标注或说明。由于下部方形的两侧边与上部圆弧相切，下板宽度自然应为 30 mm，也不必标注。

2）自明尺寸。如图 3–12 所示，工件用 t 0.8 标注，表明其为 0.8 mm 厚的薄板，不再画第二视图。此时三个圆均理解为通孔，因为不通孔或凸台，必定有另一图形表示其深浅或高低，并标注尺寸。

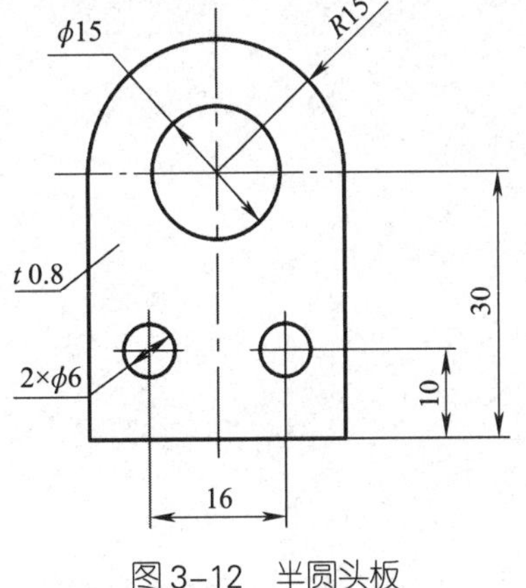

图 3–12　半圆头板

3. 图样简化

为了简化绘图工作、提高效率、清晰画面，《技术制图　简化表示法　第2部分：尺寸注法》（GB/T 16675.2—2012）规定了技术图样中使用的简化注法，使用时注意以下原则。

（1）简化必须保证不致引起误解和不会产生理解的多义性。在此前提下，力求制图简便。便于识读和绘制，注意简化的综合效果。

（2）在考虑便于手工制图和计算机制图的同时，还要考虑缩微制图的要求。

（3）当物体具有若干相同结构（齿、槽等），并按一定规律分布时，只需画出几个完整的结构，其余用细实线连接，并注明结构的总数。

（4）若干直径相同且规律分布的孔（圆孔、螺孔、沉孔等），可以仅画出一个或几个，其余只需用中心线表示其中心位置，在图中标注孔的尺寸时应注明孔的总数。

（5）网状物、编织物或物体上的网纹、滚花部分，可在轮廓线附近用细实线示意画出，并在图上或技术要求中注明这些结构的具体要求。

（6）当图形不能充分表达平面时，可用平面符号（两相交的细实线）表示。

（7）物体上较小的结构，如在一个图形中已表达清楚时，其他图形可简化或省略。

（8）在不引起误解时，物体上的小圆角、锐边的小倒圆或45°小倒角，允许省略不画，但必须注明尺寸或在技术要求中加以说明。较长的物体（轴、杆、型材、连杆等）沿长度方向的形状一致或按一定规律变化时，可断开后缩短绘制，但尺寸仍按实际长度标注。

培训课程 2 气动和液压传动基础知识

一、气动和液压传动控制系统结构

1. 气动控制系统结构

气动控制采用压缩空气作为传输信号或执行机构的动力，在工控领域自动化控制中是不可缺少的重要组成部分。气动控制系统的工作原理是通过控制压缩空气的压力、流量和方向来驱动执行元件，从而实现各种控制功能。压缩空气通过气源产生，然后利用控制元件进行调节和控制，再通过执行元件驱动被控对象实现相应的控制功能，如图 3–13 所示。

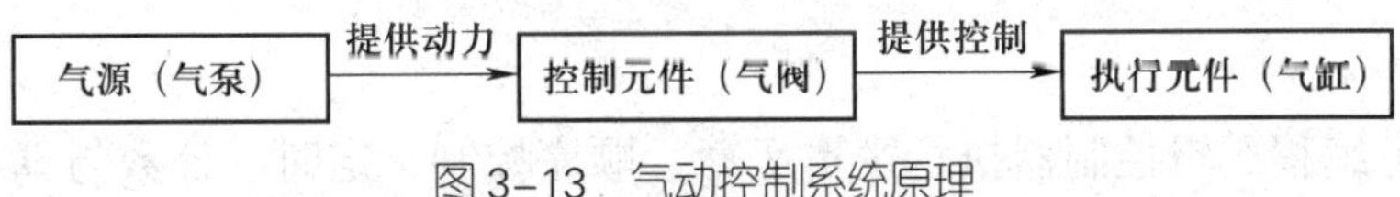

图 3–13 气动控制系统原理

（1）气动控制系统的特点。气动控制系统具有结构简单、易于维护、响应速度快、控制精度高等优点，被广泛应用于各种领域，如自动化生产线、机器人、汽车、航空航天、医疗设备等。在这些应用中，气动控制系统常用于实现自动化控制、运动控制、位置控制、压力控制等功能。

（2）气动装置优缺点见表 3–7。

表 3–7 气动装置优缺点

优点	以空气为工作介质，与液压传动相比不必设置回油装置
	因空气的黏度很小，流动过程中的能量损失也很小，故适用于集中供应和远距离输送，节能高效

续表

优点	与液压传动相比，气动动作反应快，维护简单，工作介质清洁，不存在介质变质及补充等问题
缺点	由于空气有压缩性，气缸的动作速度易随负载的变化而变化
	气缸活塞在低速运动时，由于摩擦力占推力的比例较大，其低速稳定性不如液压活塞
	气缸的输出扭矩比液压缸小

（3）气动控制系统组成

1）气泵（见图 3–14）的工作原理是通过机械方式将气体吸入并压缩，然后将压缩后的气体输出。常见的气泵类型包括活塞式气泵、螺杆式气泵、叶片式气泵等。气泵通常由电动机或内燃机等动力源驱动，通过机械传动机构将动力传递给压缩机构，实现气体的压缩和输出。

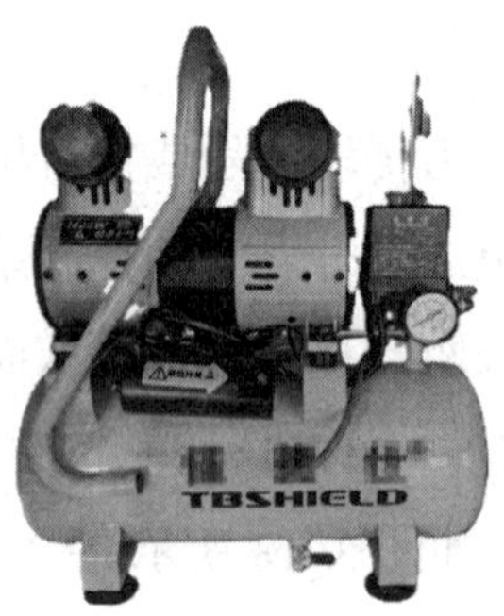

图 3–14　气泵

2）可编程逻辑控制器执行逻辑运算、顺序控制、定时、计数与算术操作等面向用户的指令，并通过数字或模拟式输入 / 输出控制各种类型的机械或生产过程。

3）电磁阀通过控制电磁线圈的通断电来实现控制功能。当电磁线圈通电时，产生的磁场会吸引铁芯或衔铁，使阀芯移动，从而改变流体的通路，实现流体的开闭或调节。

4）气缸主要由缸筒、端盖、活塞、活塞杆、密封件等组成。压缩空气进入气缸，推动活塞运动，从而带动与活塞相连的机械部件进行直线运动或摆动。

5）气动三联件是将空气过滤器、减压阀和油雾器三种气源处理元件组合在一起的简称。空气过滤器用于对气源的清洁，可过滤压缩空气中的水分，避免水分随气体进入装置。减压阀可对气源进行稳压，使气源处于恒定状态，可减小因气源气压突变对阀门或执行器等硬件造成的损伤。减压阀和单向减压阀的符号如图3-15和图3-16所示。

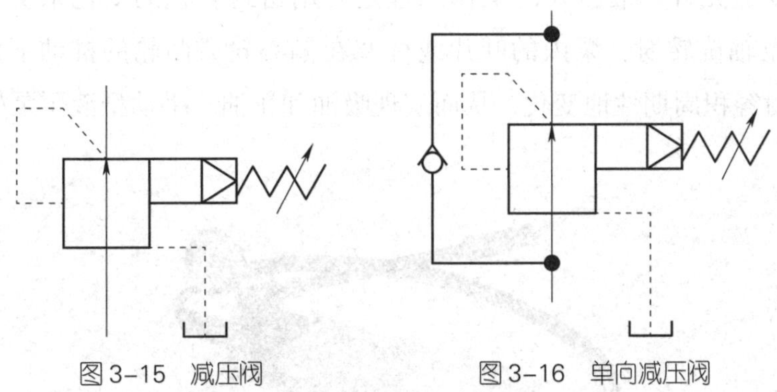

图3-15 减压阀　　图3-16 单向减压阀

油雾器可对机体运动部件进行润滑，可以对不方便加润滑油的部件进行润滑，大大延长机体的使用寿命。

6）节流阀（见图3-17）是控制流体流量的阀门。节流阀的工作原理是通过改变阀芯与阀体之间的节流口面积来调节流量。当流体通过节流口时，由于受到阻力作用，流体会产生压力降，从而使流量减小。

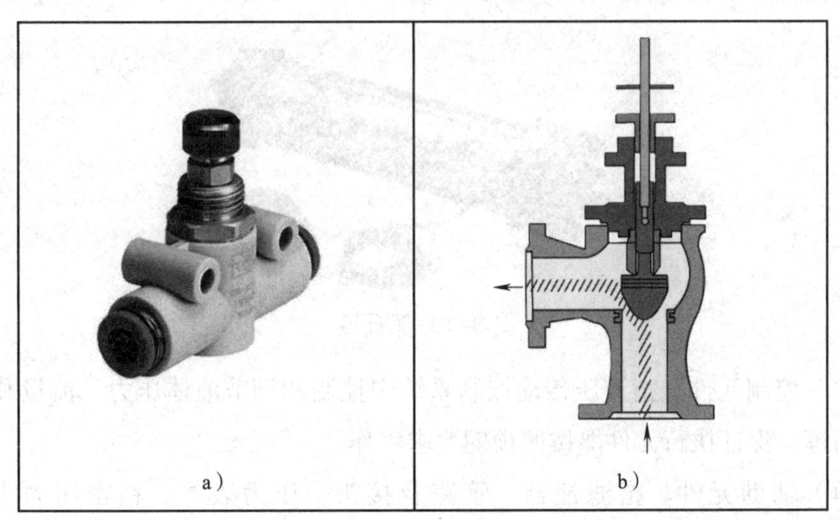

图3-17 节流阀

a）实物图 b）结构示意图

2. 液压传动控制系统结构

液压传动控制系统是利用液体（通常是油）作为工作介质来传递能量和进行控制的。它通过液压泵将机械能转换为液压能，然后利用液压缸或液压马达将液压能转换为机械能，以实现对机械设备的控制。

（1）动力元件。液压泵的工作原理是利用密封容积的变化来实现吸油和排油。当泵轴旋转时，泵内的叶片或柱塞在偏心轮或凸轮的推动下做往复运动，使密封容积周期性地变化，从而实现吸油和排油。手动型液压泵如图 3–18 所示。

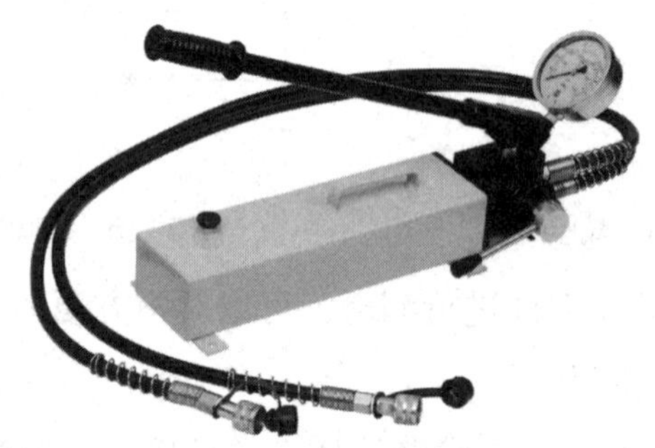

图 3–18　手动型液压泵

（2）执行元件。液压缸的功能是将液压能转换为机械能，可驱动工作机构实现往复直线运动（或摆动）。液压缸如图 3–19 所示。

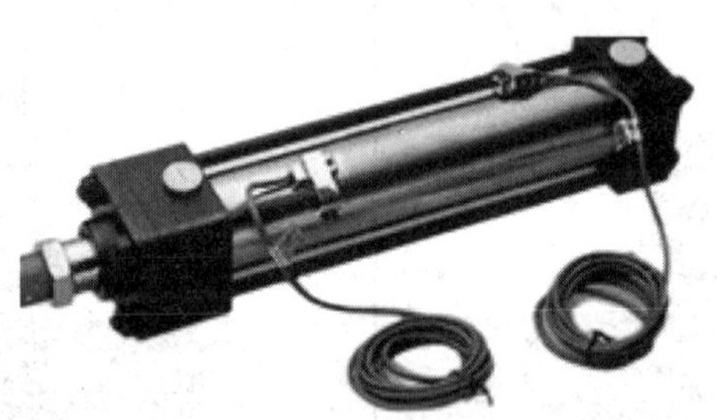

图 3–19　液压缸

（3）控制元件。指液压传动控制系统中控制和调节液体压力、流量和方向的阀门等，保证执行元件能按照预期要求工作。

（4）辅助元件。指滤油器、管路及接头、压力表等。精密压力表（见图 3–20）是用于测量流体压力、气体压力、蒸汽压力等的高精度仪器，用于确保设备的正常运行与安全性。

（5）工作介质。通常是液压油，在液压传动控制系统中起能量传递、抗磨、润滑、防腐、防锈、冷却等作用。

图3-20　精密压力表

二、气动和液压传动控制系统元器件

1. 气缸

根据气缸的结构和用途不同，可以将其分为多种类型。常见气缸种类见表3-8。

表3-8　常见气缸种类

序号	名称	图示	说明	特点
1	笔形气缸		又称迷你气缸（或微型气缸），材质有不锈钢和铝合金等	价格便宜，结构紧凑，前、后螺纹安装固定，能有效节省安装空间
2	薄型气缸		是一种行程短、缸径小的气缸，通常用于需要高精度、高速度和高稳定性的场合	结构紧凑、质量轻、占用空间小，可直接安装于各种夹具和专用设备上
3	双轴气缸		由两个单杆薄型气缸并联而成，能承受一定的侧向负载	具有一定的导向功能、抗弯曲及抗扭转性能，能承受一定的侧向负载

续表

序号	名称	图示	说明	特点
4	导杆气缸		直线轴承型适用于推举动作，适用于低摩擦运动场合；铜套型适用于径向负载、高负载场合	结构紧凑，节省安装空间，本身自带导向功能
5	滑台气缸		采用十字滚珠导轨导向，摩擦小，可实现无松动的平稳运动	结构紧凑，节省安装空间；导向精度高，能抗转矩，负载能力强；价格相对较高
6	无杆气缸		利用活塞直接或间接实现往复运动	节省安装空间，特别适用于小缸径、长行程的场合
7	摆动气缸		分为齿轮齿条式和叶片式两种，使用较多的是齿轮齿条式，用于物体的旋转、翻面、分类等	在供气气压逐渐降低或停气时，摆动气缸的活塞杆不会发生向下滑落的现象
8	旋转下压气缸		能实现旋转压紧的功能，通常用于空间紧凑的结构	旋转的方式能有效减小机构占用空间，使设备更加紧凑

2. 油缸

油缸即液压缸，通常由缸体、活塞、密封件和导向套等组成。根据液压缸的结构和用途不同，可以将其分为多种类型，如柱塞式液压缸、伸缩式液压缸等。液压千斤顶就是最简单的油缸，如图 3-21 所示。

3. 换向阀

常见的换向阀有二位二通换向阀、三位四通换向阀等。以二位二通换向阀为例（见图 3-22），它具有三个油口，即工作口 A、进油口 P 和泄油口 L。换向阀处于静止状态时，进油口 P 与工作口 A 不接通，泄油口 L 上连接泄油管路，以泄放阀芯腔中的油液；二位二通换向阀动作时，进油口 P 与工作口 A 接通。

图 3–21　液压千斤顶

4. 止回阀

止回阀又称逆流阀、逆止阀，是一种依靠介质本身流动而自动开、闭阀瓣，防止介质倒流的阀门。止回阀只允许介质向一个方向流动，阻止其反方向流动，通常这种阀门是自动工作的。例如，升降式止回阀常用作抽水装置的底阀，可以阻止水的回流，如图 3–23 所示。

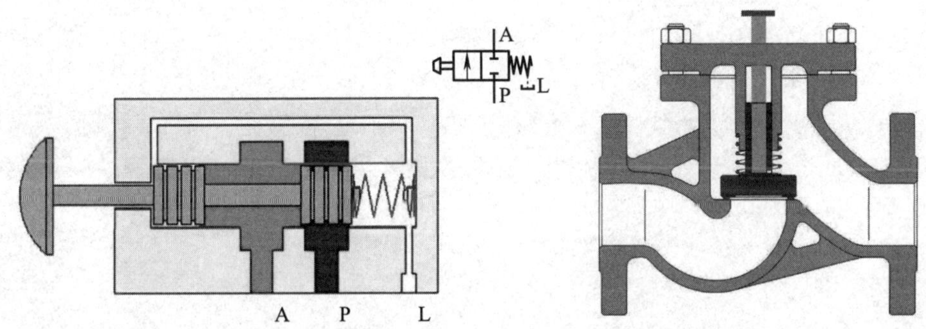

图 3–22　二位二通换向阀结构示意图

图 3–23　升降式止回阀结构示意图

5. 截止阀

截止阀是一种常用的流体控制阀，通过控制阀芯和阀座之间的开口大小来控制流体的流量和压力。截止阀可以用于各种流体系统，如液压系统、气动系统、冷却系统等。

6. 压力阀

压力阀（见图 3–24）的阀芯一侧连接弹簧，被顶在油口处。当油口处的液压油的压力大于弹簧形变产生的弹力时，压力阀便打开，完成一次泄压；当阀芯两侧压力平衡后，弹簧恢复状态，将阀芯顶在油口上。

图 3–24　压力阀

培训课程 3

测量技术基础知识

一、测量技术的发展及基本概念

1. 测量技术的发展

我国古代测量长度的工具有鼓车、步车、测绳和丈杆等，测量方向的仪器有指南针和望筒等。测量技术的发展历程如图 3–25 所示。

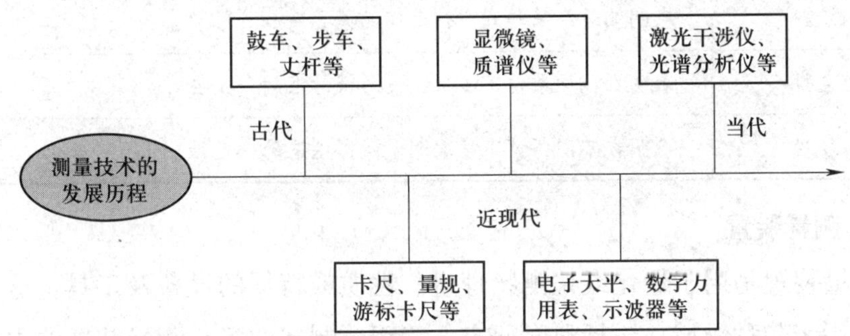

图 3–25　测量技术的发展历程

近现代以来，机械工程的发展催生了更复杂的机械系统，一些基础的测量仪器如卡尺、量规、游标卡尺等开始得到广泛应用。随后，光学测量仪器的引入标志着机械测量技术发展的重要进步。显微镜和各种光学仪器的应用，提高了对小尺寸物体的测量精度。随着电气技术的进步，电子测量仪器开始广泛应用于机械工程领域。例如，电子计量仪器、电子天平等设备，提高了测量的灵活性和准确性。

近年来，激光测量技术的兴起及三维扫描技术的应用，使得对复杂形状的测量变得更加便捷。总体而言，测量技术经历了从简单到高度自动化和数字化的演进，推动了制造业的发展和产品质量的提升。

2. 测量技术的概念

使用测量技术的主要目的是获取被测量对象的准确数值或特征参数，并将其转化为可读的、可比较的、可记录的形式。测量技术通常涉及测量仪器的选择、校准、使用和维护，以及测量数据的处理和分析等方面。测量技术的基本要素见表 3–9。

表 3–9 测量技术的基本要素

要素	说明
精度	表明测量结果与真实值之间的接近程度。一个准确的测量系统能够提供接近实际数值的结果
准确性	表明测量结果在重复测量中的一致性。一个高精度的测量系统能在多次测量中得到相似的结果
标定	确保测量仪器或系统提供准确结果的过程。通过与已知标准进行比较，调整仪器以消除误差
误差	表明测量结果与真实值之间的差异
重复性	表明在相同条件下多次测量所得结果的一致性
再现性	表明在不同条件下多次测量所得结果的一致性

3. 测量装置

测量装置是用于量化或检测物理量、性质或特征的设备及工具。这类装置被广泛用于各种领域，包括科学研究、工程、制造业等。测量装置的主要功能是获取准确、可靠的数据，以便对数据进行分析、控制或评估。表 3–10 列举了不同方面的测量类型及工具。

表 3–10 测量类型及工具

测量类型	工具	图示
长度测量	使用卡尺、游标卡尺、螺旋测微器等工具测量物体的长度或直径	

续表

测量类型	工具	图示
质量测量	使用天平、电子秤等设备测量物体的质量	
压力测量	使用压力表、压力传感器等设备测量气体或液体的压力	
电气测量	使用万用表、示波器等设备测量电流、电压、电阻等电学参数	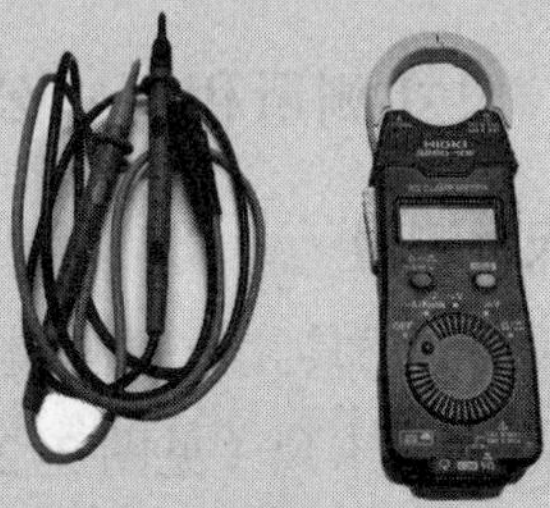
噪声测量	使用声级计、分贝仪等噪声测量仪器可以对工业环境中的噪声分贝进行采集，以便作业人员采取相应措施控制和减小噪声	
温湿度测量	利用专业的温湿度检测仪可以快速、实时、方便地获取工业环境中的空气温度及湿度、露点温度、湿球温度等数值	

4. 测量误差

在测量学中，测量误差是指测量结果与真实值之间的差异。造成这种差异的原因可能是测量仪器的精度限制、测量方法的不完善、环境因素的影响或人为影响等。测量误差可以分为系统误差和随机误差两种类型。

（1）系统误差。系统误差是指测量结果与真实值之间的恒定误差，通常是由测量仪器的固有误差、测量方法的缺陷或环境因素的影响等引起的。系统误差可以通过校准测量仪器、改进测量方法或控制环境条件等方式来减小或消除。

（2）随机误差。随机误差是指测量结果与真实值之间的随机变化，通常是由测量过程中的随机因素（测量人员的操作习惯、测量仪器的漂移、环境的变化等）引起的。随机误差无法完全消除，但可以通过多次测量取平均值的方法来减小。

为了提高测量的准确性和可靠性，通常会采取一些措施来减小测量误差，如选择合适的测量仪器和方法进行校准和验证，同时通过对测量结果进行数据分析和质量控制，来评估测量误差的大小和来源，并采取相应的纠正措施。

二、尺寸测量和尺寸公差

1. 尺寸测量

（1）测量工具。长度测量是最基本的测量，最常用的工具是刻度尺（见图 3–26）、游标卡尺（见图 3–27）。

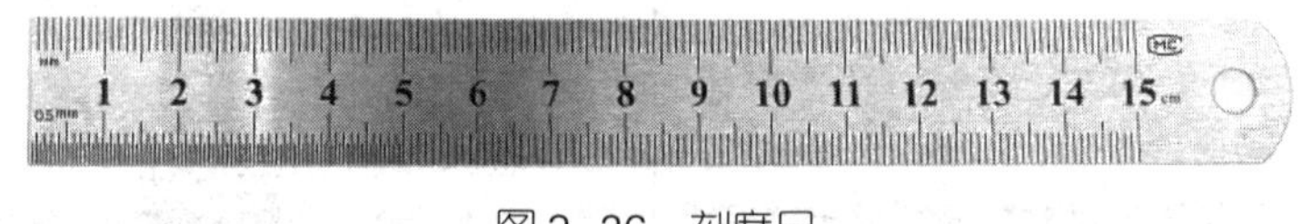

图 3–26　刻度尺

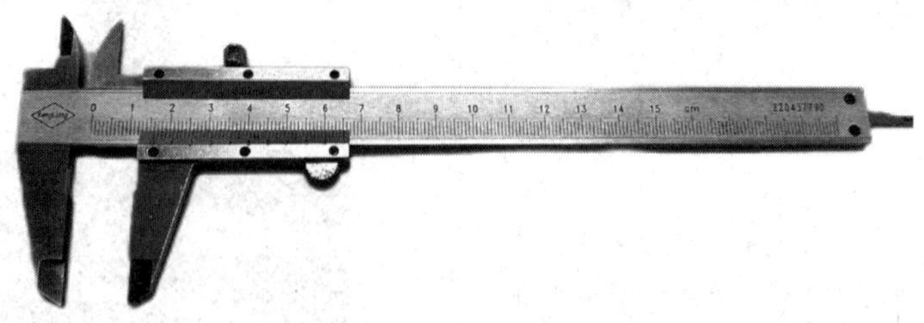

图 3–27　游标卡尺

游标卡尺的测量精度比刻度尺高很多，是工业中精度较高（读数值精确到 0.01 mm）且较为常用的测量仪器。

游标卡尺的主体是一个带有刻度的尺身，称为主尺；沿着主尺滑动的尺框上装有游标，称为副尺。此外，游标卡尺由上量爪、下量爪、深度尺、紧定螺钉组成。主尺与固定的上、下量爪制成一体，副尺与活动的上、下量爪制成一体并套在主尺上，可沿主尺滑动。游标卡尺结构如图3–28所示。

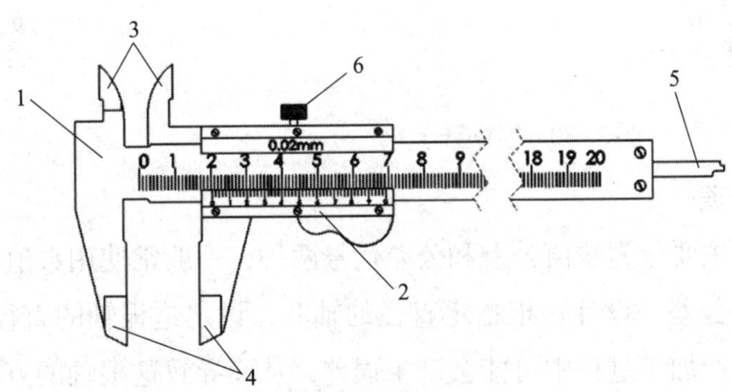

图3–28 游标卡尺结构

1—主尺 2—游标（副尺） 3—上量爪 4—下量爪 5—深度尺 6—紧定螺钉

主尺是普通的刻度尺，单位为cm，分度值为1 mm。游标上也有等距的刻度与数字，一共50个格子、51条刻度线，分度值为0.02 mm。

注意：当游标归零时，游标最左刻度线与主尺的0刻度线对齐，游标最右刻度线与主尺的4.9 cm刻度线对齐，如图3–29所示。

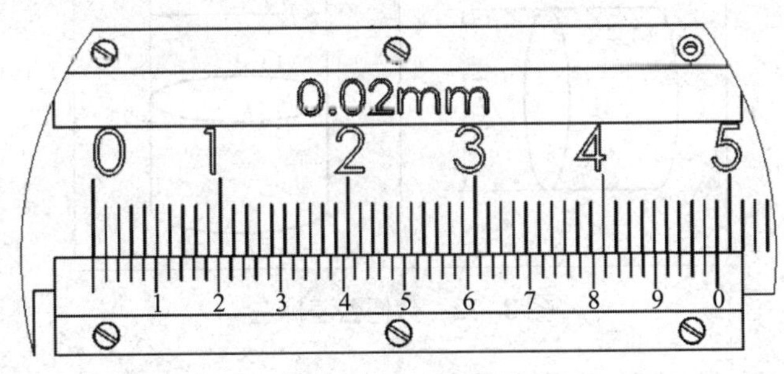

图3–29 0刻度线对齐

（2）读数方法。滑动游标，将被测物体固定在量爪间，确定好被测物体的位置后，保持主尺与游标的位置不变，开始读数。首先看游标最左刻度线在主尺上的位置，主尺刻度向左读出以mm为单位的整数部分，如图3–30所示；然后观察游标和主尺对齐的刻度，从游标上读出以mm为单位的小数部分，如图3–31所示。

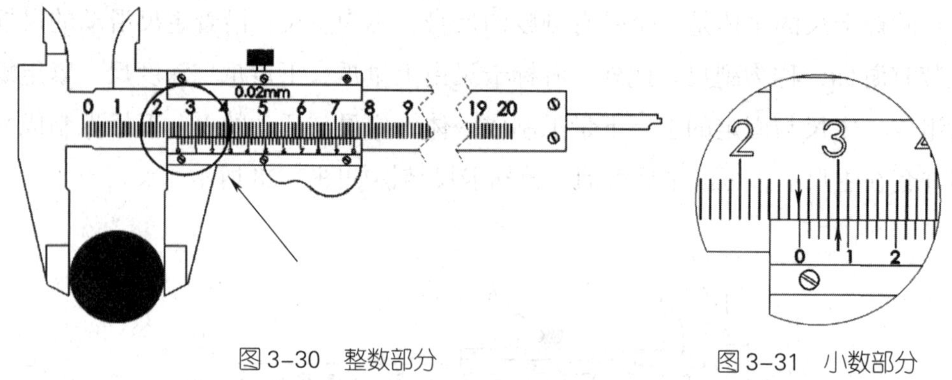

图 3–30　整数部分　　　　图 3–31　小数部分

2. 尺寸公差

尺寸公差主要分为数值公差和公差代号两种，一般常使用数值公差。

（1）数值公差。设计一根指定直径的轴时，设定这根轴的直径为 ϕ20 mm，但是工件在生产加工过程中可能会产生误差，从而导致这根轴的直径在 ϕ20 mm 上下浮动。为了使加工零件的尺寸更为精密，设计工程师根据零件的不同用途确定了零件的公差范围，若加工出来的零件的数值公差不在这个公差范围里面，则说明产品不符合要求。比如轴的最小直径不能小于 ϕ19.9 mm（下极限尺寸），最大直径不能超过 ϕ20.1 mm（上极限尺寸），这个范围的大小为 0.2（20.1–19.9=0.2）mm，所以该零件的数值公差为 0.2 mm。数值公差标注如图 3–32 所示。

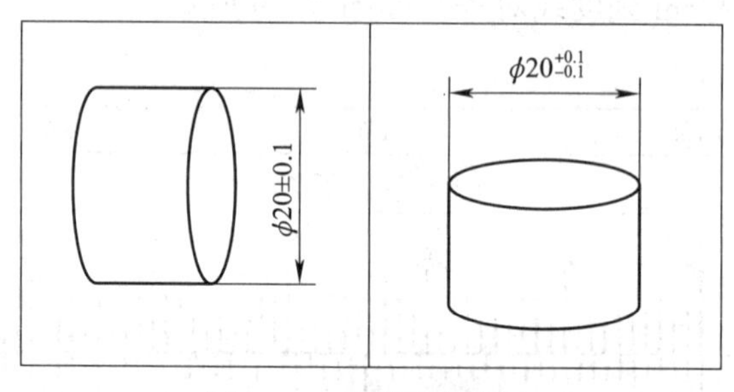

图 3–32　数值公差标注

显然，0.2 mm 表达的是范围的大小，它是一个非负的数值。数值公差的含义如图 3–33 所示。直径 ϕ20 mm 为公称尺寸（由图样规范定义的理想形状要素的尺寸），+0.1 mm 表示上极限偏差，是上极限尺寸 20.1 mm 减去公称尺寸 20 mm 的结果；–0.1 mm 表示下极限偏差，是下极限尺寸 19.9 mm 减去公称尺寸 20 mm 的结果。

上极限偏差 = 上极限尺寸 – 公称尺寸

下极限偏差 = 下极限尺寸 – 公称尺寸

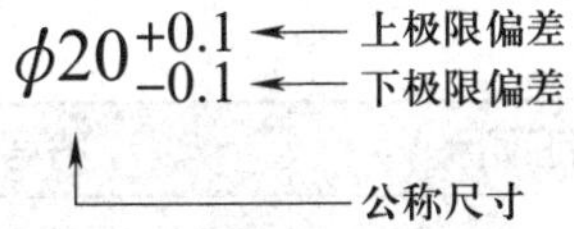

$\phi 20^{+0.1}_{-0.1}$ ← 上极限偏差 / ← 下极限偏差

公称尺寸

图 3-33　数值公差的含义

注意：上极限偏差和下极限偏差既可以为正值，也可以为负值。但上极限偏差须比下极限偏差大。数值公差表示示例如图 3-34 所示。

$\phi 10^{+0.15}_{+0.06}$　$\phi 10^{-0.05}_{-0.10}$

$\phi 10^{+0.12}_{0}$　$\phi 10^{0}_{-0.18}$

图 3-34　数值公差表示示例

（2）公差代号。尺寸公差可采用公差代号来表示，比如 ϕ10G7、ϕ15g6、ϕ20f7 等，它们都是公差代号。公差代号基本三要素为公称尺寸、基本偏差、公差等级，后续会着重介绍。

三、几何公差

1. 概述

几何公差是指单一实际要素的形状和位置所允许的变动量，如平面度、圆柱度、轮廓度、平行度、垂直度等，是被测物体几何形状的公差，即几何形状的准确性，不存在对基准的误差，属于独立误差。GB/T 1182—2018《产品几何技术规范（GPS） 几何公差　形状、方向、位置和跳动公差标注》给出了工件几何公差规范的基本原则，适用于工件的几何公差标注的形状、方向、位置和跳动公差标注。几何公差部分特征项目及符号见表 3-11。

表 3-11　几何公差部分特征项目及符号

公差类型	特征项目	符号	有无基准要求
形状	直线度	—	无
	平面度	▱	
	圆度	○	
	圆柱度	⌭	

续表

公差类型	特征项目	符号	有无基准要求
方向	平行度	//	有
	垂直度	⊥	
	倾斜度	∠	
位置	位置度	⌖	有或无
	同轴度	◎	有
	对称度	⌯	
跳动	圆跳动	↗	有
	全跳动	⌰	

2. 标注示例

齿轮轴上标注的几何公差如图 3–35 所示。

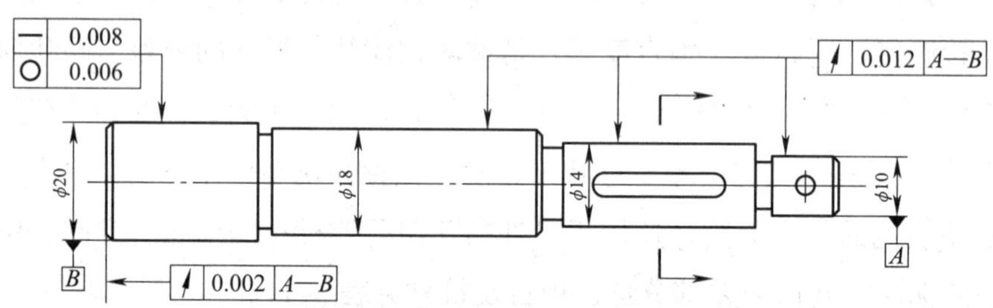

图 3–35　齿轮轴上标注的几何公差

结合表 3–11 可知：

（1）Φ20 mm 圆柱面的直线度公差是 0.008 mm。

（2）Φ20 mm 圆柱面的圆度公差是 0.006 mm。

（3）Φ10 mm、Φ14 mm、Φ18 mm 圆柱面对于公共轴线的径向圆跳动公差是 0.012 mm。

（4）Φ20 圆柱左端面对于公共轴线的轴向圆跳动公差是 0.002 mm。

相关链接

形状和位置误差

在加工圆柱时，可能会出现中间粗、两头细的情况，这种在形状上出现的误差，称为形状误差（见图 3–36）。

在加工阶梯轴时，可能会出现各段圆柱的轴线不在一条直线上的情况，这种在相互位置上出现的误差，称为位置误差（见图 3–37）。

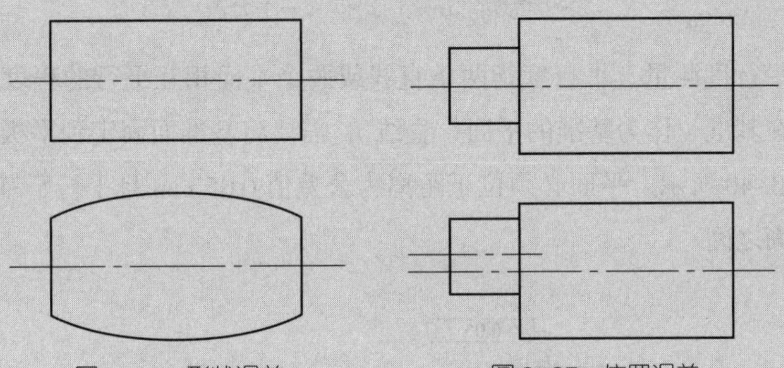

图 3–36　形状误差　　　图 3–37　位置误差

如果零件在加工时产生的形状误差和位置误差过大，将会影响零件的质量。因此，对于精度要求较高的部位，必须根据实际需要，限定形状误差和位置误差的允许范围，即在图上标出形状公差和位置公差。

3. 公差测量

下面以形状公差中平面度的测量和方向公差中平行度的测量为例进行说明。

（1）平面度测量。如图 3–38 所示，物体平面度公差为 0.3 mm，最凸起部分平面与最凹陷部分平面必须位于对应的公差范围（0.3 mm）以内。

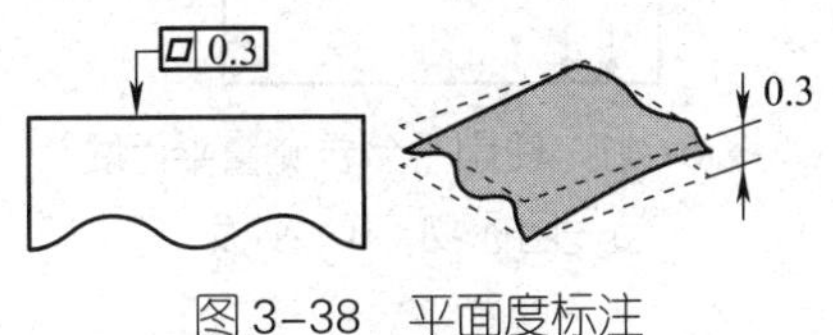

图 3–38　平面度标注

使用千分表测量平面度如图 3-39 所示，将目标物放置在精密平面工作台上并固定，装设千分表的测量部，使其可接触测量面。移动目标物，使测量位置均匀分布，读取千分表的示值。测得偏差的最大值，就是平面度。

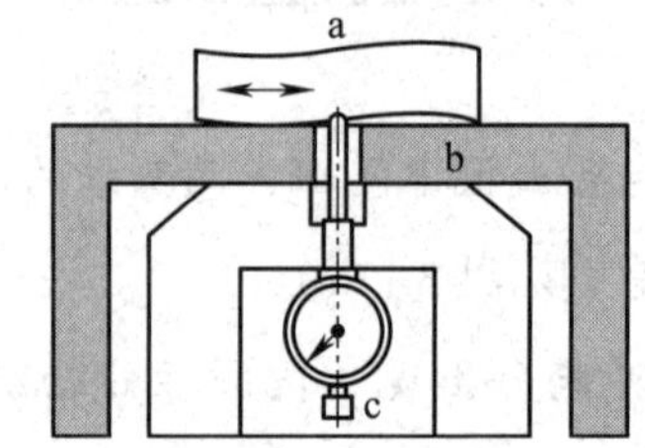

图 3-39　使用千分表测量平面度

a—目标物　b—工作台　c—千分表

（2）平行度测量。平行度指两条直线或两个平面相互平行的程度。平行度测量中存在基准（作为基准的平面、直线），需要将基准面固定到平板上进行测量。如图 3-40 所示，平面必须位于距离为公差值 0.05 mm 且平行于基准平面 *A* 的两个平面之间。

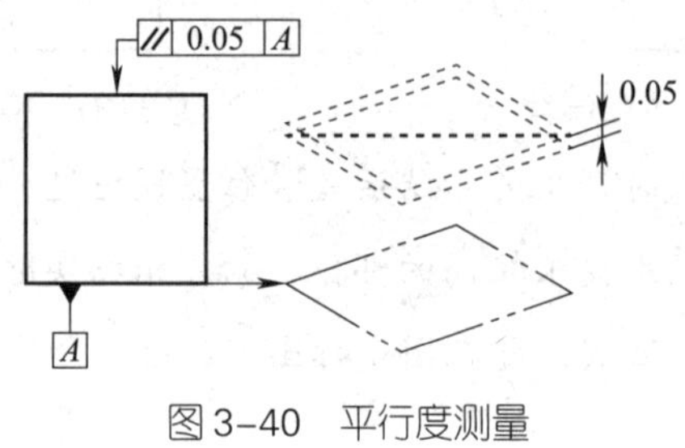

图 3-40　平行度测量

使用千分表测量平行度如图 3-41 所示，将目标物固定到平板上，笔直移动目标物或高度尺规进行测量。最高测量值与最低测量值之差就是平行度。

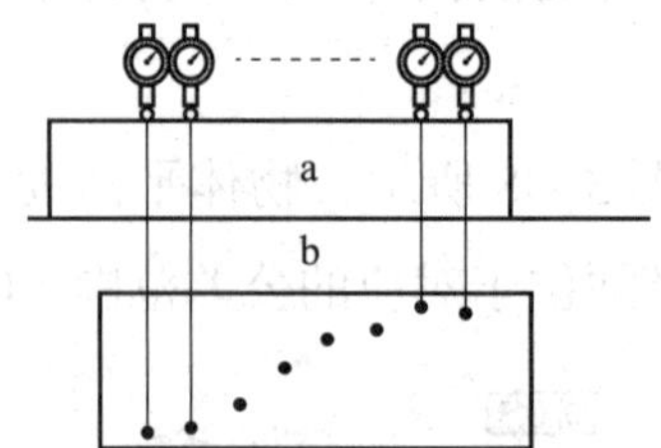

图 3-41　使用千分表测量平行度

a—目标物　b—平板

四、表面测量

1. 表面形状测量

下面介绍几种常用的面轮廓度测量方法。

（1）圆形度测量法。圆形度是指物体表面的圆度。使用圆形度测量仪器在物体表面选取几个间隔均匀的点，测量这些点与参考圆周之间的距离。根据测量结果，计算这些点的平均距离差异，从而得到物体表面的圆形度指标。

（2）曲面度测量法。曲面度是指物体表面的弧度或曲率。使用曲面度测量仪器在物体表面选取多个相邻点，测量这些点的曲率半径和曲率方向。通过计算这些曲率数据，可以得到物体表面的曲面度指标。

（3）轮廓仪测量法。轮廓仪（见图3–42）是一种专用的测量仪器，通过接触或非接触的方式对物体的面轮廓度进行测量。其原理是利用激光或摄像头等感应装置对物体表面进行扫描，然后将扫描结果转换为数学模型，从而得到物体的轮廓信息。轮廓仪具有高精度和高速度的特点，适用于测量各种形状复杂物体的面轮廓度。

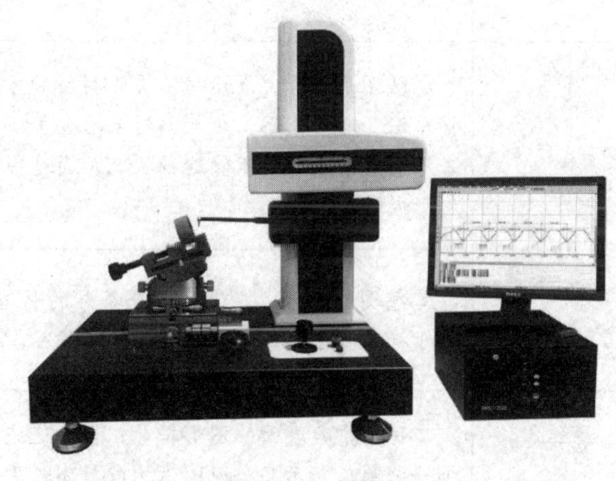

图3–42　轮廓仪

（4）光学测量法。光学测量法是一种非接触式的测量方法，利用光的传播等原理对物体的面轮廓度进行测量。常用的光学测量方法包括激光扫描、投影测量、像差测量等。这些方法具有高精度的特点，可以对物体的面轮廓度进行精确测量。

2. 表面粗糙度测量

加工零件时，由于刀具在零件表面留下刀痕以及切削分裂时金属表面发生塑性变形等，零件表面存在着间距较小的轮廓峰谷。这种加工表面具有的较小间距和微小峰谷不平度，称为表面粗糙度。

在机械制图中，零件表面粗糙度的评定参数有轮廓算术平均偏差（*Ra*）和轮廓最大高度（*Rz*），使用时一般优先选用 *Ra* 参数。

（1）表面粗糙度的符号。GB/T 131—2006《产品几何技术规范（GPS）技术产品文件中表面结构的表示法》规定了表面粗糙度代号、符号及其注法。技术图样中表面粗糙度的图形符号见表 3-12。

表 3-12　表面粗糙度的图形符号

符号	意义及说明
√	基本图形符号，表示未指定工艺方法的表面，没有补充说明时不能单独使用，仅适用于简化代号标注
（带横线三角的符号）	扩展图形符号，表示用去除材料的方法获得的表面，如通过车、铣、抛光、腐蚀、电火花加工、气割等机械加工获得的表面；仅当其含义是“被加工并去除材料的表面”时可单独使用
（带圆圈的符号）	扩展图形符号，表示用不去除材料的方法获得的表面，如铸、锻、冲压变形、热轧、粉末冶金等；也可用于表示上道工序形成的表面（不管这种状况是通过去除材料或不去除材料形成的）
（三种符号长边加横线）	完整图形符号，在上述三个符号的长边上均可加一横线，用于标注有关参数和说明
（完整图形符号加圆圈）	工件轮廓各表面的图形符号，在上述完整图形符号上均可加一圆圈，表示某个视图上构成封闭轮廓的各表面有相同的表面粗糙度要求

（2）表面粗糙度的测量方法

1）比较法。将表面粗糙度比较样块（以下简称样块）与被测表面比较，根据视觉和触觉判断被测表面粗糙度相当于哪一数值，或通过反射光强变化评定表面粗糙度。样块是一套具有平面或圆柱表面的金属块，经过磨、车、镗、铣、刨等切削加工，以及电铸或其他铸造工艺等的加工而具有不同的表面粗糙度。

有时可直接从工件中选出样品，经过测量并评定合格后将其作为样块。使用比较法评定表面粗糙度的方法十分简便。

2）干涉法。利用光波干涉原理将被测表面的形状误差以干涉条纹的图形显示出来，并利用高放大倍数（可达500倍）的显微镜将干涉条纹的微观部分放大，再通过测量得出被测表面粗糙度。

3）光切法。光线通过狭缝后形成的光带投射到被测表面上，以它与被测表面交线所形成的轮廓曲线来测量表面粗糙度。光切法适用于测量 *Rz* 和 *Ra* 为 0.8 ~ 100 μm 的表面粗糙度，需要人工取点，测量效率低。

在实际应用中，需要根据被测表面的特征和要求选择合适的测量方法。

3. 表面质量评判

表面质量对零件使用性能和寿命有重要影响。通常表面质量的评判需要参考 HG/T 4079—2009《金属抛光表面质量检测及评判规则》。

五、公差与配合

1. 基本概念

由于零件加工误差的存在，必须控制零件的尺寸精度，即控制零件的尺寸不超过设定的上极限尺寸和下极限尺寸。相配合的零件各自达到尺寸要求后，装配在一起才能满足设计要求，保证零件的功能性与互换性。尺寸在上极限尺寸和下极限尺寸的范围内变动，所允许的变动量称为尺寸公差，简称公差。配合是指两个零件之间的尺寸关系应确保它们能够正确地相互连接或运动。

2. 公差等级

（1）标准公差。标准公差是由国家标准规定的，用以确定公差带大小的任一公差。GB/T 1800.2—2020 中，给出了标准公差等级 IT01 ~ IT18 的数值。数字越大，公差等级（加工精度）越低，尺寸允许的变动范围（公差数值）越大，加工难度越小。公称尺寸至 500 mm 的标准公差数值见表 3-13。

（2）基本偏差。基本偏差是确定公差带相对公称尺寸的极限偏差，一般是指最接近公称尺寸的极限偏差。下极限偏差是下极限尺寸减其公称尺寸所得的代数差，用 EI 或 ei 表示；上极限偏差是上极限尺寸减其公称尺寸所得的代数差，用 ES 或 es 表示，如图 3-43 所示。

表 3-13　公称尺寸至 500 mm 的标准公差数值

公称尺寸 / mm		标准公差等级																			
		IT01	IT0	IT1	IT2	IT3	IT4	IT5	IT6	IT7	IT8	IT9	IT10	IT11	IT12	IT13	IT14	IT15	IT16	IT17	IT18
大于	至	标准公差值																			
		μm													mm						
—	3	0.3	0.5	0.8	1.2	2	3	4	6	10	14	25	40	60	0.1	0.14	0.25	0.4	0.6	1	1.4
3	6	0.4	0.6	1	1.5	2.5	4	5	8	12	18	30	48	75	0.12	0.18	0.3	0.48	0.75	1.2	1.8
6	10	0.4	0.6	1	1.5	2.5	4	6	9	15	22	36	58	90	0.15	0.22	0.36	0.58	0.9	1.5	2.2
10	18	0.5	0.8	1.2	2	3	5	8	11	18	27	43	70	110	0.18	0.27	0.43	0.7	1.1	1.8	2.7
18	30	0.6	1	1.5	2.5	4	6	9	13	21	33	52	84	130	0.21	0.33	0.52	0.84	1.3	2.1	3.3
30	50	0.6	1	1.5	2.5	4	7	11	16	25	39	62	100	160	0.25	0.39	0.62	1	1.6	2.5	3.9
50	80	0.8	1.2	2	3	5	8	13	19	30	46	74	120	190	0.3	0.46	0.74	1.2	1.9	3	4.6
80	120	1	1.5	2.5	4	6	10	15	22	35	54	87	140	220	0.35	0.54	0.87	1.4	2.2	3.5	5.4
120	180	1.2	2	3.5	5	8	12	18	25	40	63	100	160	250	0.4	0.63	1	1.6	2.5	4	6.3
180	250	2	3	4.5	7	10	14	20	29	46	72	115	185	290	0.46	0.72	1.15	1.85	2.9	4.6	7.2
250	315	2.5	4	6	8	12	16	23	32	52	81	130	210	320	0.52	0.81	1.3	2.1	3.2	5.2	8.1
315	400	3	5	7	9	13	18	25	36	57	89	140	230	360	0.57	0.89	1.4	2.3	3.6	5.7	8.9
400	500	4	6	8	10	15	20	27	40	63	97	155	250	400	0.63	0.97	1.55	2.5	4	6.3	9.7

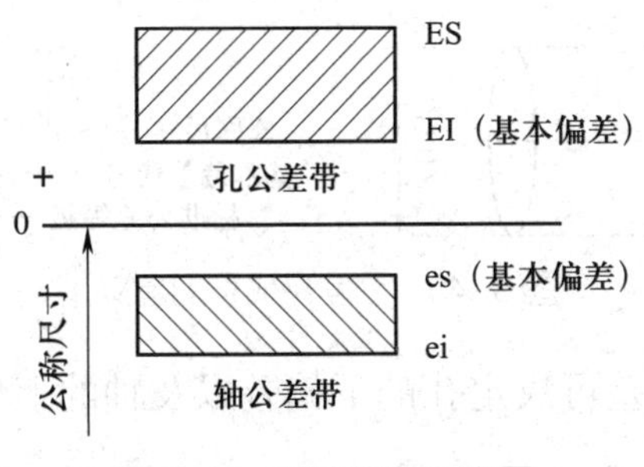

图3-43 基本偏差示意图

基本偏差相对于公称尺寸位置的示意说明如图3-44所示，此图只表示公差带的各种位置，而不表示公差带的大小。

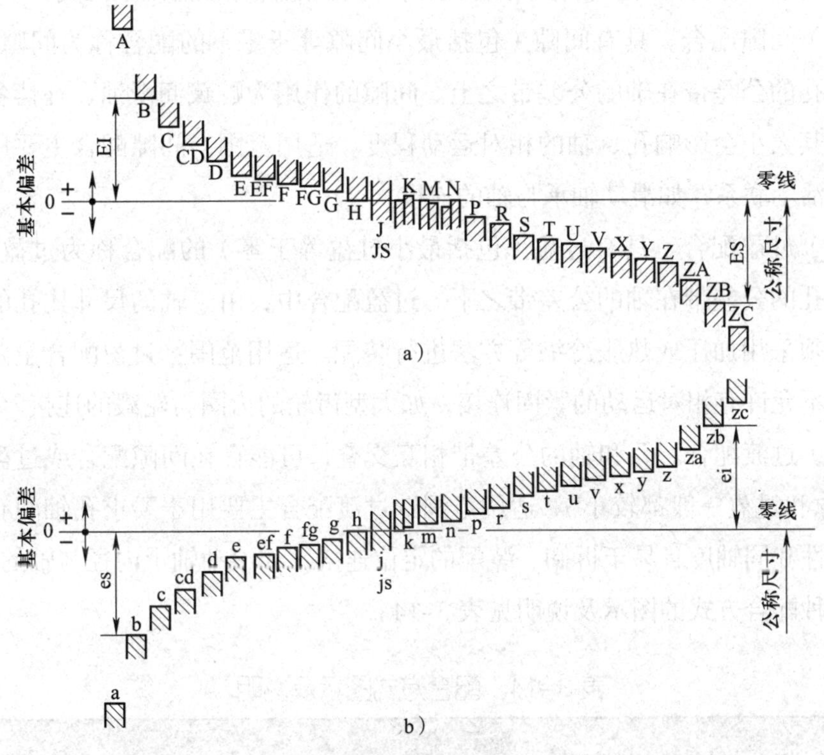

图3-44 基本偏差相对于公称尺寸位置的示意说明
a）孔 b）轴

（3）公差带。公差带是指公差极限之间（包括公差极限）的尺寸变动值。国家标准对公称尺寸段的各基本偏差和各级标准公差都已规定数值。对于某一个公称尺寸，取标准规定的基本偏差，对应标准公差等级，就可以形成一个公差带。

公差带代号的含义如图3-45所示，该孔的公称尺寸为$\phi10$ mm，基本偏差为G，标准公差等级为IT7。通过查阅表3-13可得公称尺寸为6 ~ 10 mm的孔的公差为0.015 mm。

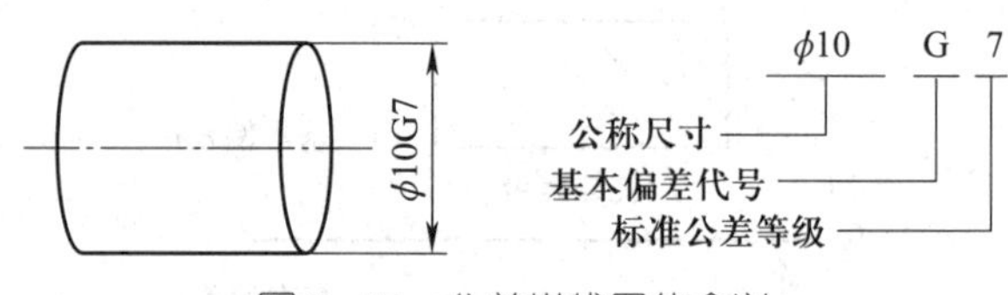

图 3–45　公差带代号的含义

总的来说，基本偏差可决定孔的下偏差以及轴的上偏差，标准公差可决定孔和轴的公差数值。

3. 配合的种类

在产品装配中，类型相同且待装配的外尺寸要素（轴）和内尺寸要素（孔）之间的关系，称为配合。根据使用要求的不同，配合可分为以下三类。

（1）间隙配合。具有间隙（包括最小间隙等于零）的配合称为间隙配合。此时，孔的公差带在轴的公差带之上。间隙的作用为贮藏润滑油、补偿各种误差等，其大小会影响孔、轴的相对运动程度。适用范围：间隙配合主要用于孔轴间的活动联系，如滑动轴承与轴的连接。

（2）过盈配合。具有过盈（包括最小过盈等于零）的配合称为过盈配合。此时，孔的公差带在轴的公差带之下。过盈配合中，由于轴的尺寸比孔的尺寸大，故须采用加压或热胀冷缩等方法进行装配。适用范围：过盈配合主要用于孔轴间不允许有相对运动的紧固连接，如大型齿轮的齿圈与轮毂的连接。

（3）过渡配合。孔和轴的公差带相互交叠，可能存在间隙配合或过盈配合（其间隙和过盈一般都较小）。适用范围：过渡配合主要用于要求孔轴间有较好的对中性和同轴度且易于拆卸、装配的定位连接，如滚动轴承内径与轴的连接。

三种配合方式的图示及说明见表 3–14。

表 3–14　配合方式图示及说明

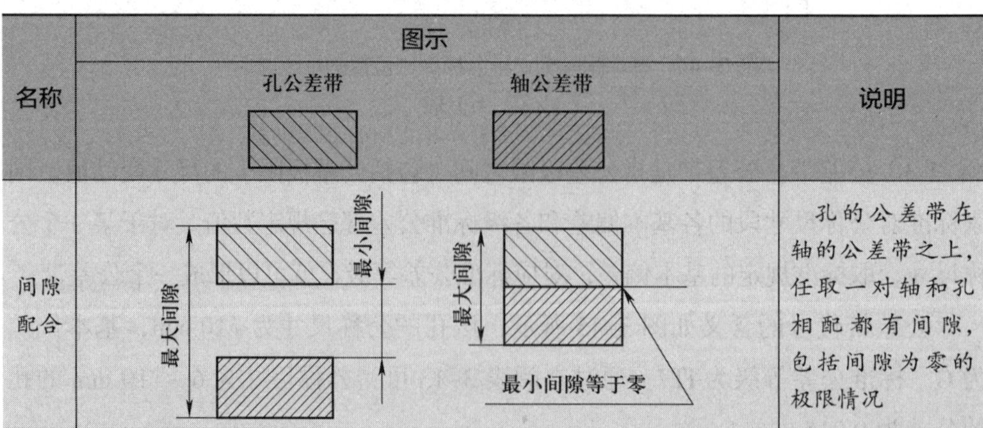

名称	图示	说明
	孔公差带　轴公差带	
间隙配合	最小间隙　最大间隙　最大间隙　最小间隙等于零	孔的公差带在轴的公差带之上，任取一对轴和孔相配都有间隙，包括间隙为零的极限情况

续表

名称	图示	说明
过盈配合	最小过盈 最大过盈 最小过盈等于零 最大过盈	孔的公差带在轴的公差带之下，任取一对轴和孔相配都有过盈，包括过盈为零的极限情况
过渡配合	最大过盈 最大间隙 最大间隙 最大过盈 最大间隙 最大过盈	孔和轴的公差带相互交叠，任取一对轴和孔相配，可能过盈，也可能有间隙

4. 配合制度

由线性尺寸公差 ISO 代号体系确定公差的孔和轴组成的一种配合制度。

（1）基孔制。基孔制是基本偏差一定的孔的公差带，与不同基本偏差的轴的公差带形成各种配合的一种制度，如图 3–46a 所示。基孔制的孔称为基准孔，用“H”表示，基准孔的下极限偏差为零。

（2）基轴制。基轴制是基本偏差一定的轴的公差带，与不同基本偏差的孔的公差带形成各种配合的一种制度，如图 3–46b 所示。基轴制的轴称为基准轴，用“h”表示，基准轴的上极限偏差为零。

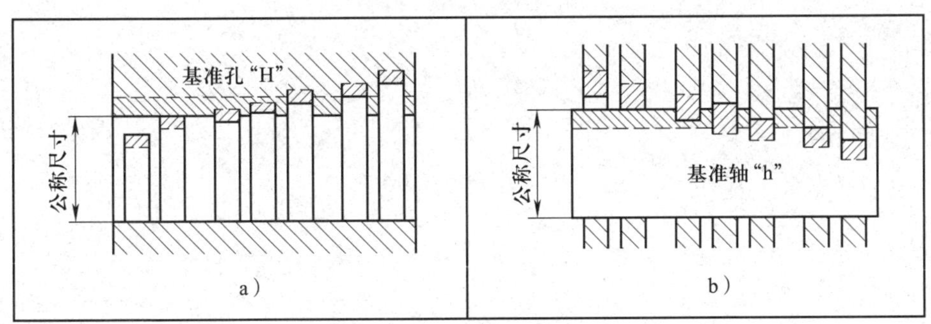

图 3–46　两种配合制度

a）基孔制　b）基轴制

（图中水平实线代表孔或轴的基本偏差，虚线代表另一极限偏差）

选择基准制时，应从结构、工艺和经济性等方面进行分析确定。

在常用尺寸范围（500 mm 以内），一般应优先选用基孔制。这样可以减少标准给定尺寸刀具、量具的数量。

基轴制通常用于所用配合的公差等级要求不高（如 IT8 ~ IT12）或直接用冷拉棒料制作而无须加工的轴。

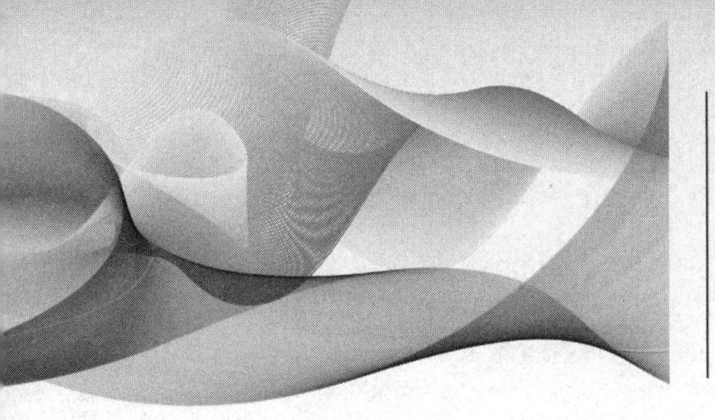

职业模块 4 电气知识

培训课程 1

电气制图基础知识

一、识读电气系统图

1. 电气原理图

电气原理图是用电气符号或带注释的框，概略表示系统或分系统的基本组成、相互关系及其主要特征的一种简图。它通常用于描述电气系统的整体结构、组成部分、连接方式以及各个部分之间的关系，不需要考虑项目实体的尺寸、形状、位置关系。

（1）电气原理图的组成。电气原理图一般由主电路、控制电路、保护电路、配电电路等组成。某工业机器人主电路电气原理图如图 4–1 所示。

1）断路器 QF：断路器是一种能够关合、承载和开断正常回路条件下的电流，并在规定的时间内关合、承载和开断异常回路条件下电流的开关装置。

2）接触器 KM：接触器是一种利用电磁、气动或液动等原理，通过控制电路实现主电路通断的开关电器。

3）开关电源 UR：开关电源将输入电能转换为所需的直流输出电压。

4）电缆：电缆用于传输电能，由一根或多根导线组成，外面包有绝缘层。

主电路与控制电路电气原理图如图 4–2 所示。

（2）电气原理图制图规范

1）幅面尺寸和格式。根据 GB/T 14689—2008《技术制图　图纸幅面和格式》的规定，绘图时应优先选择表 4–1 所规定的基本幅面。必要时可根据需要将基本幅面的短边成整数倍增加。选择幅面尺寸的基本前提是保证幅面布局紧凑、清晰，使用方便。

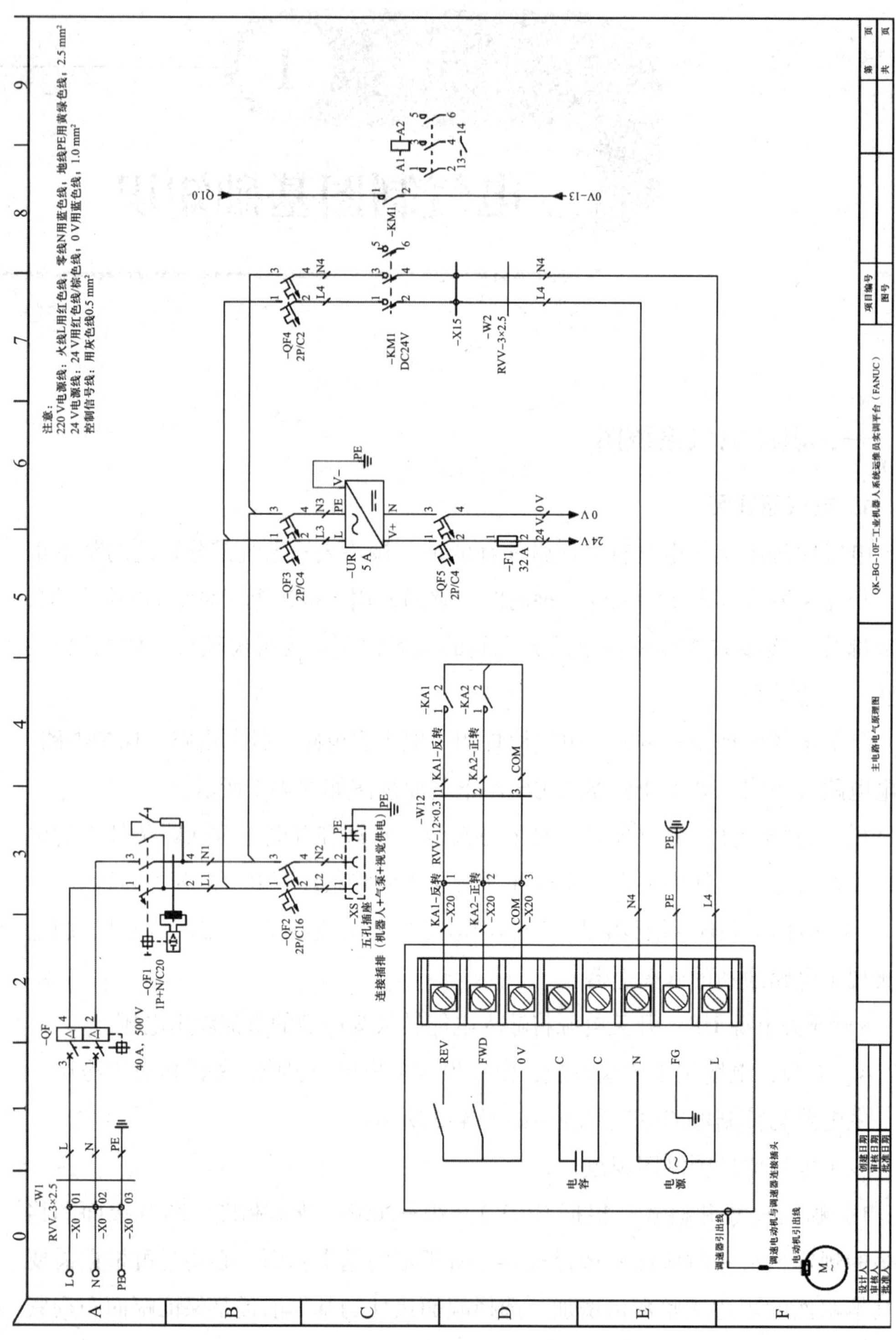

图 4-1 某工业机器人主电路电气原理图

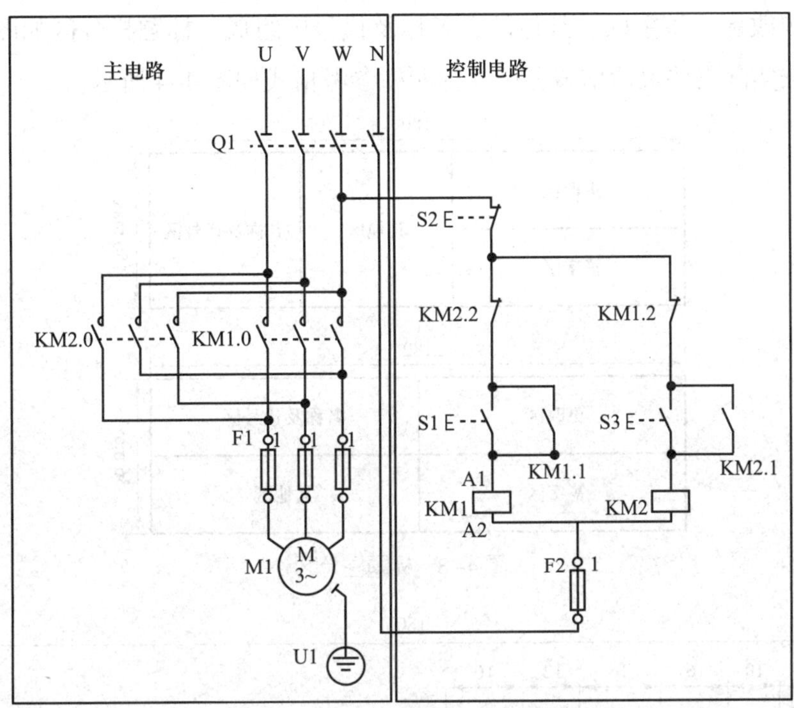

图 4–2　主电路与控制电路电气原理图

表 4–1　基本幅面

幅面代号	幅面尺寸（mm）
A0	841 × 1 189
A1	594 × 841
A2	420 × 594
A3	297 × 420
A4	210 × 297

选择幅面尺寸时须考虑的因素见表 4–2。

表 4–2　幅面选择须考虑的因素

序号	因素
1	易读性
2	结构组成和复杂性
3	采用较小幅面而图纸张数较多的可能性
4	计算机辅助设计和编制文件的要求
5	整理、复印、缩微、归档和其他文件加工过程的要求

2）标题栏。根据 GB/T 10609.1—2008《技术制图　标题栏》规定，标题栏

一般由更改区、签字区、其他区、名称及代号区组成。标题栏分区如图 4–3 所示，可按实际需要灵活增减分区。标题栏参考格式如图 4–4 所示。

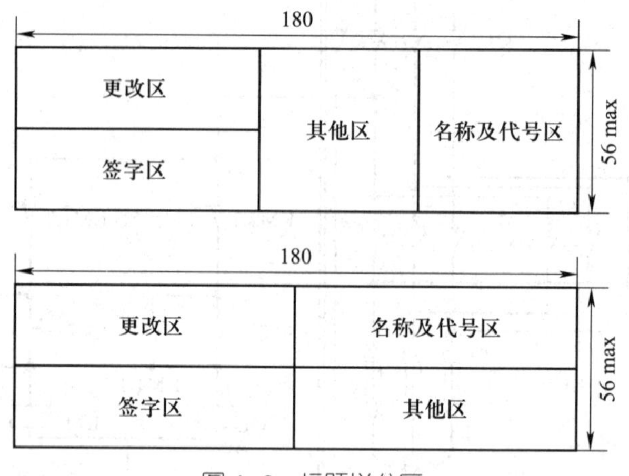

图 4–3　标题栏分区

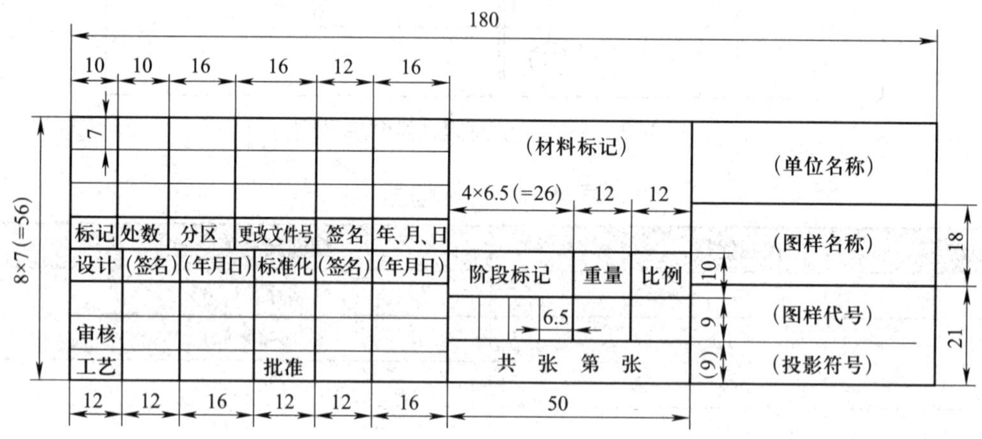

图 4–4　标题栏参考格式

①更改区：一般由标记、处数、分区、更改文件号、签名和日期等组成。

②签字区：一般由设计、审核、工艺、标准化、批准、签名和日期等组成。

③其他区：一般由材料标记、阶段标记、重量、比例、共 × 张、第 × 张等组成。

④名称及代号区：一般由单位名称、图样名称、图样代号等组成。

3）图幅分区。根据 GB/T 14689—2008《技术制图　图纸幅面和格式》规定，图幅分区的编号，沿上下方向用大写拉丁字母从上到下顺序编写，沿水平方向用阿拉伯数字从左到右顺序编写。分区代号标注如图 4–5 所示。图幅分区数目应是偶数，按图的复杂程度确定，建议边长为 25 ~ 75 mm。

4）字体。GB/T 14691—1993《技术制图　字体》对字体做出以下规定。

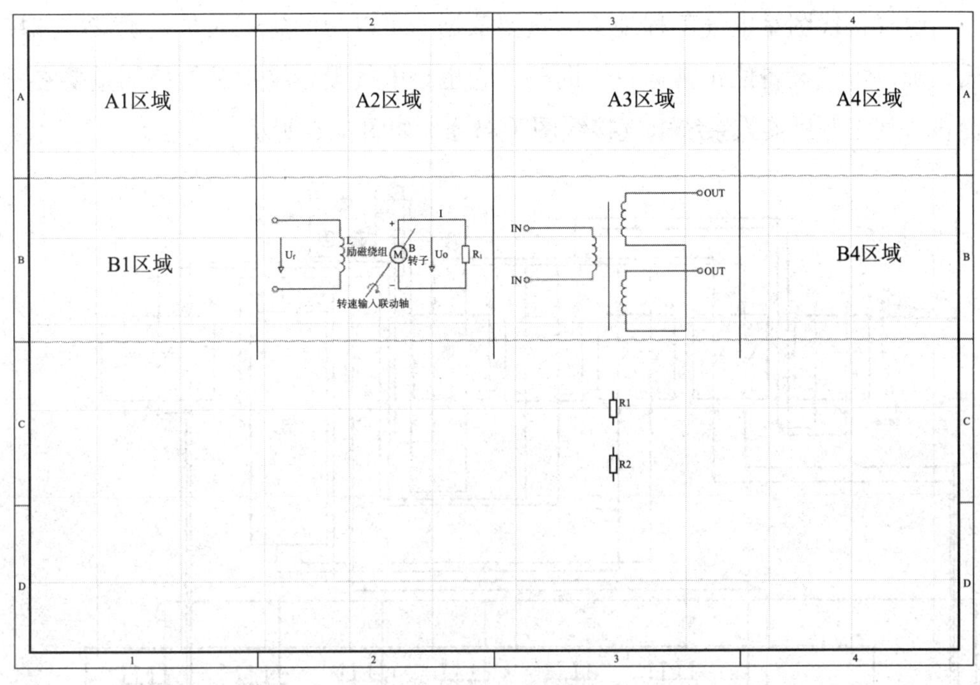

图 4–5　分区代号标注

①书写字体必须做到：字体工整、笔画清楚、间隔均匀、排列整齐。

②字体高度（用 h 表示）的公称尺寸系列为：1.8，2.5，3.5，5，7，10，14，20 mm，如需要书写更大的字，其字体高度应按 $\sqrt{2}$ 的比率递增（字体高度代表字体的号数）。

③汉字应写成长仿宋体字，并采用中华人民共和国国务院正式公布推行的《汉字简化方案》中规定的简化字。汉字的高度 h 应不小于 3.5 mm，其字宽一般为 $h/\sqrt{2}$。

④字母和数字分 A 型和 B 型。A 型字体的笔画宽度（d）为字高（h）的十四分之一，B 型字体的笔画宽度（d）为字高（h）的十分之一。在同一图样上，只允许选用一种型式的字体。

⑤字母和数字可以写成斜体和直体。斜体字字头向右倾斜，与水平基准线成 75°，汉字、拉丁字母、希腊字母、阿拉伯数字和罗马数字等组合书写时，其排列格式和间距应符合 GB/T 14691—1993 的相关规定。

2. 电气接线图

电气接线图是一种用于指导电气设备安装和接线的技术图纸，主要表达的是实体元件的空间位置、摆放顺序、形状、连接等信息。它通常包括电气设备布局、电缆布线、接线端子排、导线连接、标注和说明等。

电气接线图是电气工程施工的重要依据，可以帮助施工人员正确安装和接线，确保电气设备的正常运行。同时，它也是电气设备维护和检修的重要参考资料。某工业机器人系统电气接线图（部分）如图 4–6 所示。

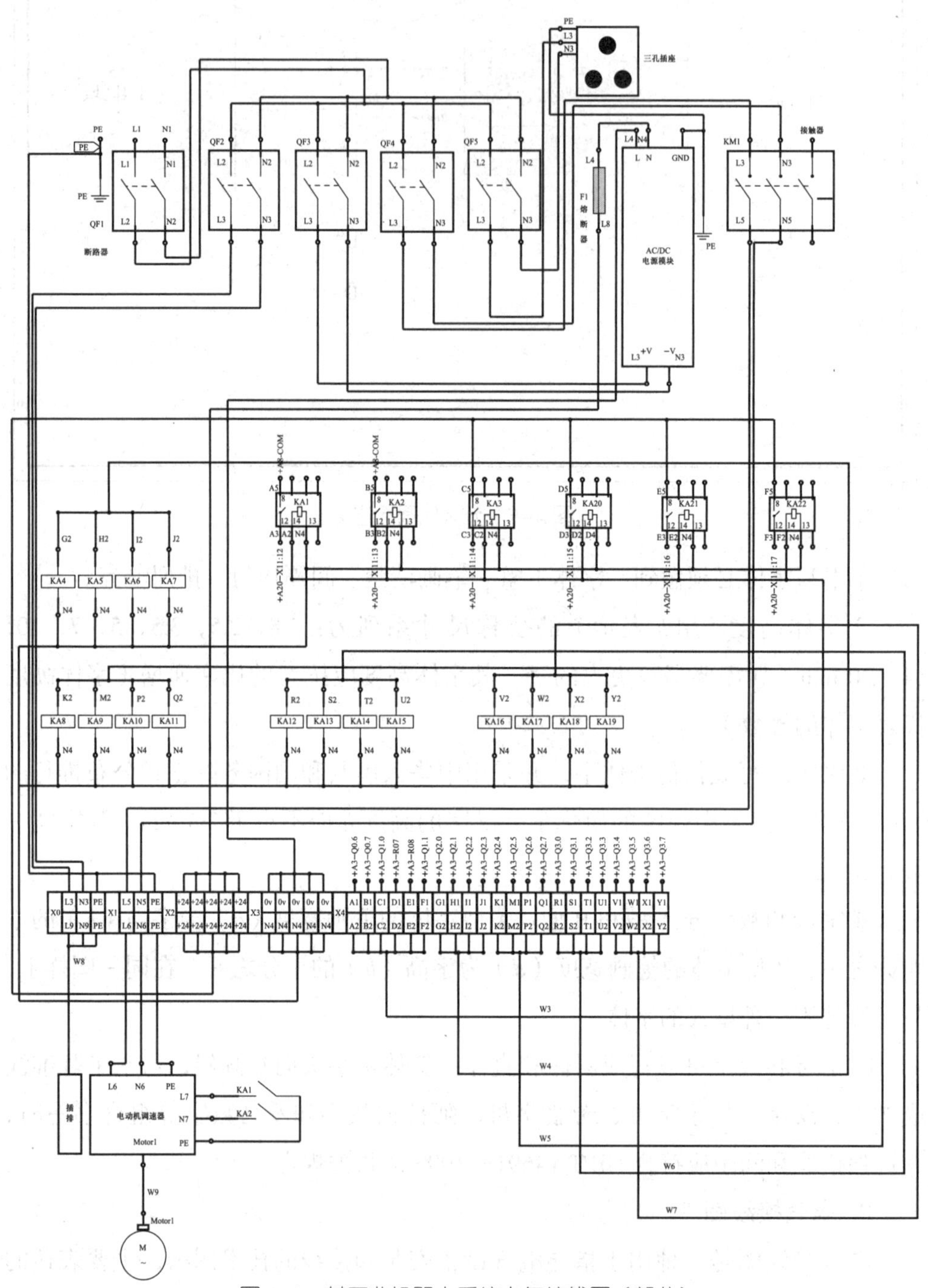

图 4–6　某工业机器人系统电气接线图（部分）

工业机器人系统运维员可根据电气接线图对现场元器件进行接线的检查与维护，如图 4–7 所示。

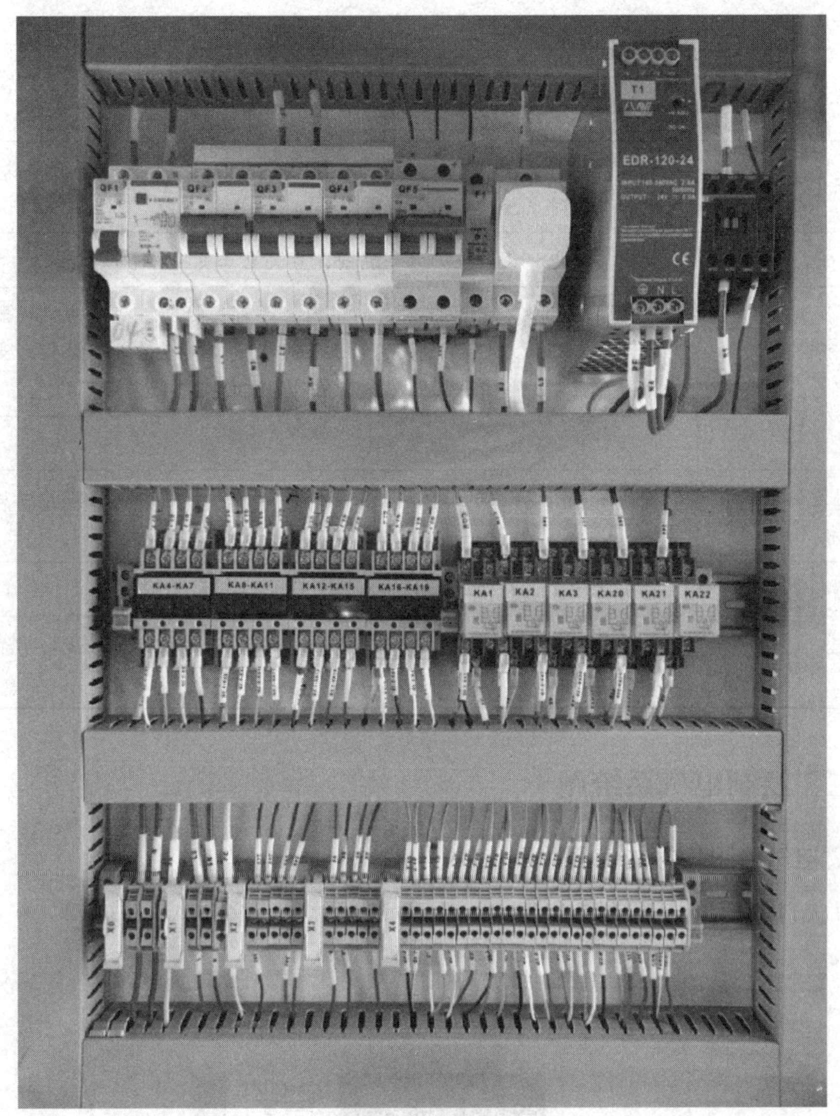

图 4–7　配电柜走线

3. 常用电气设备的图形符号

图形符号是用于图样或其他文件以表示一个设备或概念的图形、标记或字符。图形符号通过书写、绘制、印刷或其他方法产生可视图形，以简明易懂的方式来传递一种信息，表示一个实物或概念，并可提供有关条件、相关性及动作信息。

图形符号由一般符号、符号要素、限定符号等组成，具体见表 4–3。

表 4–3　图形符号组成

项目	说明
一般符号	表示一类产品或此类产品特征的一种简单符号
符号要素	一种具有确定意义的简单图形，必须同其他图形组合以构成一个设备或概念的完整符号
限定符号	一种用于提供附加信息的加在其他符号上的符号。一般不能单独使用，一般符号有时也可用作限定符号
电流和电压的种类	如交直流电，交流电的频率范围，直流电正负极，中性线等
可变性	可变性分为内在的和非内在的。内在的可变性指可变量决定于器件自身性质，如压敏电阻的阻值随电压而变化；非内在的可变性指可变量由外部器件控制，如滑线变阻器的阻值是通过外部手段来调节的
流动方向	用开口箭头符号表示流动方向
特性量的动作相关性	设备、元件与速写值或正常值等相比较的动作特性，通常的限定符号是 >、<、=、≈等
材料类型	可用化学元素符号或图形作为限定符号
方框符号	表示元件、设备等的组合及其功能，既不给出元件、设备的细节，也不考虑所有连接的一种简单图形符号

二、绘制电气系统图

1. 电气绘图软件的使用（EPLAN）

（1）打开软件，如图 4–8 所示。

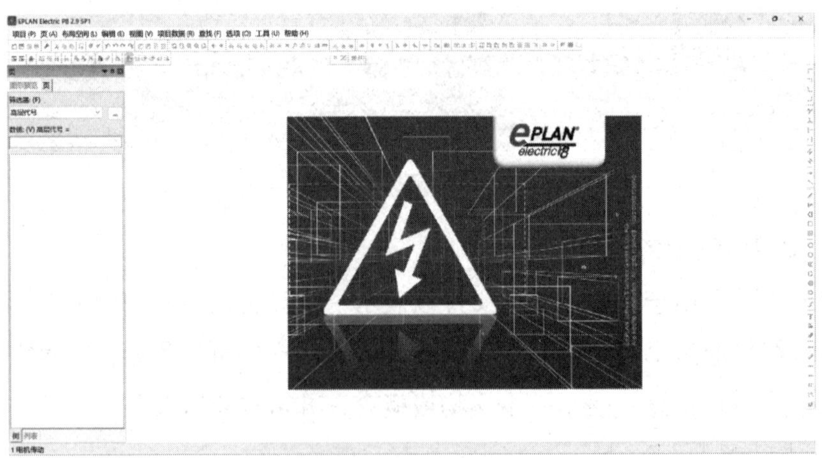

图 4–8　EPLAN 软件界面

（2）创建项目，设置项目名称与保存位置，如图 4–9 所示。

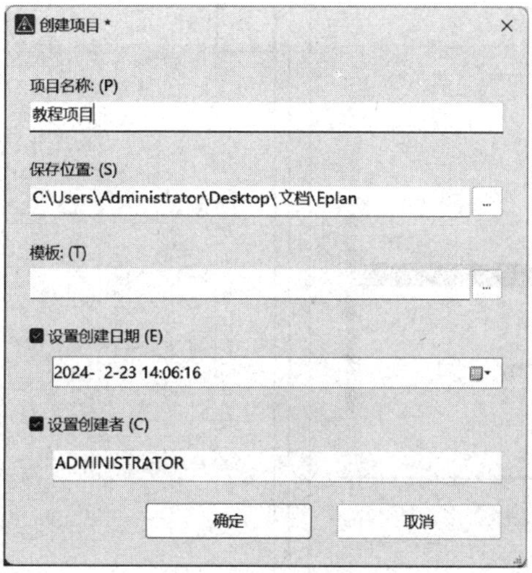

创建项目 *
项目名称: (P)
教程项目
保存位置: (S)
C:\Users\Administrator\Desktop\文档\Eplan
模板: (T)
设置创建日期 (E)
2024- 2-23 14:06:16
设置创建者 (C)
ADMINISTRATOR
确定　取消

图 4–9　创建项目界面

（3）确定使用的模板，如图 4–10 所示。

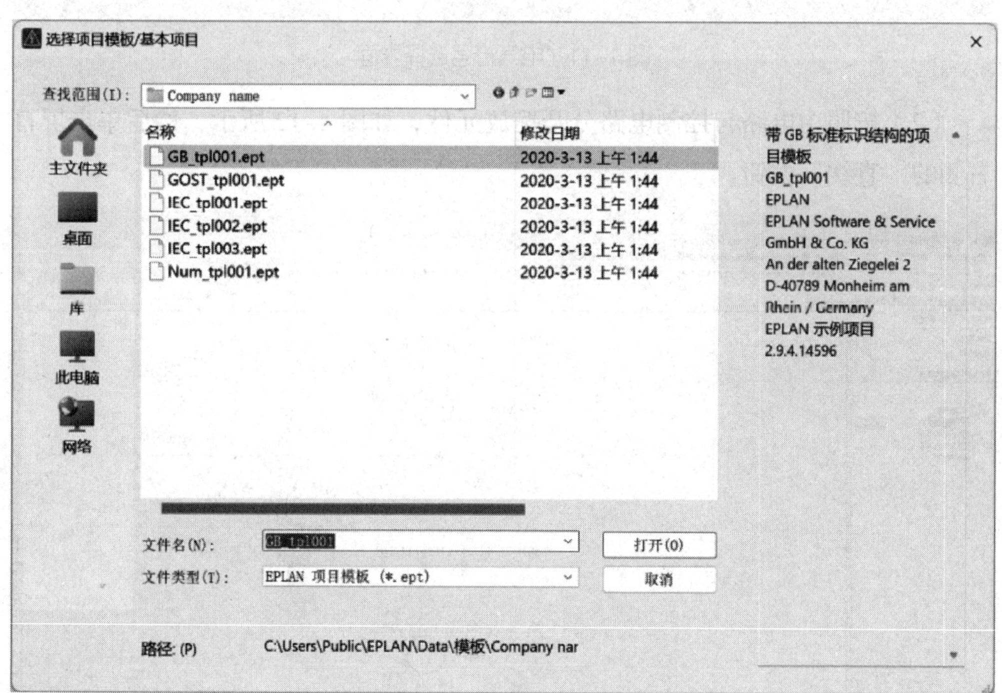

图 4–10　选择模板界面

2. 绘制电动机控制电气原理图

（1）首先，找到需要用到的电气符号（见图 4–11），并拖入绘制区域。

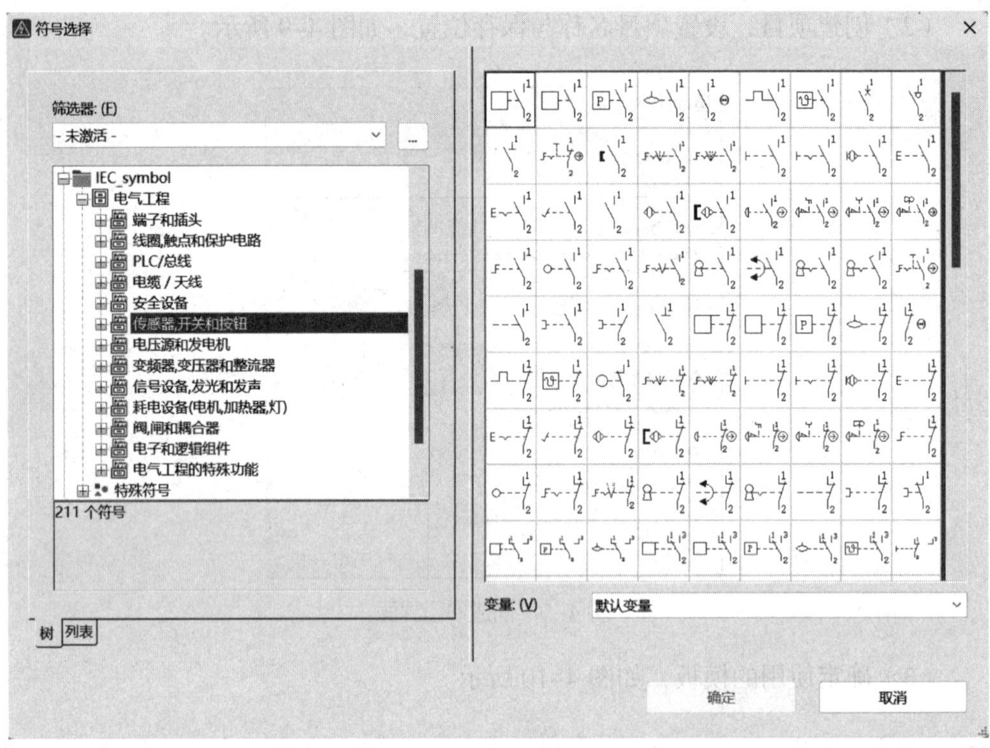

图 4–11　电气符号选择界面

（2）按照主电路与控制电路分开摆放元件，如图 4–12 所示，然后单击屏幕右侧的“直线”按钮。

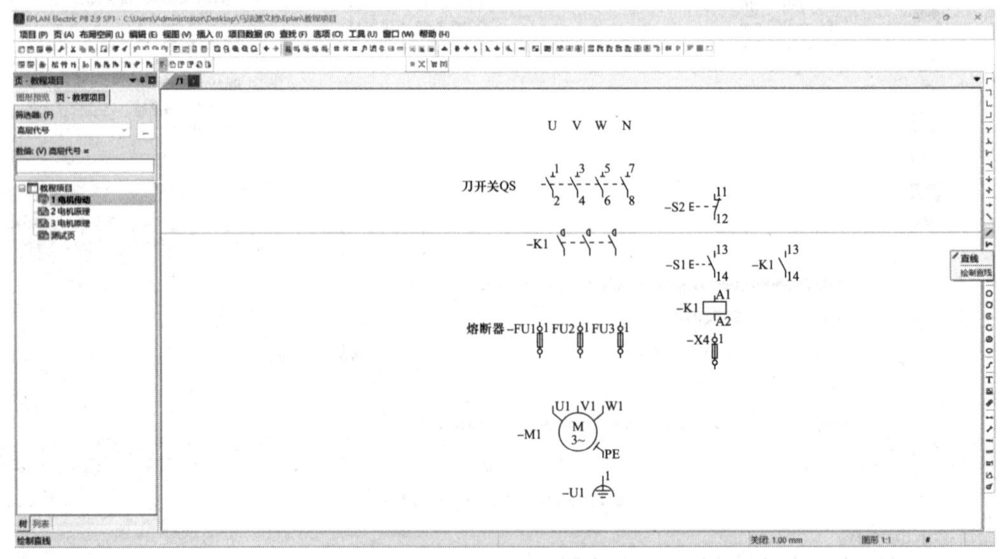

图 4–12　摆放元件

（3）利用直线完成各个元件的连接后，右键单击该图纸，选择“属性”，如图 4–13 所示。

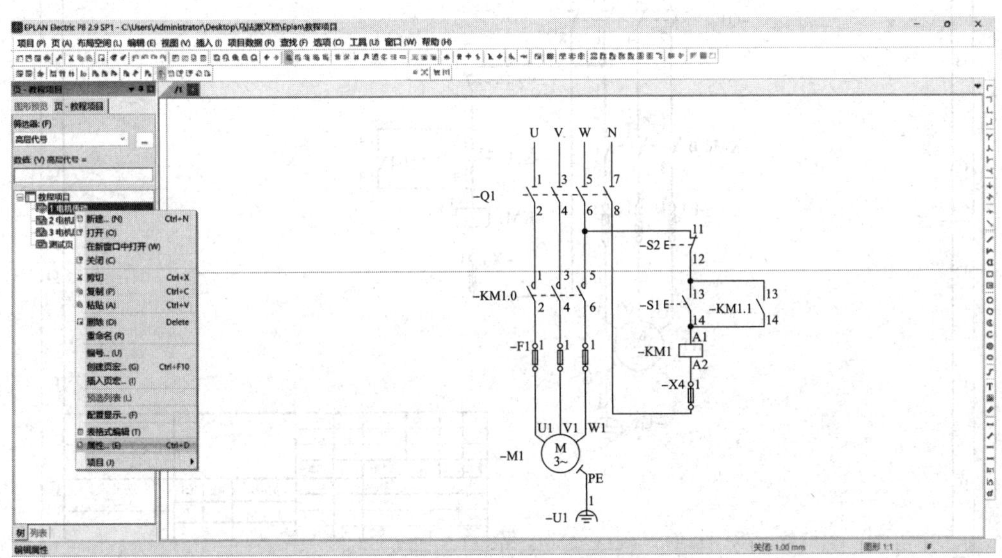

图 4–13　选择“属性”

（4）在“页属性”界面选择图框，如图 4–14 所示，并按需要选择边框和标题栏的样式。

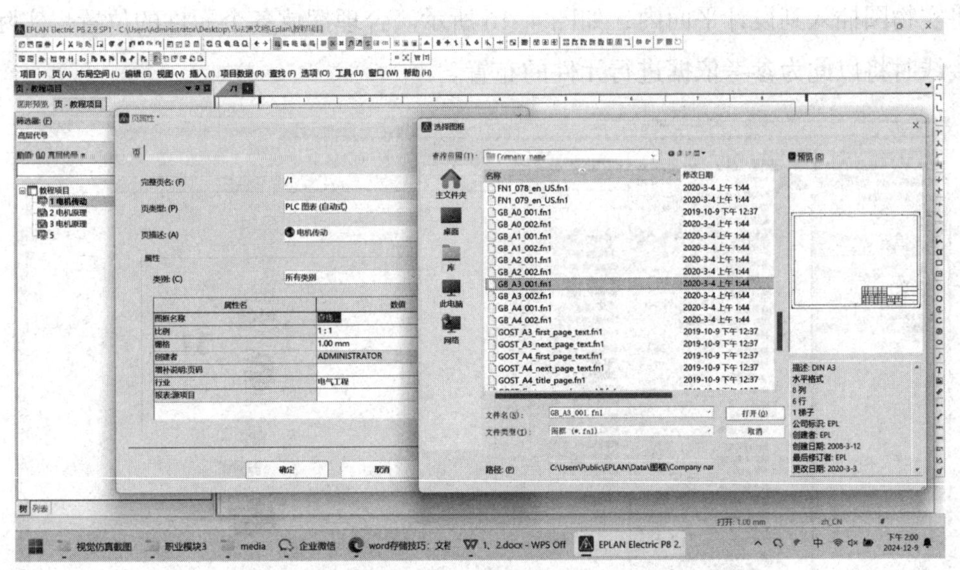

图 4–14　选择图框

（5）最后在标题栏内写上对应的信息，即完成电气原理图的绘制，如图 4–15 所示。

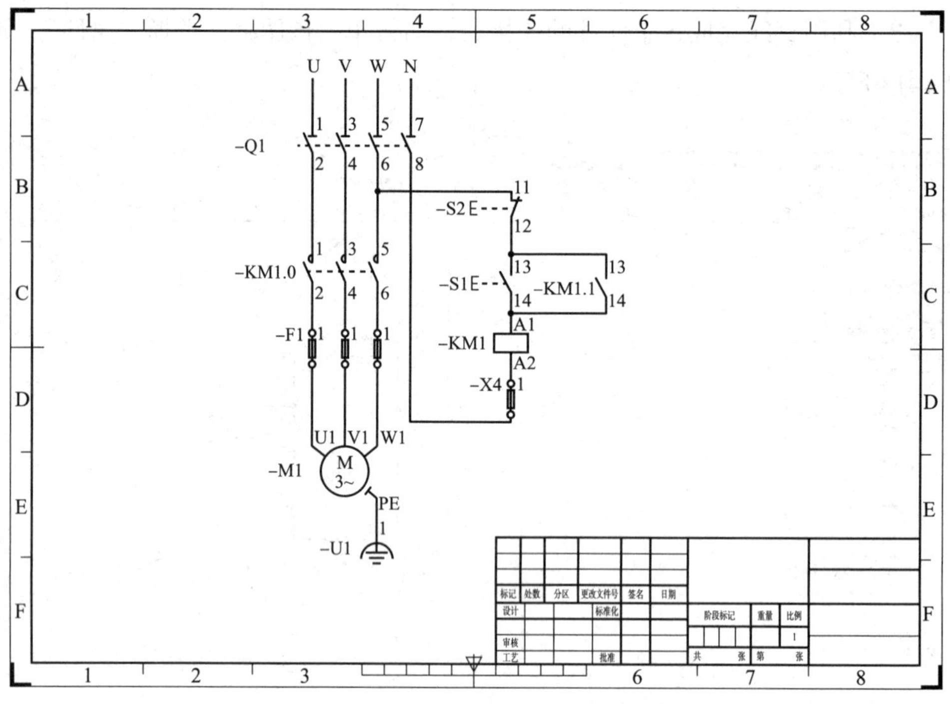

图 4–15 完成电气原理图的绘制

3. 绘制电动机控制电气接线图

（1）打开 EPLAN，新建工程文件。依次单击插入 – 图形 – 图片文件，即可将实物图插入到设计平面内，如图 4–16 所示。合理摆放各个元件的位置，实际接线时将以此为参考依据进行元件的布置。

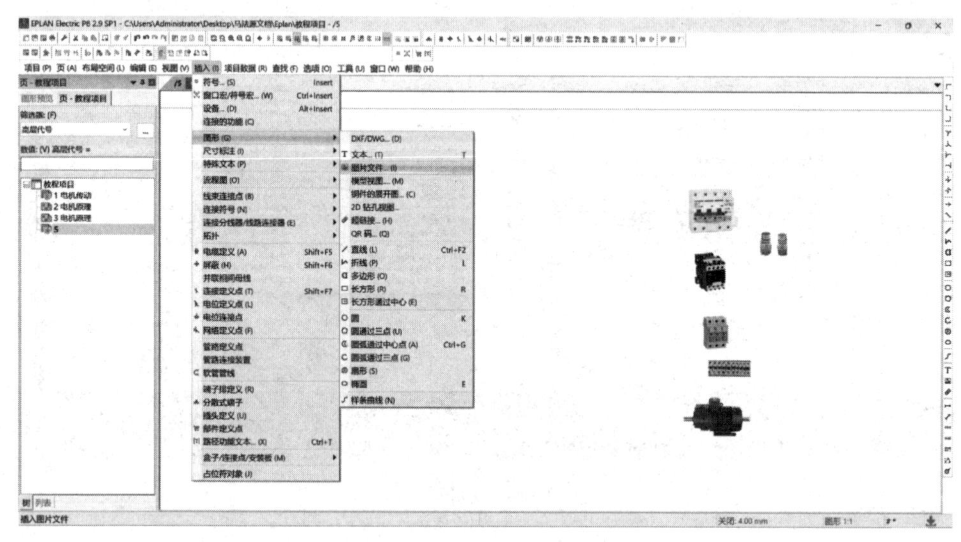

图 4–16 插入图片

（2）按电气原理图将各元件对应的接线柱进行连接，如图 4–17 所示。

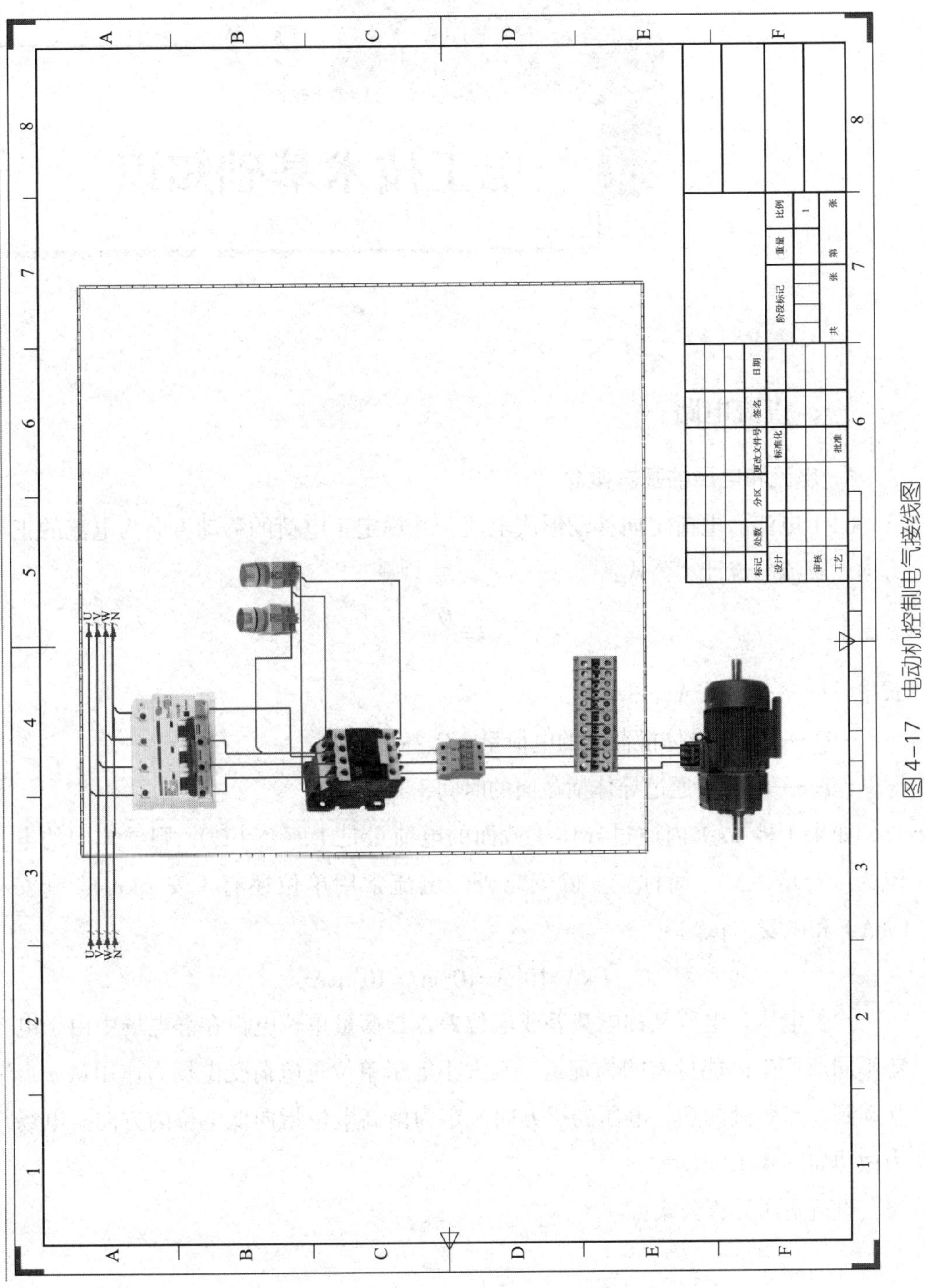

图 4-17　电动机控制电气接线图

培训课程 2 电工技术基础知识

一、直流电路

1. 电流和电压的基本概念

（1）电流。电荷定向移动形成电流，并规定正电荷的移动方向为电流的正方向。直流电流计算公式：

$$I=\frac{Q}{t}$$

式中 I——电流，A；

Q——通过导体横截面的电荷量，C；

t——电荷量通过导体横截面的时间，s。

如果 1 秒（s）内通过导体横截面的电荷量是 1 库仑（C），则导体中的电流为 1 安培（A），简称安。除安培外，电流常用单位还有千安（kA）、毫安（mA）和微安（μA）。

$$1\ \text{kA}=10^3\ \text{A}=10^6\ \text{mA}=10^9\ \mu\text{A}$$

（2）电压。电压又称电势差或电位差，是衡量单位电荷在静电场中由于电势不同所产生的能量差的物理量。其大小等于单位正电荷受电场力作用从 a 点移动到 b 点所做的功，电压的正方向规定为由高电位指向低电位的方向。电场力做功如图 4-18 所示。

直流电压计算公式：

$$U_{ab}=\frac{W_{ab}}{q}$$

式中 U_{ab}——电场中 a、b 两点的电势差，V；

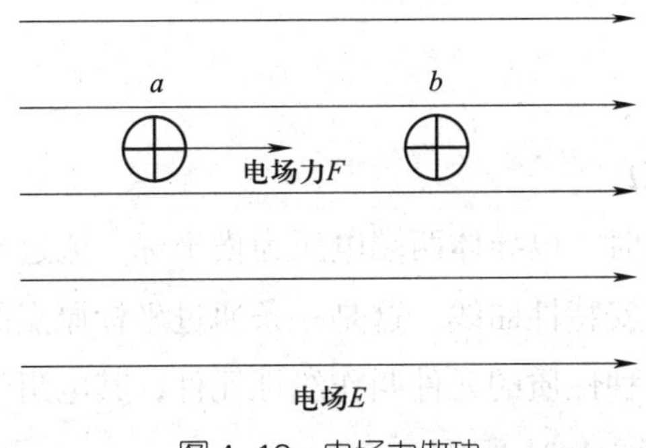

图 4–18 电场力做功

q——电荷，C；

W_{ab}——电场力将电荷从 a 点移动到 b 点所做的功，J。

电压的常用单位：千伏（kV）、伏（V）、毫伏（mV），它们之间的换算关系为：

$$1\ \text{kV}=10^3\ \text{V}=10^6\ \text{mV}$$

2. 串联电路与并联电路

串联电路是指两个或两个以上元件以首尾相连的方式进行连接的电路，如图 4–19 所示，R_1 与 R_2 串联。特点：流过元件的电流相等，各电阻的电压与其电阻值成正比。

并联电路是指多个元件或电路分支一端连接在一起，另一端也连接在一起的电路，如图 4–20 所示，R_1 与 R_2 并联。特点：并联元件两端电压相等，通过各元件的电流与电阻值成反比。

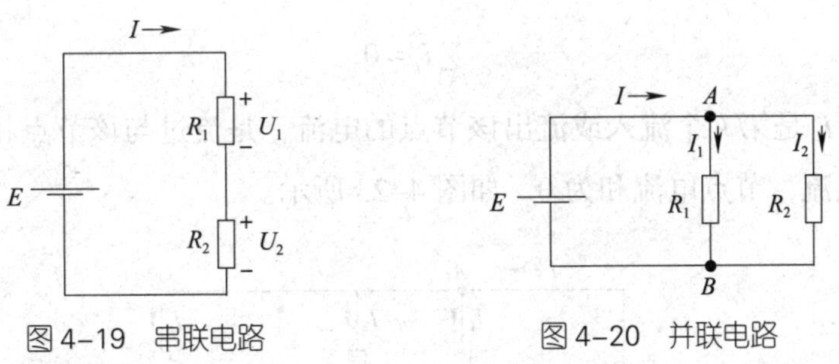

图 4–19 串联电路　　图 4–20 并联电路

3. 欧姆定律、基尔霍夫定律

（1）欧姆定律。在某一电路中，流过某段导体的电流与该段导体两端的电压成正比，与导体的电阻成反比，表达式为：

$$I=\frac{U}{R}$$

式中 I——电流，A；

U——电压，V；

R——电阻，Ω。

当满足欧姆定律时，以导体两端电压为横坐标、流过导体的电流为纵坐标绘制的曲线，称为伏安特性曲线。这是一条通过坐标原点的直线，它的斜率为电阻的倒数。具有这种性质的元件叫作线性元件，其电阻为线性电阻。线性元件的伏安特性曲线如图 4–21 所示。

当欧姆定律不成立时，伏安特性曲线是不同形状的曲线，具有这种性质的元件为非线性元件。非线性元件的伏安特性曲线如图 4–22 所示。

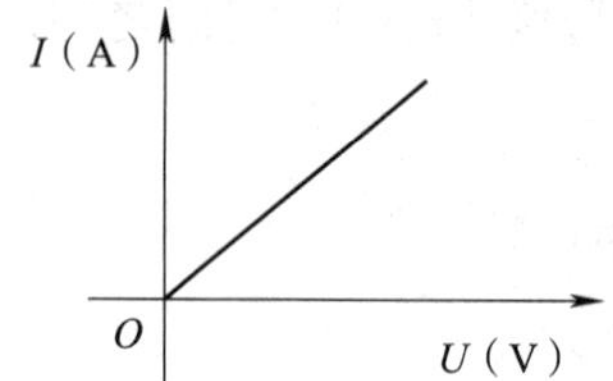

图 4–21　线性元件的伏安特性曲线

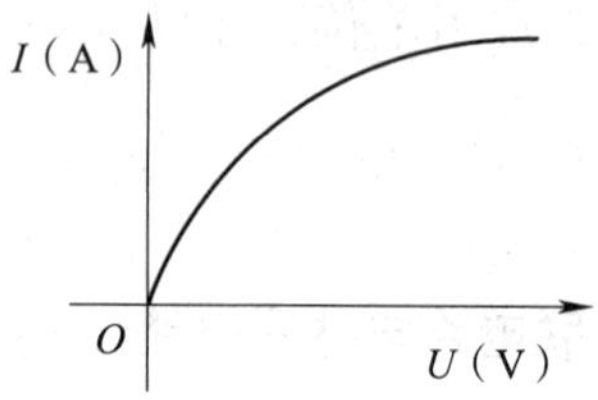

图 4–22　非线性元件的伏安特性曲线

（2）基尔霍夫定律

1）基尔霍夫第一定律又称基尔霍夫电流定律，简记为 KCL，是电流的连续性在集总参数电路上的体现，其物理背景是电荷守恒。基尔霍夫电流定律是确定电路中任意节点处各支路电流之间关系的定律，因此又称为节点电流定律。对于电路的任意节点：

$$\sum_{k=1}^{n} I_k = 0$$

其中，I_k 是第 k 个流入或流出该节点的电流，是流过与该节点相连接的第 k 个支路的电流，节点电流和为 0，如图 4–23 所示。

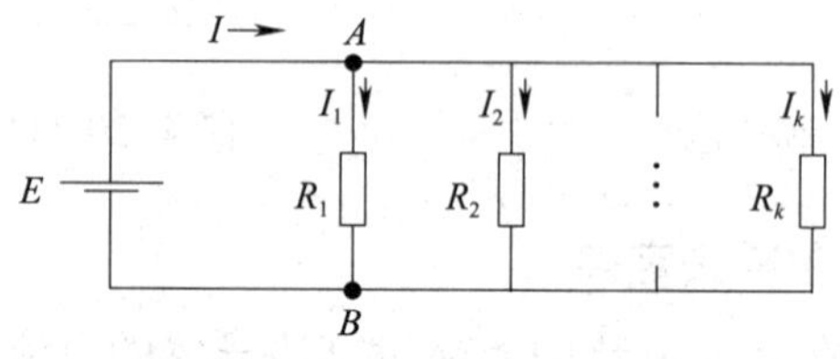

图 4–23　节点电流定律示意图

2）基尔霍夫第二定律又称基尔霍夫电压定律，简记为 KVL，是电场为位场时电位的单值性在集总参数电路上的体现，其物理背景是能量守恒。基尔霍夫电压定律是确定电路中任意回路内各电压之间关系的定律，因此又称为回路电压定律。对于回路的任意闭合回路：

$$\sum_{k=1}^{m} U_k = 0$$

其中，m 是闭合回路的元件数，U_k 是元件两端的电压。

基尔霍夫电压定律不仅应用于闭合回路，也可以应用于回路的部分电路，即闭合回路电压和为 0，如图 4–24 所示。

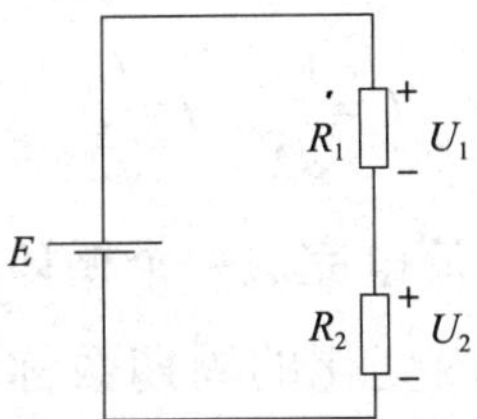

图 4–24　回路电压定律示意图

二、单相正弦交流电路

1. 正弦交流电的基本概念及表示方法

（1）基本概念。大小和方向均随时间变化的电压或电流称为交流电。正弦交流电是指随时间按照正弦函数规律变化的电压或电流，如图 4–25 所示。每一瞬间电压（电动势）和电流的数值都不相同。

（2）数学表达式。正弦交流电的一般表达式为：

$$u=U_m \sin (\omega t+\varphi)$$

式中　U_m——峰值电压，V；

φ——初始相位角，°；

ω——角频率，rad/s。

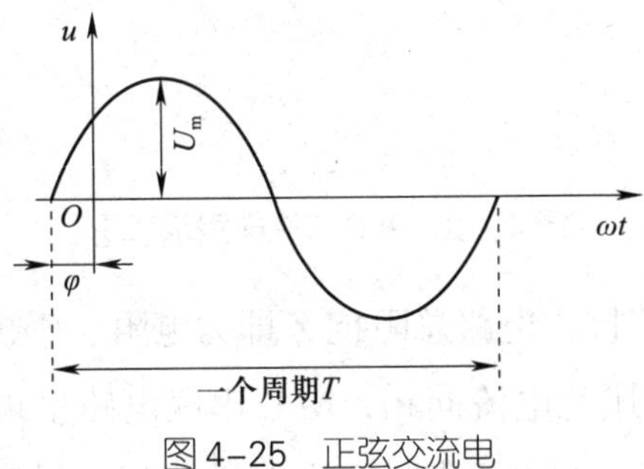

图 4–25　正弦交流电

（3）瞬时值、幅值和有效值。正弦交流电在任一时刻的数值称为瞬时值，用小写字母 u 或 i 表示。瞬时值中的最大值称为幅值，用 U_m 或 I_m 表示。

在正弦交流电的计算和分析中，引入表示正弦电压或电流大小的特定值，即有效值。有效值是从电流的热效应来规定的，当交流电在电阻上产生的热效应与某一直流电在同一电阻上产生的热效应相同时，则此直流电的大小为该交流电的有效值，用 U 或 I 表示。

单相正弦交流电有效值与幅值的关系为：

$$U=\frac{U_m}{\sqrt{2}},\ I=\frac{I_m}{\sqrt{2}}$$

（4）频率与周期。正弦交流电完成一个循环所需要的时间称为周期 T，单位为秒（s）。正弦交流电 1 s 内变化的周期数称为频率 f，单位为赫兹（Hz），简称赫。可见，频率和周期互为倒数，即：

$$f=\frac{1}{T}$$

交流电的变化快慢还可以用角频率 ω 来表示：

$$\omega=\frac{2\pi}{T}=2\pi f$$

2. RLC 串联电路

RLC 串联电路是由电阻、电感、电容串联而成的电路，如图 4–26 所示。根据基尔霍夫电压定律，可列出回路电压方程。由于电路中通过的是正弦交流电，故电阻、电感、电容之间有不同的相位关系。

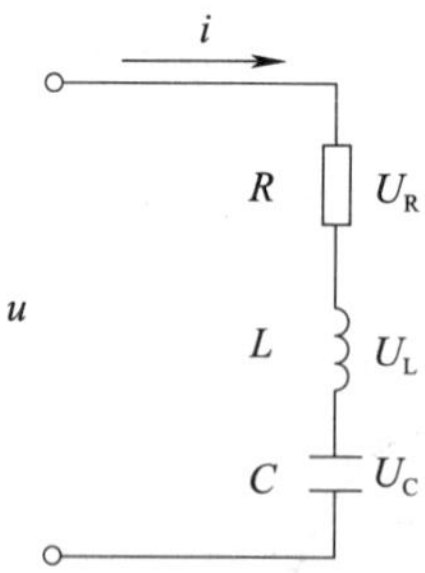

图 4–26　RLC 串联电路示意图

X_L 为感抗，X_C 为容抗，电路总阻抗 Z 即为电阻、感抗、容抗的总和。

当 $X_L=X_C$ 时，总电压与电流同相，RLC 串联电路呈现电阻性，这种现象为串联谐振，电感与电容上的电压在每个电源周期都会得到积蓄，因此当几个电源周期过去后，电感与电容上的电压可能达到电源电压的几倍，当电压高到一定程度时，会损坏元件。

当 $X_L>>X_C$ 时，电感受电源频率的影响远远大于电容，RLC 串联电路整体阻抗可以视为阻感负载。当电源频率越大时，总阻抗 Z 越大，对电流的阻碍能力越强。

当 $X_L<<X_C$ 时，电容受电源频率的影响远远大于电感，RLC 串联电路整体阻抗可以视为阻容负载。当电源频率越大时，总阻抗 Z 越小，对电流的阻碍能力越弱。

3. 功率因数

功率因数又称功率因子，在数值上等于交流电路有功功率与视在功率的比值。

（1）有功功率。在交流电路中，有功功率是指一个周期内发出或负载消耗的瞬时功率积分的平均值。有功功率用 P 表示，单位为瓦（W）或千瓦（kW）。

（2）无功功率。为建立交变磁场和感应磁通而需要的电功率称为无功功率。所谓的“无功”并不是“无用”的电功率，只是不转化为机械能、热能等。无功功率用 Q 表示，单位为乏（Var）或千乏（kVar）。

（3）视在功率。交流电源所能提供的总功率称为视在功率或表现功率。视在功率用 S 表示，单位为伏安（VA）或千伏安（kVA）。

当电路呈现电阻性时，电压与电流同相，电源发出的能量完全被电阻性负载消耗掉，功率因数为 1。

当电路中负载呈现阻感性质时，电感本身不消耗电能，但会使电流相位滞后电压相位，从而造成电阻消耗的功率与电源输出功率不匹配的现象。其中，电阻消耗功率为有功功率 P，电源输出功率（视在功率）为 S，则有

$$S=\sqrt{P^2+Q^2}$$

Q 为无功功率，$Q=UI\sin\varphi$。φ 是电流和电压之间的相位角，即功率因数角。$\cos\varphi$ 即为功率因数，$\cos\varphi=P/S$。功率三角形如图 4–27 所示。

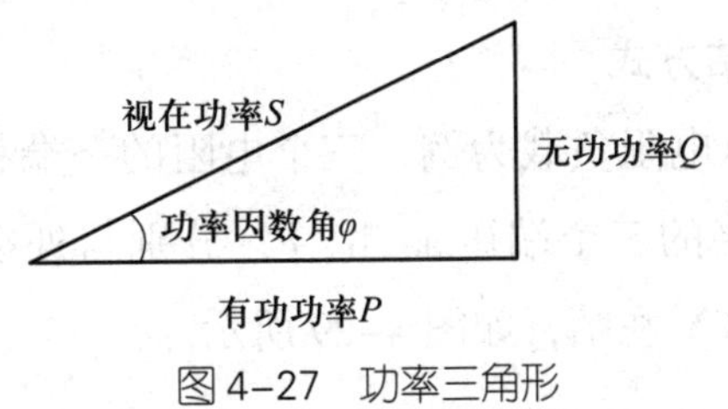

图 4–27 功率三角形

4. 提高功率因数的方法

提高功率因数的本质在于增加有功功率或降低无功功率，具体方法见表 4–4。

表 4–4　提高功率因数的方法

方法	说明
使用高效的电动机	可以节省电力，提高功率因数
选择合适的电压	如果电动机的负载不变，那么选择合适的电压可以改善功率因数
改善电路的结构	如采用滤波器，可以有效地减少失真，提高功率因数
引入电容器	可以使用电容器来补偿滞后电流，以提高功率因数
使用高效率的滤波器	使用较高效率的滤波器有助于提高功率因数
改善电路的布线	重新设计电路的布线，改善电路性能，提高功率因数
引入绝缘	引入绝缘以减少导线的损耗，提高功率因数
更换导线	使用较低损耗的导线，可以提高功率因数

三、三相正弦交流电路

1. 三相正弦交流电的特点

三相正弦交流电是三个相位差互为 120° 的正弦交流电的组合。它可以由三相交流电动机的三相绕组产生，每一绕组连同其外部回路为一相，分别记以 A、B、C，常以三相三线制和三相四线制供电。

三相制的主要优点是：在电力输送上，三相系统比单相系统节省输电线；三相变压器比单相变压器经济；三相异步电动机的定子产生旋转磁场，结构简单，使用方便，为异步电动机的发展和应用创造了条件。三相制能够提供更大的功率输出。因此，三相正弦交流电获得了广泛应用。

三相正弦交流电电压，如图 4–28 所示。A 相的初始相位为 0°，B 相比 A 相滞后 120°，C 相比 B 相滞后 120°。

2. 三相负载的联结方式

（1）星形联结。以电阻负载为例，三个电阻的一端相连在一起构成一个公共端点，另一端为网络的三个端钮 a、b、c，分别与外电路相连，这种三端网络称为星形联结，又称 Y 联结，如图 4–29 所示。

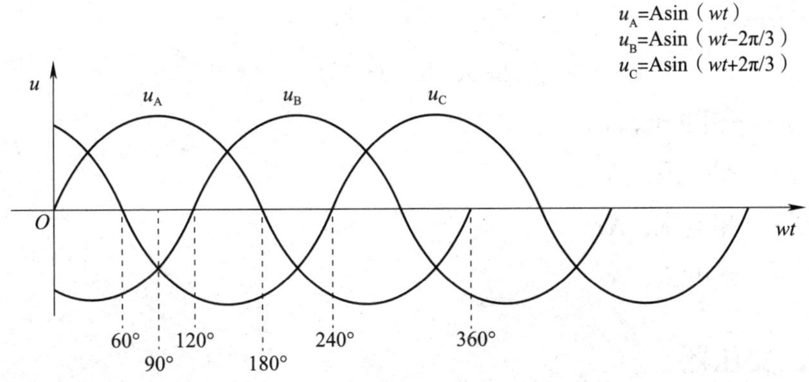

图 4-28　三相正弦交流电电压波形图

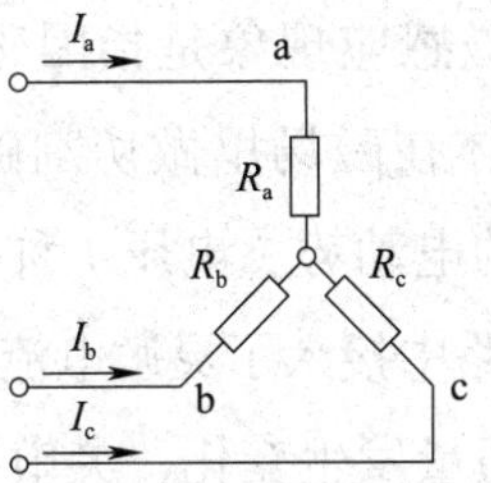

图 4-29　星形联结

当三相负载作星形联结时，各相负载所承受的电压为对称的电源相电压，线电流等于负载的相电流。

（2）三角形联结。将电阻负载每一相的末端与后续相的始端相连，然后再从 3 个相连点引出端线与外电路相连，这种联结方式称为三角形联结。三角形联结中，三相负载的每一相都跨接在两条端线间，负载的相电压等于三相电源的线电压，如图 4-30 所示。

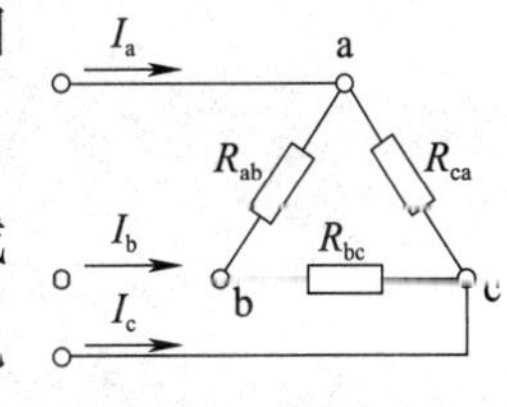

图 4-30　三角形联结

当三相负载作三角形联结时，各相负载所承受的电压为对称的电源线电压，当负载对称时，线电流为负载相电流的$\sqrt{3}$倍。

3. 三相负载的功率

当三相负载平衡时，对于三相对称负载来说，不论是星形联结还是三角形联结，其功率可按下式计算。

有功功率：

$$P=3U_XI_X\cos\varphi=\sqrt{3}\ U_LI_L\cos\varphi$$

无功功率：

$$Q=3U_XI_X\sin\varphi=\sqrt{3}\ U_LI_L\sin\varphi$$

视在功率：

$$S=3U_XI_X=\sqrt{3}\ U_LI_L$$

式中 U_X——相电压，V；

U_L——线电压，V；

I_X——相电流，A；

I_L——线电流，A。

四、变压器

1. 电磁感应原理与应用

（1）电磁感应原理。电磁感应现象是指因磁通量变化产生感应电动势的现象。闭合电路的一部分导体在磁场里做切割磁感线的运动时，导体中产生的电流称为感应电流，产生的电动势（电压）称为感应电动势。

如图 4–31 所示，闭合回路中接入了灵敏电流表。当线圈上方的磁铁穿过闭合导体回路时，回路中的磁通量发生变化，灵敏电流表中出现了读数（产生了感应电流）。注意：只有当磁铁往复运动且回路中的磁通量发生改变时，闭合回路中才会产生感应电动势（感应电流）。

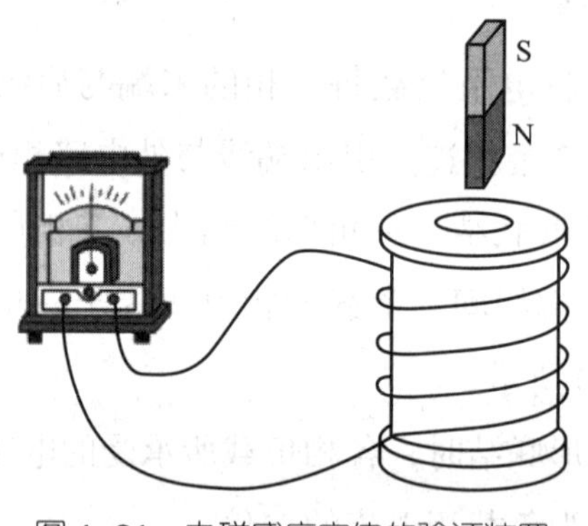

图 4–31 电磁感应定律的验证装置

感应电流产生的两个必要条件（缺一不可）：闭合电路；穿过闭合电路的磁通量发生变化。

感应电流方向可以用安培定则来判断：用右手握紧螺线管，四指指向螺线管中电流的方向，则拇指所指方向为螺线管内部产生的磁场方向，如图 4–32 所示。

（2）电磁感应应用。发电机是将机械能转化为电能的设备。利用旋转的机械动力带动发电机内的线圈转动，线圈切割磁场从而产生感应电动势。

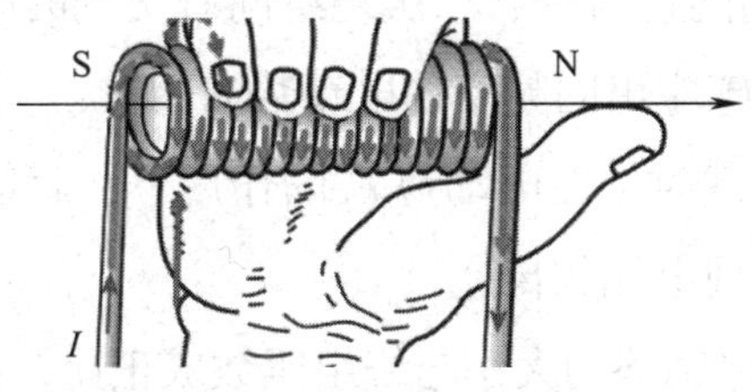

图 4–32 安培定则的使用

2. 变压器结构

变压器是一种静止的电气设备，利用电磁感应原理，把一种交流电变换成频率相同、电压大小不同的另一种或几种交流电。变压器的基本结构包括：铁芯、一次绕组、二次绕组等，如图 4–33 所示。

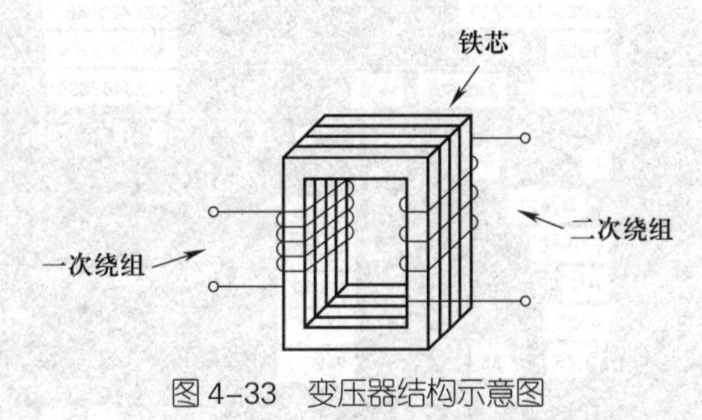

图 4–33 变压器结构示意图

3. 变压器工作原理

简单来说，变压器的工作原理就是电磁感应原理。当一次绕组中通有交流电流时，铁芯中便产生交变的磁场，该磁场使得二次线圈中感应出电压（或电流）。

以单相变压器为例，单相变压器有两个线圈（绕组）共同绕在一个闭合铁芯上，如图 4–34 所示。其中，与电源相连的线圈称为一次绕组（线圈），与负载相连的线圈称为二次绕组（线圈）。

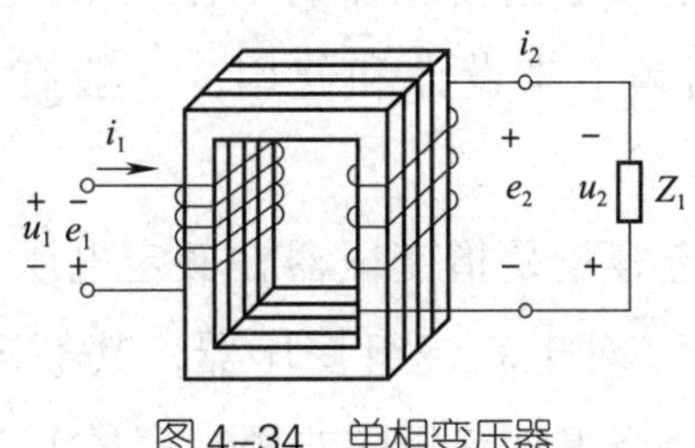

图 4–34 单相变压器

若将一次绕组接到交流电源上，绕组中便有交流电流 i_1 流过，在铁芯中产生与外加电压 u_1 频率相同且与一、二次绕组同时交变的磁场，根据电磁感应原理，分别在两个绕组中感应出同频率的电动势 e_1 和 e_2。

当二次绕组接入负载时，在电动势 e_2 的作用下，就能向负载输出电能，即电流 i_2 将流过负载，实现电能的传递。

一、二次绕组感应电动势的大小与绕组匝数成正比，而绕组的感应电动势又近似于各自的电压。因此，只要改变绕组的匝数比，就能达到改变电压的目的。

4. 变压器参数

某型号变压器铭牌如图 4–35 所示。

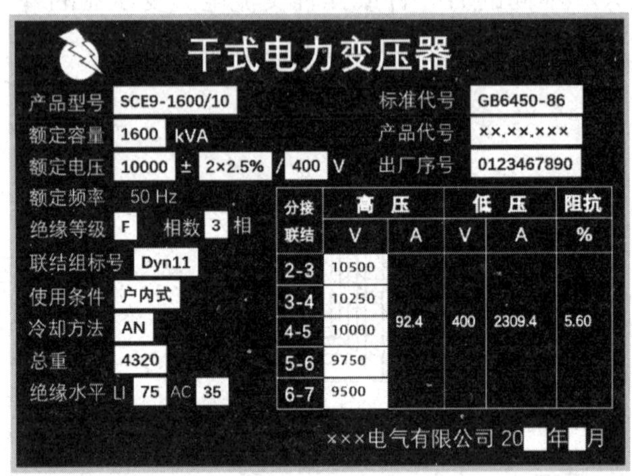

图 4–35　变压器铭牌

（1）额定电压。额定电压是指变压器线圈上允许施加的电压，工作时不得大于规定值；变压器的额定电压包括一次额定电压和二次额定电压。一次额定电压是指接到变压器一次绕组端点的额定电压值。二次额定电压是指当一次绕组所接电压为额定值，分接开关放在额定分接头位置上，变压器空载时二次绕组的电压。

（2）额定频率。额定频率指变压器的工作频率，变压器铁芯损耗与频率关系很大，应根据使用频率来设计和使用，一般有 50 Hz、400 Hz、1 kHz、10 kHz 等多种。

（3）额定容量。额定容量是指变压器在额定电压、额定电流条件下连续运行时允许传送的容量。对于双绕组变压器，其额定容量以绕组的容量表示（双绕组变压器的两个绕组具有相同的额定容量）。对于三绕组变压器，应给出每个绕组的额定容量，根据三个绕组容量比的不同主要有三种类型：100%/100%/100%、100%/100%/50%、100%/50%/100%。

（4）变压比。变压比是变压器一次绕组匝数与二次绕组匝数的比值。变压比小于 1 是升压变压器，变压比大于 1 是降压变压器，变压比等于 1 是 1 ∶ 1 变压器。

五、电工测量

对电气操作人员而言，能否熟悉和掌握电工仪表及工具的结构、性能、使用方法和操作规范，将直接影响工作效率和工作质量，甚至影响自己及他人的人身安全。常用的电工仪表，按照测量功能不同可以分为电流表、电压表、万用表、兆欧表等。常用电工工具包括试电笔、剥线钳、电烙铁、电工刀等。

1. 钳形电流表

钳形电流表（见图 4–36）是一种常见的电流计量仪器。钳形电流表相当于一个电流互感器，穿过钳口的被测导线相当于互感器的一次侧，当一次侧有电流时，二次侧就会感应出电压从而产生电流。

图 4–36　钳形电流表

（1）钳形电流表的优点。用普通电流表测量电流时，需要将电路切断后才能将电流表接入进行测量，有时正常运行的电动机不允许这样操作。此时，使用钳式电流表就可以在不切断电路的情况下测量电流。

（2）钳形电流表的原理。钳形电流表是由电流互感器和电流表组合而成的。电流互感器的铁芯在捏紧扳手时可以张开，被测导线不必切断就可以穿过铁芯张开的缺口，当放开扳手后铁芯闭合。穿过铁芯的被测导线为电流互感器的一次线圈，通过电流时便在二次线圈中感应出电流，从而使与二次线圈相连接的电流表显示被测导线的电流。钳形电流表可以通过改变转换开关以更换不同的量程，但不允许带电操作。钳形电流表的准确度不高，通常为 2.5 ~ 5 级。

3280–10F 钳形电流表如图 4–37 所示，具有检测交直流电压、交流电流、电阻的功能。

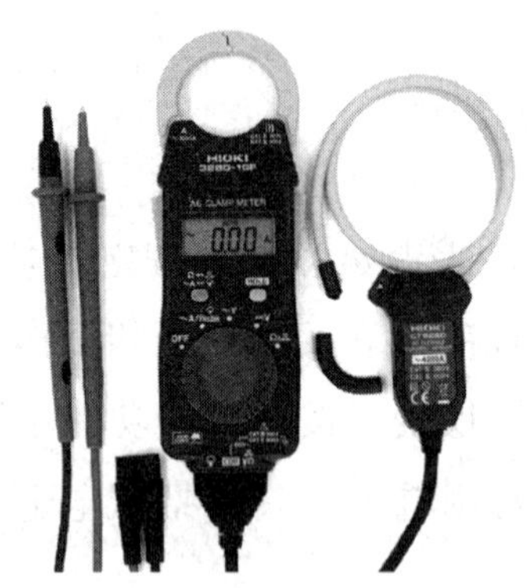

图 4–37　3280–10F 钳形电流表

当需要测量交流电流时，先将旋钮打到交流电流检测挡位，再将钳形电流表表身两侧的条形按钮同时按下，打开钳口，将被测导线放入，松开条形按钮，让钳口关闭，若此时导线内有交流电流通过，那么就可以测量出该电流的大小。当测量的导线直径过大，不能放入钳口时，可以配合 AC 测量线圈使用，将 AC 测量线圈接入钳形电流表，再用线圈替代钳口进行测量即可。

检测电压时，注意量程上限为 600 V。将旋钮旋至交流或直流电压挡位后插入红黑表笔，根据电压正负极性，使用红黑表笔探针接在测量点位上，等待示数变化后即可记录电压表读数。

测量电阻时，将旋钮旋到欧姆挡位，接入红黑表笔，使用两个表笔探针分别接入被测导体的两端，即可读出该导体的电阻值。

2. 机械式兆欧表

机械式兆欧表又称摇表，主要用于测量电气设备的绝缘电阻，如图 4–38 和图 4–39 所示。

摇表工作原理如图 4–40 所示，它的磁电式表头有两个互成一定角度的可动线圈，装在一个有缺口的圆柱铁芯外面，并与指针一起固定在一转轴上，构成表头的可动部分，被置于永久磁铁中，磁铁的磁极与铁芯之间的气隙是不均匀的。由于指针没有阻尼弹簧，在仪表不用时，指针可以停留在任何位置。摇表电气原理图如图 4–41 所示。

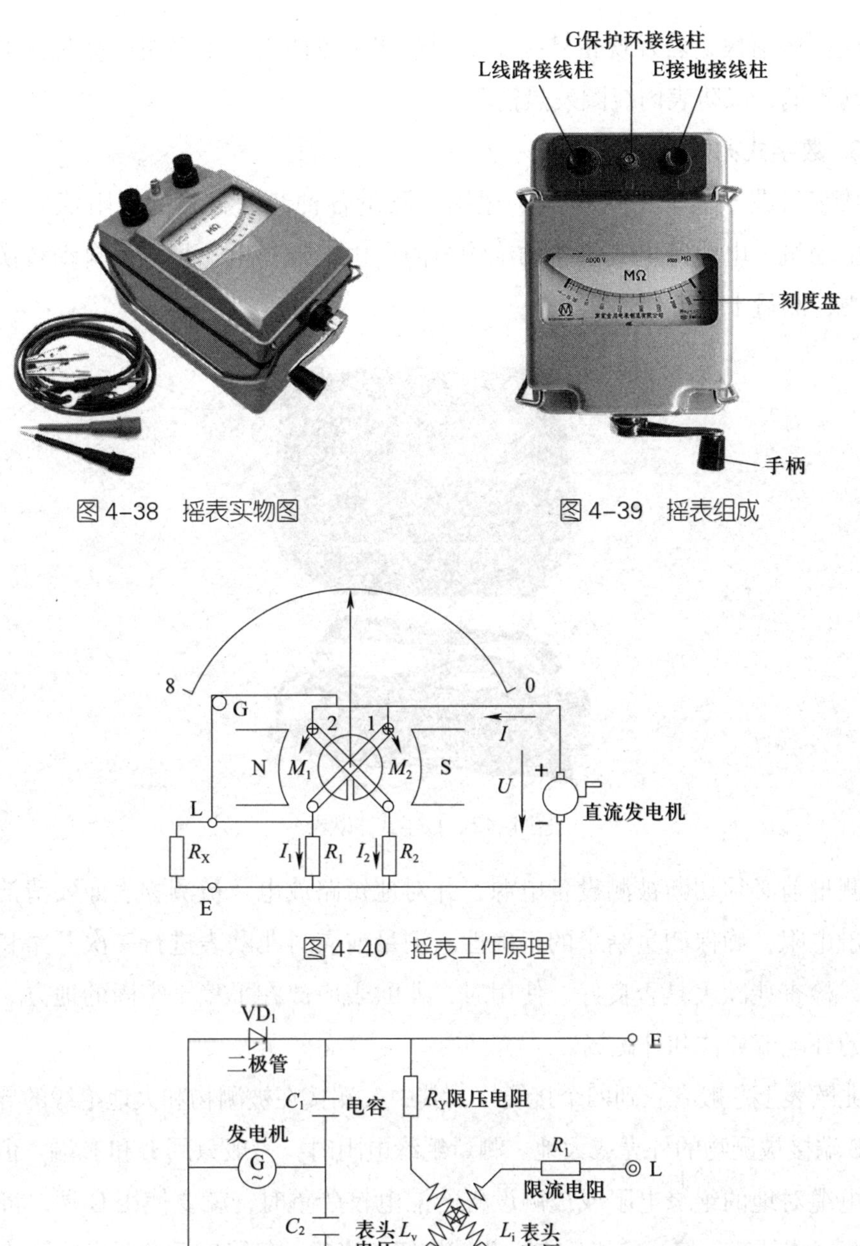

图 4-38 摇表实物图

图 4-39 摇表组成

图 4-40 摇表工作原理

图 4-41 摇表电气原理图

摇表的选用：对于额定电压在 500 V 以下的设备，选用额定电压为 500 V 或 1 000 V 的摇表；额定电压在 500 V 以上的设备，选用 1 000 ~ 2 500 V 的摇表。

摇测时，将摇表置于水平位置，手柄转动时其接线柱间不允许短路。摇动手柄应由慢渐快，若发现指针指零说明被测物可能发生了短路，这时就不能继续摇动手柄，以防表内线圈发热损坏。

3. 数字式兆欧表

数字式兆欧表（见图 4–42）适用于测量各种绝缘材料的电阻值以及变压器、电动机、电缆等电气设备的绝缘电阻，由电池供电，量程可自动转换，读数直观，测量十分方便迅速。

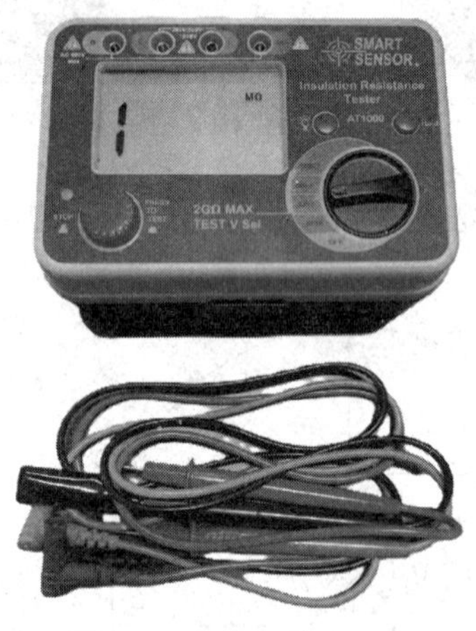

图 4–42　数字式兆欧表

测量前必须切断被测设备电源，并对地短路放电。被测物表面要清洁，减少接触电阻，确保测量结果的正确性。测量前应对兆欧表进行一次开路和短路试验，检查兆欧表是否良好。使用时，兆欧表应放在平稳、牢固的地方，且远离大的外电流导体和外磁场。

兆欧表上一般有三到四个接线柱，其中 L 端接在被测物和大地绝缘的导体部分，E 端接被测物的外壳或大地。测量绝缘电阻时，一般只用 L 和 E 端。但需要测量电缆对地的绝缘电阻或被测设备的漏电较严重时，就要使用 G 端，将 G 端接屏蔽层或外壳。接线完毕后点击测试按钮，当显示值稳定后即可直接读数。

培训课程 3

电气传动与控制基础知识

一、电气传动与控制系统

1. 开环控制系统

开环控制系统是指控制系统的输出量对系统的控制作用没有影响的控制系统。也就是说，在开环控制系统中，控制信号的流动是单向的，从控制器到被控制对象，没有反馈机制。开环控制系统的结构如图 4-43 所示。

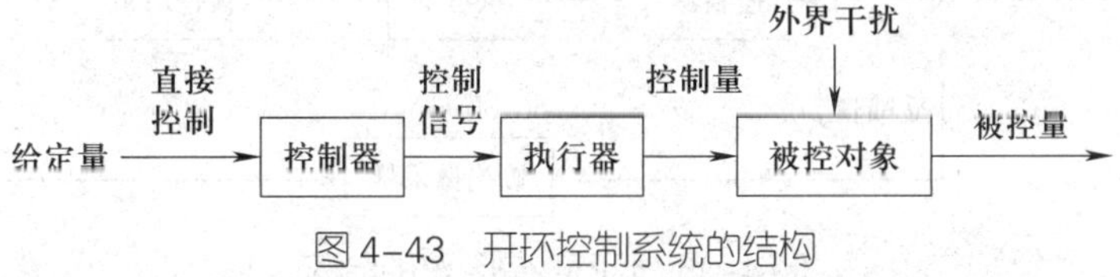

图 4-43　开环控制系统的结构

开环控制系统的输入直接控制着输出，结构简单，成本较低，可以避免许多闭环控制系统中存在的稳定性问题。但它的抗干扰能力差，精度较闭环控制系统要低。

相关链接

大部分电热吹风机、热水壶、电热毯的温度控制只设定几个挡位，被控物理量温度无反馈机制，属于开环控制。吹风机控制系统如图 4-44 所示。

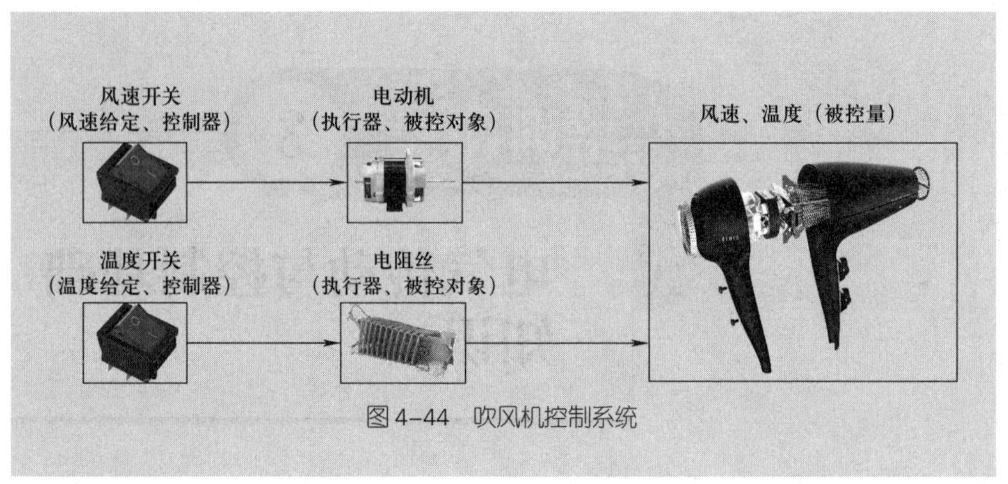

图 4-44　吹风机控制系统

2. 闭环控制系统

闭环控制系统将控制系统的输出量通过反馈环节与输入量进行比较，并根据比较结果对系统进行调整，以实现对被控对象的精确控制。闭环控制系统利用的是负反馈，由信号正向通路和反馈通路构成闭合回路，又称负反馈控制系统。闭环控制系统的结构如图 4-45 所示。

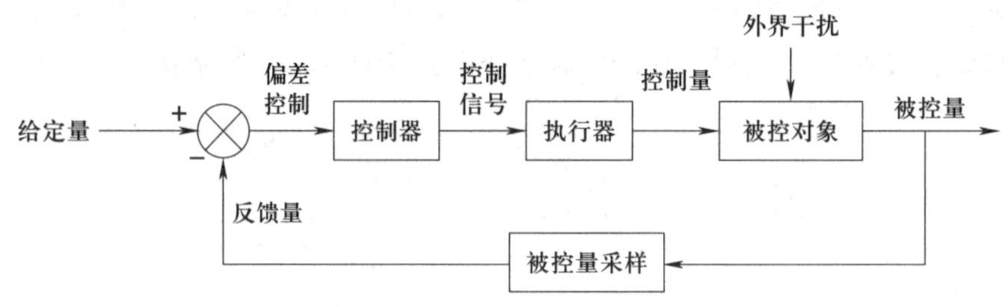

图 4-45　闭环控制系统的结构

相关链接

大部分的空调、自动化电热锅炉、恒温家禽孵化器等在设定温度后，经过控制器输出，执行器动作，被控量温度通过反馈环节采样，与设定温度做比较，控制器根据比较结果控制执行器升温或降温，这一流程属于闭环控制，如图 4-46 所示。

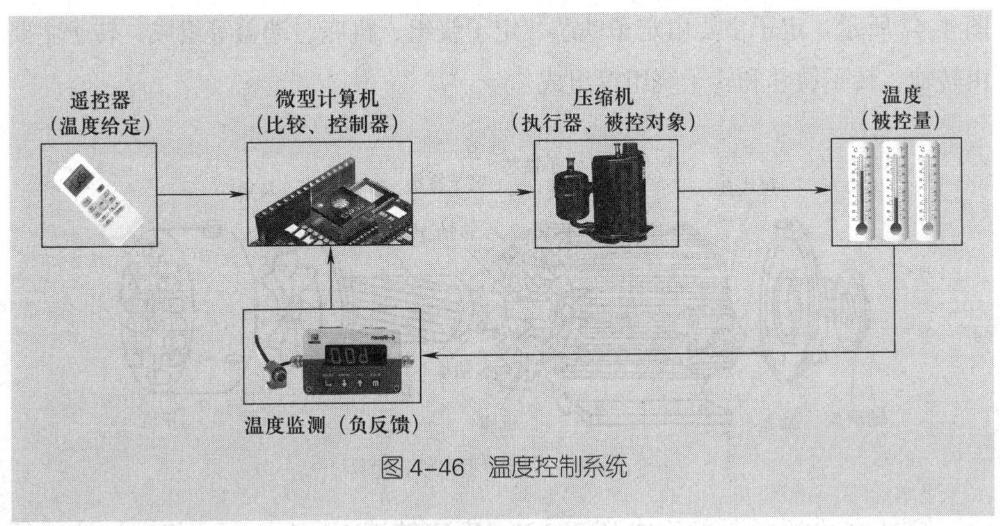

图 4-46　温度控制系统

3. 开环控制系统与闭环控制系统对比

开环控制系统不能检测误差，也不能校正误差。控制精度和抑制干扰的性能都比较差，而且对系统参数的变动很敏感。因此，开环控制系统一般仅用于无须考虑外界影响，或惯性小、精度要求不高的场合。开环控制系统没有检测设备，组成简单，但选用的元器件要严格符合质量要求。

闭环控制系统的优点是充分发挥了反馈的重要作用，排除了难以预料或不确定的因素，使校正更准确，但缺少开环控制的预防性，即在控制过程中造成不利后果后才采取纠正措施。闭环控制系统具有抑制干扰的能力，对元器件特性变化不敏感，能改善系统的动态响应特性。因此，闭环控制系统一般广泛应用于对控制过程要求比较高的场合。

二、接触器控制系统

1. 三相异步电动机的工作原理

三相异步电动机的工作原理基于电磁感应定律和能量转换原理。当三相交流电通过定子绕组时，会产生旋转磁场，该旋转磁场切割转子绕组，从而在转子绕组中产生感应电流（转子绕组是闭合通路），载流的转子导体在磁场中受到电磁力的作用，从而产生电磁转矩，驱动电动机旋转。

旋转磁场的方向和速度与三相交流电的相序和频率有关，转速可以通过改变三相交流电的频率来调节，还可以通过改变电动机的极对数来改变转速。

三相异步电动机由定子（固定部分）、转子（旋转部分）、轴承等构成，如

图 4–47 所示。定子主要由定子铁芯、定子绕组、机座、端盖等组成；转子主要由转轴、转子铁芯和转子绕组等组成。

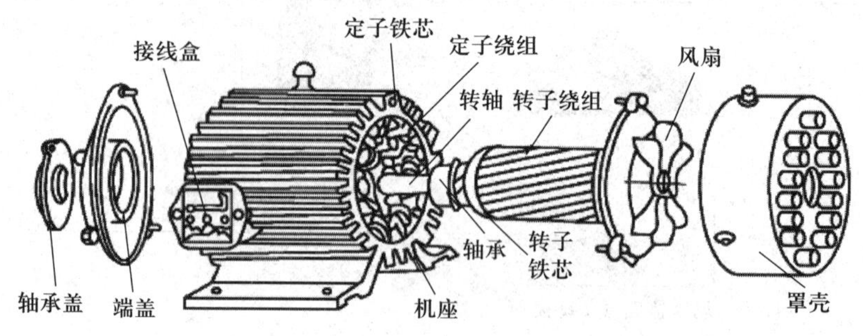

图 4–47　三相异步电动机结构

如图 4–48 所示是额定电压 380 V，额定转速 1 000 r/min，极对数为 3 的三相异步电动机，可按照实际需求进行星形联结，接线盒内的接线示意图如图 4–49 所示。

图 4–48　三相异步电动机

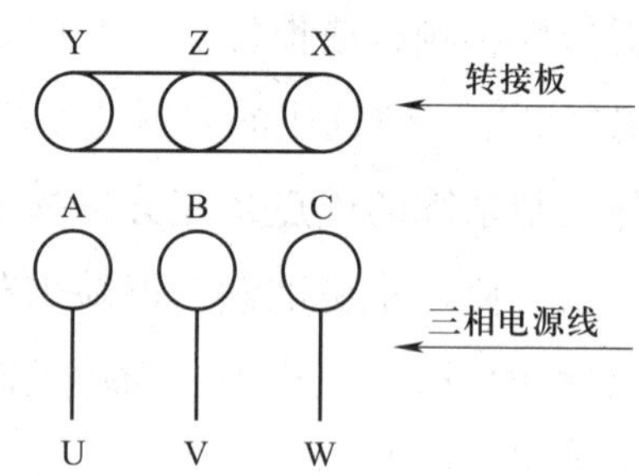

图 4–49　接线盒内的接线示意图

星形联结的三相交流电源，A 相电压初始相位为 0°，B 相滞后 A 相 120°，C 相超前 A 相 120°。三相交流电满足频率相同的条件时，可以使用旋转矢量法表示三相交流电，如图 4–50 所示。相量图中带箭头线段的长度代表三相交流电幅值，与横轴正半轴的夹角为当前三相交流电的相角。

ABC 三相电压的表达式为：

$$u_A=u_A\sin(\omega t)$$

$$u_B=u_B\sin(\omega t-\frac{2\pi}{3})$$

$$u_C=u_C\sin(\omega t+\frac{2\pi}{3})$$

t=0 时，三相交流电形成的电势 $u_{CB}>0$，因此电流从 C 流向 B。流入电流画 ×，流出画 ·，电流流向标注如图 4–51 所示。此时所形成的磁场方向如图 4–52 所示。

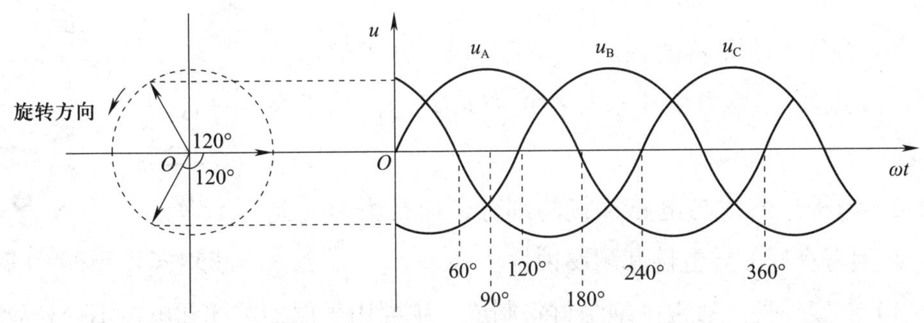

图 4–50　三相交流电波形图与相量图

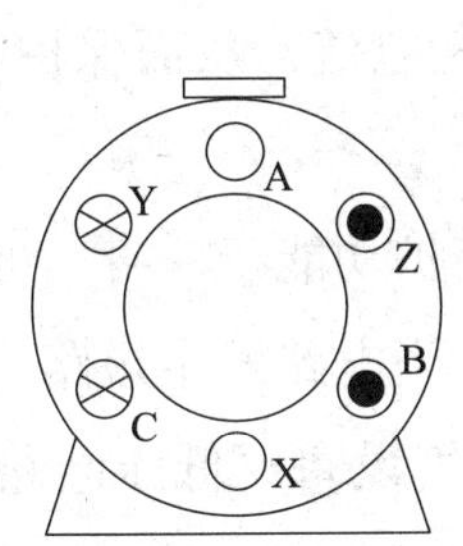

图 4–51　绕组电流流向标注示意图

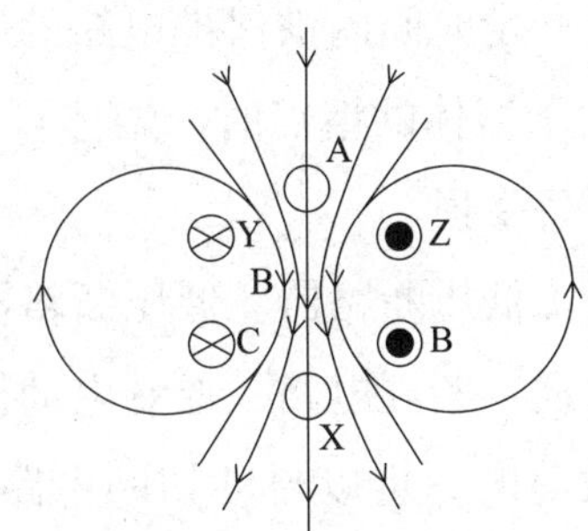

图 4–52　ωt=0 时电动机磁场方向

同理，ωt=60°、120°、180° 时所形成的磁场方向如图 4–53 所示。

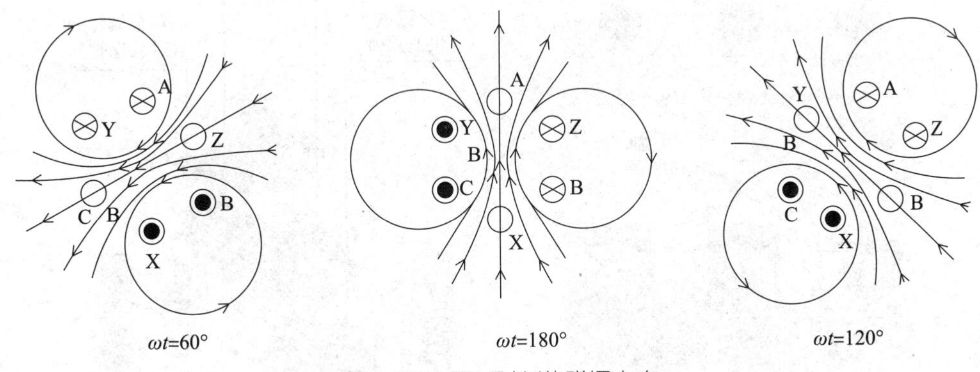

图 4–53　不同时刻的磁场方向

当电压经过 1/3 周期的变化时（ωt=120° 时），磁场也会相应旋转 120°。同理，当电压经过一个周期的变化，形成的感应磁场也旋转了一周。由此可得，三相异步电动机的定子绕组在通入三相交流电后会在其转轴位置形成连续的旋转磁场，并且该磁场的旋转周期与电源周期相同。

2. 常用的低压电器

（1）熔断器（保险丝）。熔断器实物如图 4–54 所示，主要由以下三个部分组成。

1）熔体。熔断器的核心，由铅、锡、锑等低熔点金属材料制成，熔点低于被保护电路可能达到的最高温度。

2）电极。熔体与电路连接的部分，通常由金属制成，必须有良好的导电性和耐腐蚀性。

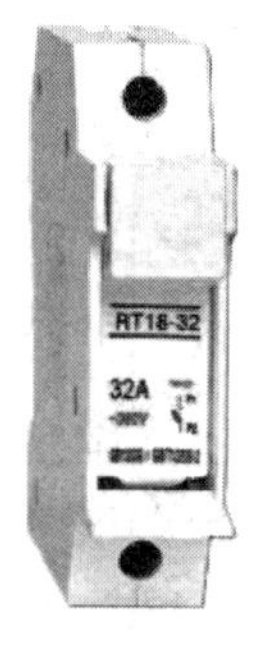

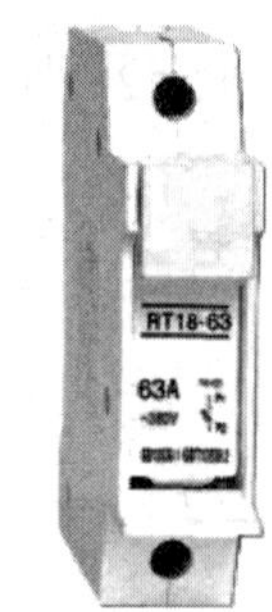

图 4–54　熔断器实物

3）支架外壳。通常由绝缘材料制成，主要用于保护熔体和电极不受外界环境的影响，同时也便于安装和更换。

当一定时间内被保护电路的电流迅速升高，产生的热量也会急速上升，当温度大于熔体的熔点时，熔体自身便会熔断以切断电流，从而保护电路安全，避免设备受损。

（2）低压断路器。低压断路器集控制和多种保护功能于一身，可用于不频繁地接通、断开电路，控制电动机的运行和停止。当电路发生短路、过载、失压等故障时，可以自动切断电路，保护线路和电气设备。低压断路器实物如图 4–55 所示，内部结构如图 4–56 所示。

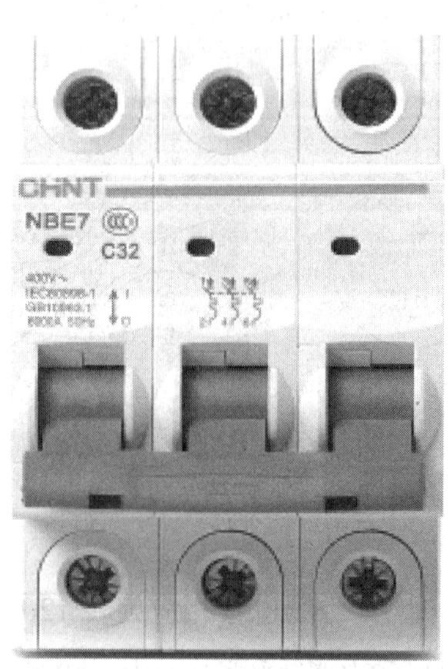

图 4–55　低压断路器实物

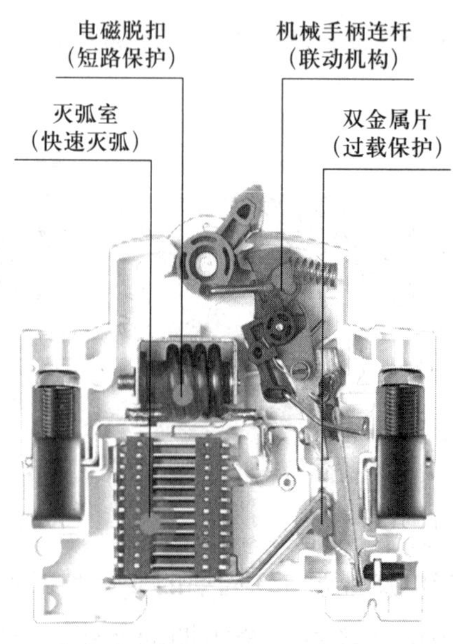

图 4–56　低压断路器内部结构

低压断路器具有操作安全，安装、使用方便，工作可靠，动作值可调，分断能力较强，兼顾多种保护等优点，因此得到广泛应用。

正常情况下，过电流脱扣器的衔铁是释放着的；一旦发生严重过载或短路故障时，与主电路串联的线圈将产生较强的电磁吸力把衔铁往下吸引而顶开锁钩，使主触点断开。

（3）漏电保护器。漏电保护器是一种用于保护人身安全和设备安全的电气元件。它利用电流互感器检测出穿过漏电保护器相线和零线电流的大小，将其与设定的漏电动作电流值进行比较，如果电流超过了设定值，就会立即切断电路，从而起到保护作用。漏电保护器实物如图 4–57 所示。

按脱扣器的工作原理不同，漏电保护器有电压动作型和电流动作型两种。电流动作型漏电保护器由零序电流互感器、放大器、断路器和脱扣器四个主要部件组成。设备正常运转时，主电路电流的相量和为零，零序电流互感器的铁芯中无磁通，其二次侧无电压输出。若设备漏电或发生单相接地故障，由于主电路电流的相量和不再为零，则零序电流互感器的铁芯中产生磁通，其二次侧有电压输出，经放大器放大后，输入脱扣器，使断路器跳闸，从而切断故障电路，避免人员发生触电事故。漏电保护器结构如图 4–58 所示。

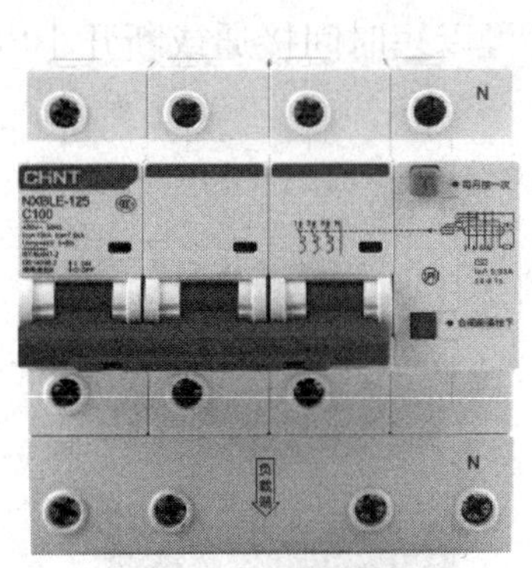

图 4–57　漏电保护器实物

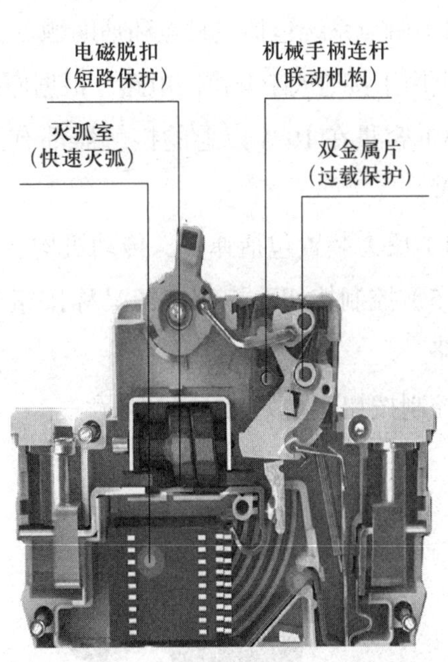

图 4–58　漏电保护器结构

（4）接触器。接触器（见图 4–59）是一种中间控制元件，可频繁地接通和开断电路，以小电流控制大电流，配合热继电器工作还能对负载设备起到一定的过载保护作用。

图 4–59　接触器

电磁式接触器是接触器的一种，由电磁机构、触点系统、灭弧装置、反力装置等部分组成。

1）电磁机构由电磁线圈、铁芯和衔铁组成。电磁机构的功能是操作触点的闭合和断开。

2）触点系统包括主触点和辅助触点。主触点用于通断电流较大的主电路。辅助触点用于接通或断开控制电路，根据原始状态不同可分为常开触点和常闭触点。

3）容量在 10 A 以上的接触器都有灭弧装置，常采用纵缝灭弧罩及栅片灭弧装置。

4）反力装置包括弹簧、传动机构、接线柱及外壳等。

（5）控制按钮。控制按钮又称按钮开关，可以短时间接通或断开小电流控制电路。

控制按钮实物如图 4–60 所示。

图 4–60　控制按钮实物

3. 三相异步电动机控制电路

（1）点动控制电路。点动控制较为简单，电气原理图如图 4–61 所示。只需要控制按钮与交流接触器即可完成对电动机的控制。

当 QS 闭合后，按下控制按钮 S1 时，W 相电路形成闭合回路，线圈 KM1 得电，交流接触器的主触点闭合，电动机接入三相交流电，开始旋转。松开控制按钮时，电动机停止。熔断器对整个主电路进行过载保护。

（2）自锁控制电路。在点动控制基础上，将交流接触器的常开触点与控制按钮 S1 并联，再整体与控制按钮 S2 串联，电气原理图如图 4–62 所示。

当 QS 闭合后，按下控制按钮 S1，W 相电路形成闭合回路，线圈 KM1 得电，交流接触器的主触点闭合，电动机接入三相交流电，开始旋转。与此同时，交流接触器的常开触点 KM1.1 闭合，控制按钮 S1 被 KM1.1 短路，形成自锁。当控制按钮 S2 被按下时，整个控制回路失电，线圈恢复初始状态，电动机停止。

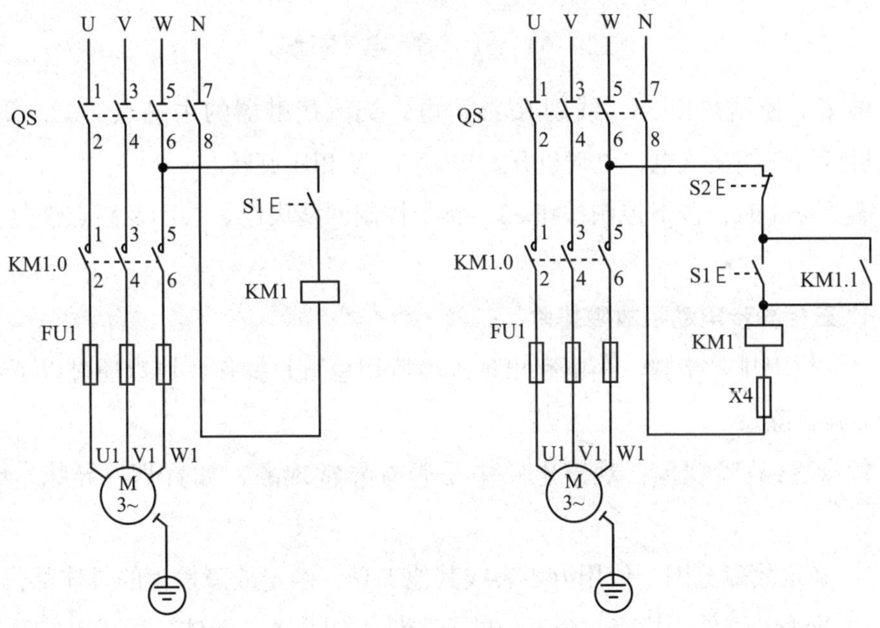

图 4–61　点动控制电气原理图　　　图 4–62　自锁控制电气原理图

（3）正反转控制电路。在自锁控制基础上再添加一组交流接触器 KM2，接线如图 4–63 所示。

当 QS 闭合后，按下控制按钮 S1，W 相电路形成闭合回路，线圈 KM1 得电，交流接触器的主触点 KM1.0 闭合，电动机接入三相交流电，电动机开始按 U–V–W 相序旋转。

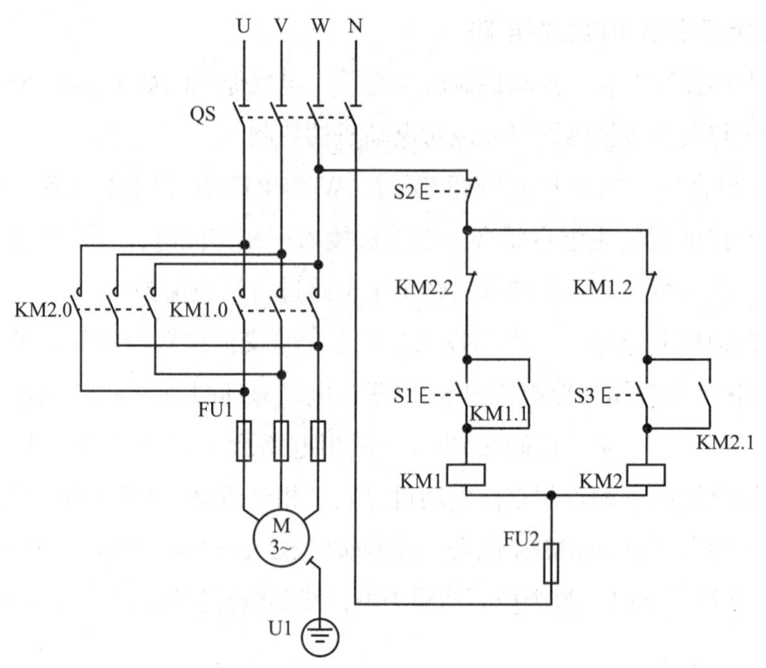

图 4–63　正反转控制电气原理图

再按下控制按钮 S3，线圈 KM2 得电，交流接触器的主触点 KM2.0 闭合，电动机接入三相交流电，电动机开始按 U–W–V 相序旋转。

需要停止时，按下控制按钮 S2，整个控制回路失电，线圈及触点恢复初始状态。

4. 三相异步电动机故障排除

（1）故障排除步骤。当电路出现故障后切忌盲目操作，可以通过以下步骤进行故障排除。

1）观察故障现象：观察电路中是否有异常现象，如冒烟、异味、电火花等。

2）确定故障范围：使用万用表或其他工具，确定故障发生的具体部位。

3）检查元器件：检查故障部位的元器件，如开关、熔体、导线等，看是否存在损坏或接触不良的情况。

4）更换元器件：如果确认某个元器件损坏，须及时更换新的元器件。

5）重新测试：重新测试电路，确保故障已经排除。

（2）检查方法。检查方法可分为断电检查和带电检查两种。

1）断电检查。当发生故障后，为了人身和设备的安全，在断开电源的情况下逐一检查。检查时，不要盲目地拆卸元器件，否则可能会扩大故障范围。故障检查优先顺序见表 4–5。

表 4–5 故障检查优先顺序

优先检查项	扩大检查项
先检查容易检查的部位	后检查较难检查的部位
先排除简单、常见的故障	后用复杂、精准的方法检查疑难故障
先检查重点怀疑的部位和元件	后检查一般部位和一般元件
先检查电源	后检查负载
先检查控制电路	后检查主电路
先检查交流电路	后检查直流电路
先检查启停电路	后检查可逆运行、调速、控制电路
先检查电气设备的活动部分	后检查静止部分

电阻法断电检查如图 4–64 所示。

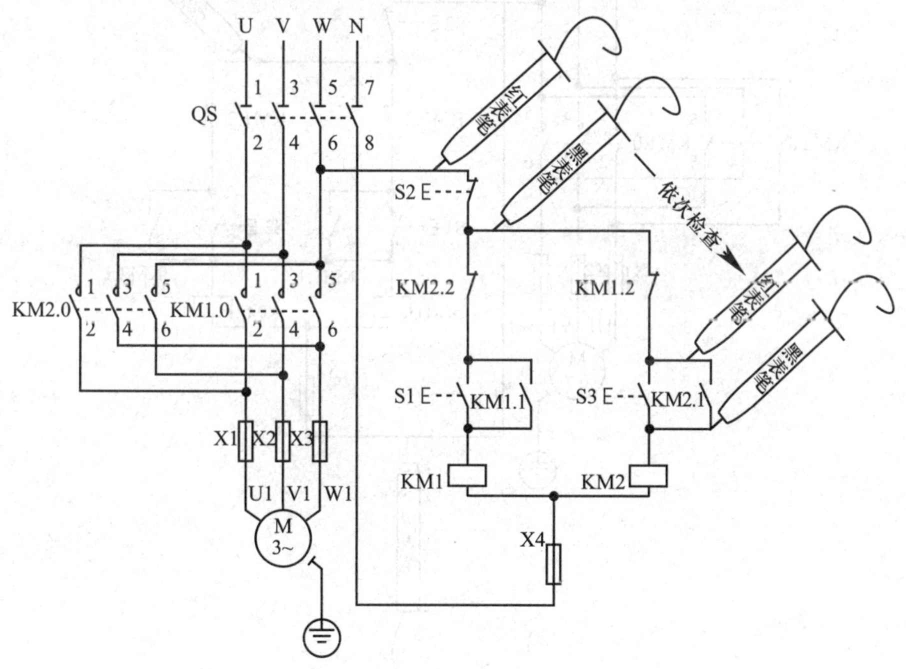

图 4–64 电阻法断电检查示意图

①检查导线。将万用表打到蜂鸣挡，表笔搭在导线两端，若蜂鸣响起则表示导线正常。

②检查元器件。手动使元器件处于断开状态，万用表的表笔搭在该元件的

同相进出线两端，若万用表蜂鸣响起则表示该元器件发生短路，其内部结构损坏；闭合开关，若万用表不蜂鸣则表示该元件断路。这两种故障都可以通过更换新元件来解决。

2）带电检查。断电检查后仍未检查出问题时，可对电气设备进行通电后检查。将整个电路分为几个部分，配上合适的熔断器，对各部分分别通电。通电时要动作迅速，尽量减少通电观察时间。

电压法带电检查如图 4–65 所示。让被检查部分带电，未检查部分尽量不带电。对于异常断路的故障，将万用表打到交流电压最大挡位，黑表笔放置在零线上，红表笔依次触及控制电路任一位置进行测量，有电压则表明该点正常，无电压则说明该点已经断路。

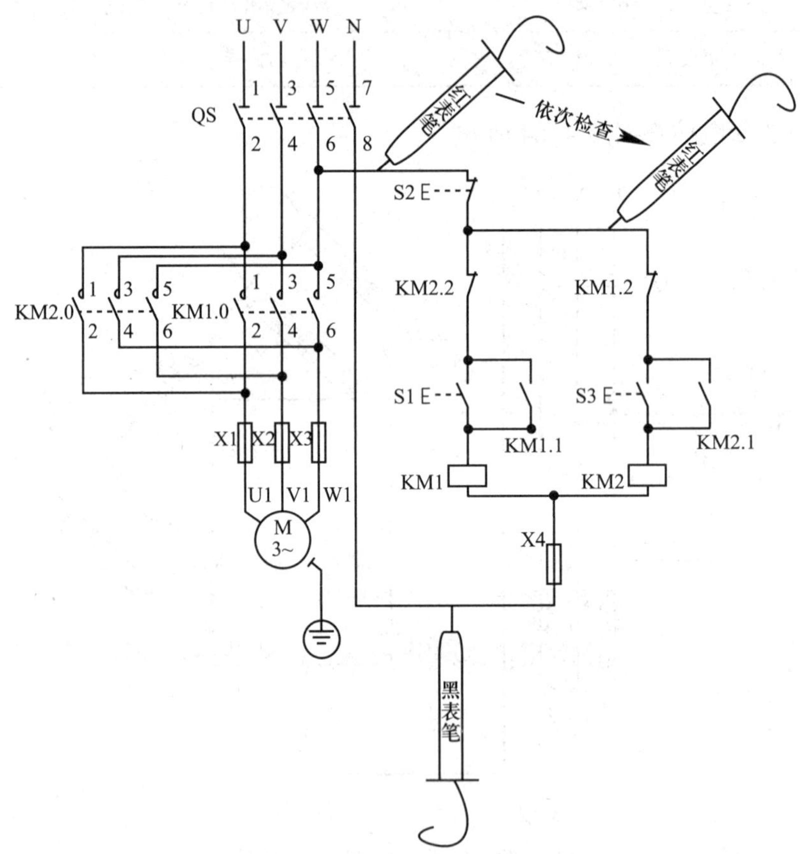

图 4–65　电压法带电检查示意图

培训课程 4

工业通信技术基础知识

一、工业自动化控制系统

1. 工业自动化控制技术发展趋势

工业自动化控制技术发展史如图 4–66 所示。

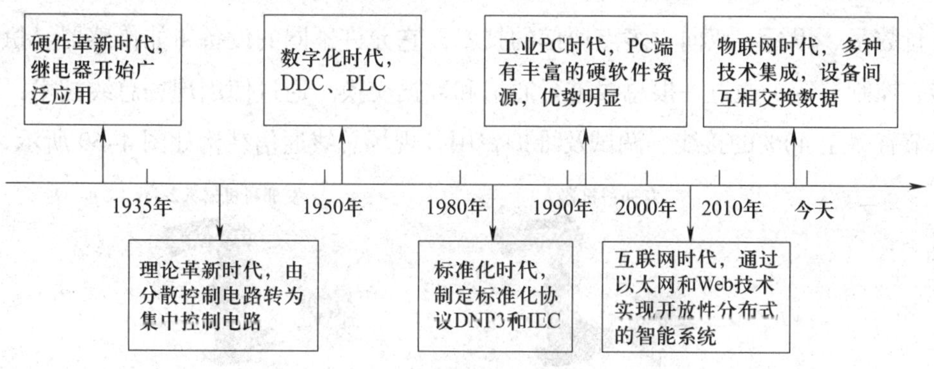

图 4–66 工业自动化控制技术发展史

2. 常用控制系统

现场总线控制系统（fieldbus control system，FCS）和分布式控制系统（distributed control system，DCS）都是工业自动化领域中常用的控制系统。

（1）FCS 是一种基于现场总线技术的控制系统，它将控制功能分散到现场设备中，通过现场总线进行通信和数据交换。FCS 具有开放性、数字化、分散性、智能化等特点，可以实现设备的智能化和网络化，提高系统的可靠性和灵活性。FCS 通信结构如图 4–67 所示。

（2）DCS 将控制功能分散到多个控制站中，通过网络进行通信和数据交换。DCS 具有集中管理、分散控制、冗余设计等特点，可以实现大规模、复杂系统的控制和管理。DCS 通信结构如图 4–68 所示。

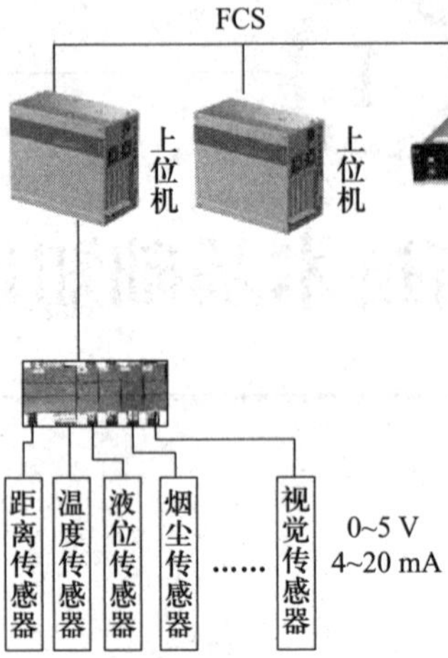

图 4–67　FCS 通信结构

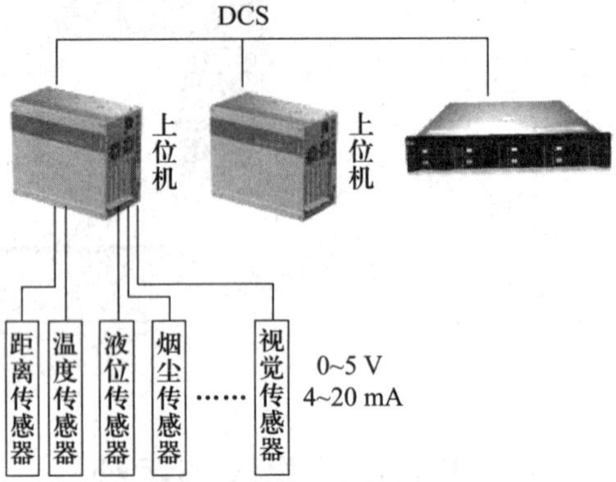

图 4–68　DCS 通信结构

3. 现场总线技术

现场总线是一种用于控制系统和工业现场，在传感器、执行器等设备之间进行数字、串行、双向、多点通信的技术，它允许不同的设备（如传感器、执行器、控制器等）通过一根总线进行通信和数据交换。通过使用现场总线技术，可以节省多至 40% 的接线、调试及维护费用。现场总线通信结构如图 4–69 所示。

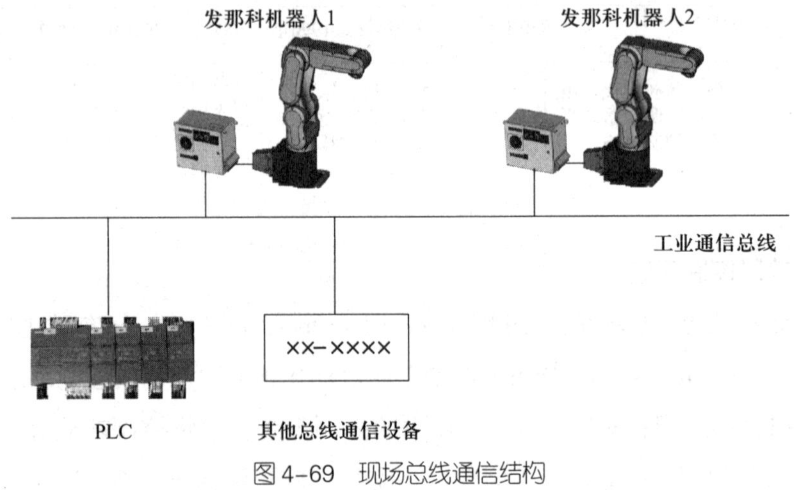

图 4–69　现场总线通信结构

二、现场总线通信特点及应用

1. Modbus 通信协议

Modbus 是一种用于工业自动化领域的通信协议，它允许不同设备之间通过串行通信或以太网进行数据交换。

（1）特点

1）Modbus 比其他通信协议使用得更广泛。主要原因有：公开发表且无版权要求；易于部署和维护；对供应商来说，修改移动本地的比特或字节限制较少；Modbus 允许多个（大约 240 个）设备连接在同一个网络上进行通信。

2）Modbus 是使用主从关系实现请求 – 响应的协议。一般步骤如下：

①主设备发送请求：主设备向从设备发送一个请求，请求中包含需要从设备执行的操作或获取的数据。

②从设备接收请求：从设备接收到主设备的请求后，解析请求并执行相应的操作。

③从设备发送响应：从设备完成请求的操作后，将响应发送给主设备。响应中包含操作的结果或主设备所需的数据。

④主设备接收响应：主设备接收到从设备的响应后，解析响应并根据响应内容进行后续处理。

3）Modbus 在数据传输和通信过程中具有一定的安全性，可以通过设置密码、加密等方式来保护数据的安全。Modbus 还可以与其他安全设备和系统进行集成，提供更高级别的安全保护。

相关链接

Modbus 通信协议包括 Modbus RTU 和 Modbus TCP 两种通信方式。Modbus RTU 是基于串口通信的协议，适用于小规模的设备通信；Modbus TCP 是基于以太网通信的协议，适用于大规模的设备通信。

Modbus RTU 通信特点见表 4–6。

表 4–6　Modbus RTU 通信特点

特点	说明
速率	Modbus RTU 采用二进制码来表示数据，传输效率高，并且可以支持较高的通信速率，最高可达 115.2 kbps
简易性	Modbus RTU 协议的指令和格式都非常简单明了，易于理解和使用，在应用中具有广泛的适用性

续表

特点	说明
灵活性	Modbus RTU 不仅可以支持串行通信，还可以通过网关和路由器实现 TCP/IP 网络连接
数据完整性	Modbus RTU 协议在数据传输过程中采用 CRC 码校验，可以保证数据的完整性，避免因为传输出错而导致的数据丢失
节点数量	Modbus RTU 最多可以支持 256 个节点，方便扩展和管理节点

（2）应用

1）数据传输层面。Modbus 的数据传输方式主要有单点传输和批量传输两种。单点传输是指逐个读取或写入数据，适用于少量数据的传输；批量传输是指一次读取或写入多个数据，适用于大量数据的传输。Modbus 的数据传输速率较快，可以满足工业自动化领域中对实时性要求较高的应用场景。

2）网络拓扑结构层面。Modbus 的网络拓扑结构主要有总线型和星型两种。总线型结构将各个从设备连接在一条总线上，通过主站进行控制和管理；星型结构将各个从设备连接在一个集线器或交换机上，通过主站进行控制和管理，通信结构如图 4–70 所示。

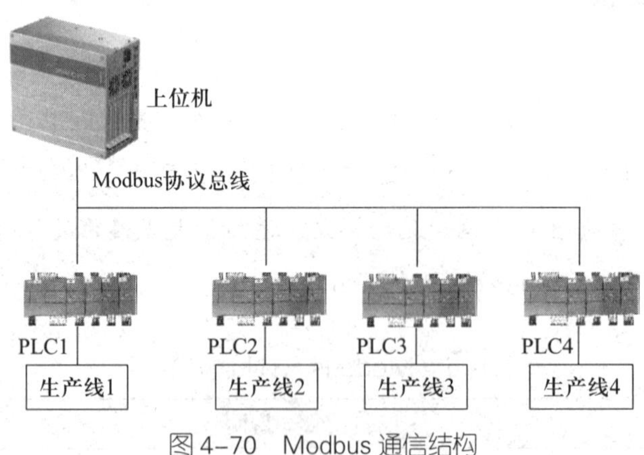

图 4–70　Modbus 通信结构

Modbus 网络拓扑结构可以根据实际需求进行选择，灵活方便。Modbus 在 PLC 中的通信指令如图 4–71 所示。

2. PROFIBUS 通信协议

（1）分类。PROFIBUS 根据应用特点和用户需求不同，可分为 PROFIBUS–

DP、PROFIBUS-PA 和 PROFIBUS-FMS。

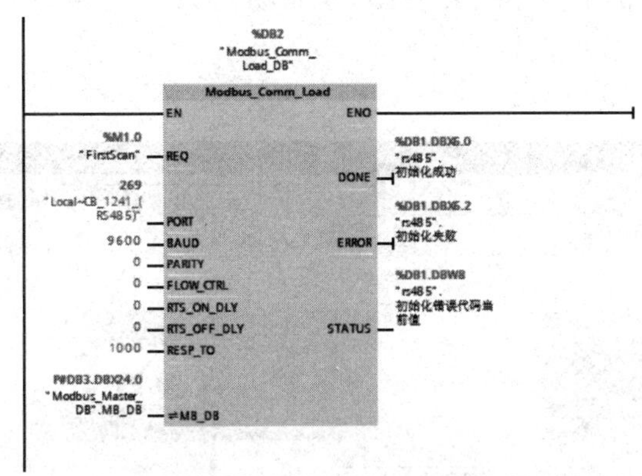

图 4-71　Modbus 通信指令

PROFIBUS-DP 是一种高速、低成本，用于设备级控制系统与分散式 I/O 之间的通信。PROFIBUS-DP 总线结构如图 4-72 所示。

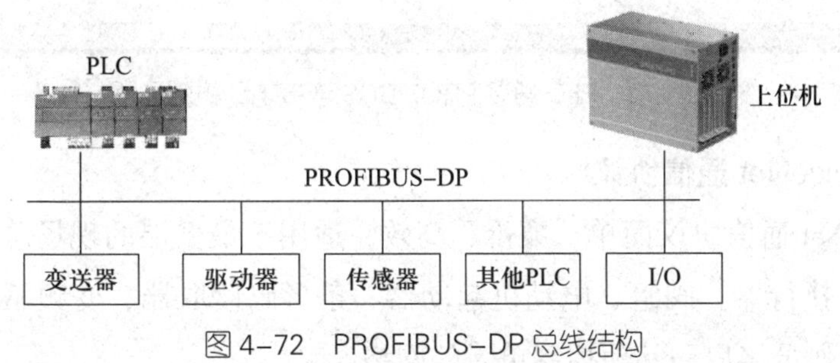

图 4-72　PROFIBUS-DP 总线结构

（2）特点

1）高速传输：总线的数据传输速率可达 12 Mbps，能够满足实时控制的要求。

2）灵活性高：总线采用主从方式进行通信，区分主站设备和从站设备。从站设备可以灵活配置，以满足不同的应用需求。

①主站设备。控制总线上的数据交换；被允许不需要外部请求就可以发送信息。

②从站设备。不具备访问总线的能力；典型的从站设备是一种输入输出设备，如阀门、执行器等。

③关系。主站设备循环地从各从站设备读取输入信息，循环地把输出信息写入到各从站设备。

（3）应用。很多一体化步进电动机驱动器都支持 CAN 协议控制，例如西门子 CPU314C-2PN/DP 支持 PROFIBUS 现场协议，可以便捷地进行控制，如图 4-73 所示。

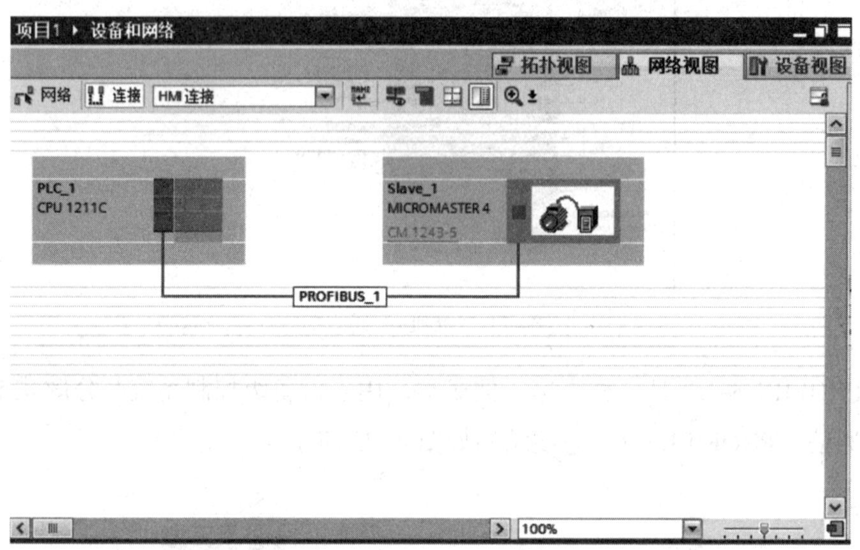

图 4-73　PLC 通过 PROFIBUS 连接电动机驱动器

3. DeviceNet 通信协议

DeviceNet 通信协议简单、廉价、高效，适用于最低层的现场总线，例如过程传感器、执行器、阀组、电动机起动器、条形码读取器、变频驱动器、面板显示器、操作员接口和其他控制单元的网络。

（1）特点

1）DeviceNet 网络最大可以操作 64 个节点，可用的通信波特率包括 125 kbps、250 kbps 和 500 kbps 三种。

2）设备可由 DeviceNet 总线供电（最大总电流 8 A）或使用独立电源供电。

3）DeviceNet 网络电缆传送网络通信信号，并可以给网络设备供电。

4）DeviceNet 是一种串行通信链接，可以减少昂贵的硬接线。DeviceNet 所提供的直接互连性不仅改善了设备间的通信，而且同时提供了相当重要的设备级诊断功能，这是通过硬接线 I/O 接口很难实现的。

（2）应用。西门子 S7-1200 PLC 可通过 Anybus 模块与 ABB 机器人 DeviceNet 进行主从通信。Anybus 模块可以做 DeviceNet 主站，ABB 机器人做 DeviceNet 从站。通过 Anybus 模块实现间接通信的控制结构如图 4-74 所示。

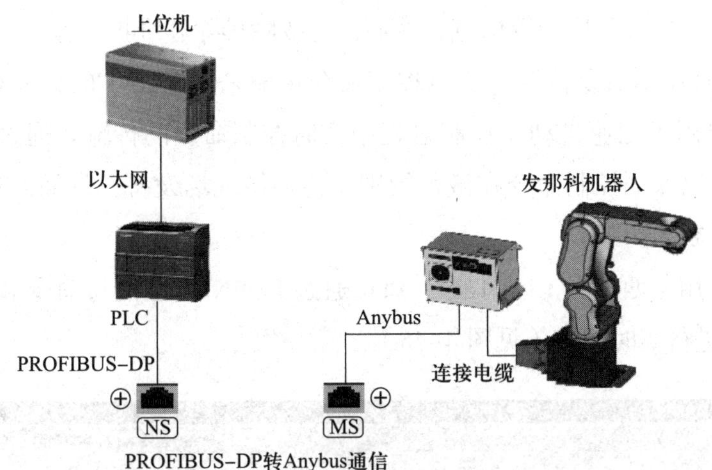

图 4-74　通过 Anybus 模块实现间接通信的控制结构

三、工业以太网通信特点及应用

1. ProfiNET 通信协议

（1）特点

1）实时性：ProfiNET 支持时间同步和精确的控制周期，可以在微秒级别内完成数据传输和控制命令传递，保证了现场数据的实时性和可靠性。

2）可扩展性：ProfiNET 可以灵活地组织和管理设备及网络拓扑结构，支持多种不同的拓扑结构和设备类型，可以方便地进行系统和设备的扩展和更新。

3）安全性：ProfiNET 支持多种安全机制和加密方式，可以有效地保护数据的机密性和完整性。

4）开放性：ProfiNET 采用标准以太网作为物理层和数据链路层，与其他标准以太网设备具有兼容性和互操作性，同时也支持通用的应用层协议，可以方便地进行系统和设备的集成。

（2）通信方式。ProfiNET 支持三种不同的通信方式，分别是 IO 数据交换、参数和诊断数据交换以及实时控制命令传输。

1）IO 数据交换。IO 数据交换是 ProfiNET 最常用的通信方式，主要用于现场设备之间的数据交换和控制。通过 ProfiNET 网络，现场设备可以直接与上位机进行数据交互，从而实现高速、可靠和实时的控制和监测。

2）参数和诊断数据交换。参数和诊断数据交换是指 ProfiNET 网络中设备之间进行参数和状态信息交换的一种通信方式。通过这种方式，设备可以了解彼此的状态、配置和性能等信息，从而进行故障排除和维护工作。

3）实时控制命令传输。实时控制命令传输是 ProfiNET 的另一种重要通信方式，主要用于工业自动化控制过程中实时控制命令的传输。通过这种方式，ProfiNET 可以保证控制命令在微秒级别内传输给现场设备，从而对现场设备实现高效的控制和调节。

（3）应用。西门子 CPU 1211C PLC 通过 ProfiNET 通信与命令和信号设备、分布式 IO 进行实时通信（见图 4–75）。

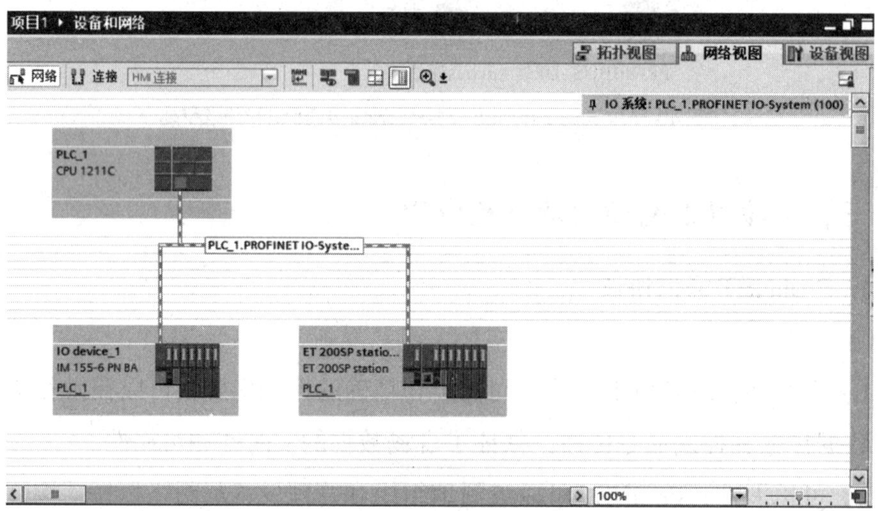

图 4–75　ProfiNET IO 通信

2. Modbus TCP 通信协议

（1）特点。Modbus TCP 通信协议特点见表 4–7。

表 4–7　Modbus TCP 通信协议特点

特点	说明
可通过以太网进行通信	与 S7Comm 等协议相比，可以在子网之间路由数据包
具有内置诊断功能	如果两个设备之间的通信中断，用户可以收到一条错误消息提醒
可与优化数据块配合使用	Modbus TCP 是一种相对现代的协议，它可以与 TIA Portal 中的优化数据块配合使用，是利用 S7–1200 和 S7–1500 控制器技术创新项目的理想选择

（2）应用。西门子 S7–1214C PLC 单站系统通过 CPU 集成 PN 口作为 Client 进行 Modbus TCP 通信，其通信指令如图 4–76 所示。

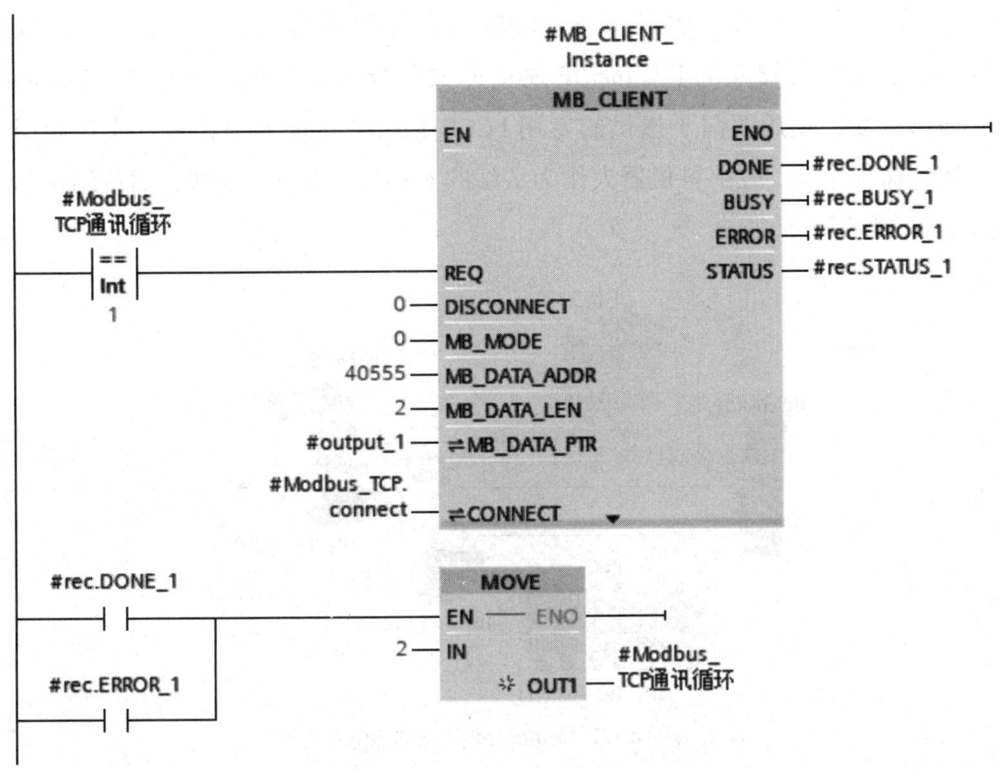

图 4-76　ModbusTCP 通信指令

3. Ethernet/IP 通信协议

Ethernet/IP 是一种基于以太网的工业通信协议，用于将工业设备连接到以太网进行数据交换。

（1）特点

1）高速传输：Ethernet/IP 利用以太网的高速传输能力，可以实现快速的数据传输和响应。

2）开放性：Ethernet/IP 是一种开放的通信协议，不同供应商的设备可以进行互操作，促进了设备的集成和兼容性。

3）可靠性：Ethernet/IP 采用了冗余和容错机制，提高了通信的可靠性和稳定性。

4）可扩展性：Ethernet/IP 支持多种网络拓扑结构和设备数量，可以方便地扩展网络规模。

5）实时性：Ethernet/IP 具有实时通信功能，满足工业控制系统对实时性的要求。

（2）应用。例如，西门子 S7-1200 与发那科机器人进行 Ethernet/IP 通信。将发那科机器人的 Ethernet/IP 通信库文件导入 TIA 博途内配置 Ethernet/IP 通信模块，使用西门子提供的专用 LCCF_EnetScanner 通信模块，实现西门子 PLC 作为主站、发那科机器人作为从站的 Ethernet/IP 通信连接，通信结构如图 4-77 所示。

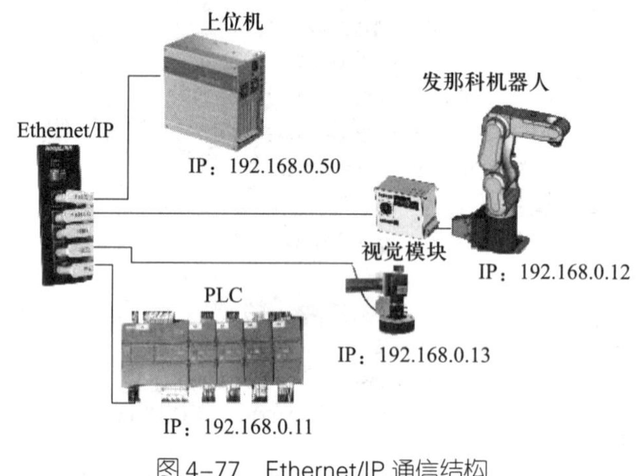

图 4-77　Ethernet/IP 通信结构

四、工业无线通信特点及应用

1. WLAN 通信协议

无线局域网（wireless local area network，WLAN）通信，是一种使用无线电波进行数据传输的网络技术，它允许设备在无须物理连接的情况下通过无线的方式连接到局域网。

（1）特点。WLAN 通信优点见表 4-8。

表 4-8　WLAN 通信优点

特点	说明
便携	用户可以在任何地方连接到网络
灵活	WLAN 可以覆盖不适宜布线的区域，如历史建筑物、园区等
易用	用户可以使用不同的设备（如笔记本电脑、智能手机、平板电脑）轻松地接入 WLAN
便于管理	WLAN 设备的管理和配置相对容易，可以实现远程管理和定位
低成本	WLAN 不需要使用网络电缆和物理接口，可以降低成本

WLAN 通信缺点见表 4–9。

表 4–9 WLAN 通信缺点

缺点	说明
安全性差	由于数据传输采用无线电波，这种技术更容易受到黑客和网络攻击，需要采取安全措施和加密技术
易受干扰	在干扰强的环境中，如高噪声、频繁移动设备的场景，无线信号可能会受到严重的干扰，导致网络性能下降
距离受限	由于信号强度会随距离的增加而逐渐降低，因此 WLAN 会受到距离限制，在距离较远的位置可能会出现信号弱化
带宽有限	与使用有线网络相比，WLAN 提供的带宽通常更低，因此在某些场景下可能无法满足高吞吐量和高速连接的需求，如数据中心等

（2）应用。在车身、发动机和传动系统集中的生产单元中，通过工业 WLAN 控制机器人；通过物流中重载高架单轨的无线网络控制机器人。

2. 蓝牙通信协议

蓝牙技术是一种短距离无线通信技术，用于在设备之间进行数据传输和连接。

（1）特点

1）优点。蓝牙技术的优点在于功耗非常低，可以保证依赖电池供电的设备正常工作，而且价格低廉，对一些低成本设备非常友好。蓝牙技术还可以同时管理数据和传输声音，延时也比较短，在一些需要大量传输数据的设备上使用效果非常好。

2）缺点。蓝牙技术的缺点主要体现在传输距离和传输速率上，距离有限，速率不如 Wi–Fi，而且不同设备之间部分协议不兼容。如果需要确保数据的连续性和可用性，那么还需要本地数据保持一致的记录。

（2）应用。西门子 S7–200 smart PLC 系列是西门子 S7–200 PLC 系列的加强版，与 S7–200 相比，它在性能、硬件配置和软件组态方面都有提高，并且支持自由串口通信，可以利用自由通信功能配合蓝牙外设完成 PLC 的蓝牙通信功能。

3. ZigBee 通信协议

ZigBee 是一种低功耗、低成本、低速率的短距离无线通信技术，主要用于物联网和智能家居等领域。

（1）特点。ZigBee 通信特点见表 4–10。

表 4–10　ZigBee 通信特点

特点	说明
低功耗	在低功耗待机状态下，两节 5 号干电池可以使用 6 ~ 24 个月，避免了频繁充电或更换电池
低速率	ZigBee 以 20 ~ 250 kbps 的较低速率工作，满足低速率数据传输的要求
延迟短	ZigBee 的响应速度快，从睡眠状态切换到工作状态通常仅需要 15 ms，节点访问网络仅需要 30 ms
近距离	有效覆盖范围为 10 ~ 100 m，基本可以满足普通家庭或办公环境的需求
容量大	ZigBee 可以采用星状、片状和网状的网络结构，最多可以形成含 65 000 个节点的大型网络

（2）应用

1）网关通信。使用一个专门设计的 ZigBee 网关设备作为 PLC 与 ZigBee 设备之间的桥梁。这样，PLC 可以通过有线通信与网关设备相连，而网关设备则负责与 ZigBee 设备进行无线通信。网关设备接收来自 PLC 的指令，并将其转发给 ZigBee 设备，从而实现 PLC 与 ZigBee 设备之间的无线通信。

2）转化通信。在 PLC 设备上接入一个外部模块转换器，将 PLC 的通信接口（如 RS485）转换为 ZigBee 通信接口。这种方式可以实现 PLC 与 ZigBee 设备之间的无线连接，使得两种不同通信协议之间可以进行数据交换和传输。

4. GPRS 通信协议

通用分组无线服务（general packet radio service，GPRS）是一种基于移动通信网络的数据传输技术，它允许用户通过移动设备（如手机、平板电脑等）连接到互联网并进行数据传输。

（1）特点。优点：覆盖范围广，组网方便，设备成本低，通信速度快，支持并发通信，接入终端数量大。缺点：有时会出现通道拥堵、通信不稳定的现象，有运行费用。

（2）应用。在实际系统中，人机界面与 PLC 不在一个地区，中心计算机一般放置在办公室，而 PLC 与机器人安装在现场车间，二者之间的距离可能从几十米到几千米甚至几千千米。如果在厂区几千米范围内，可以采用无线电方案；

若距离再远，则可以采用移动 GPRS 网络，没有距离限制，比较适合远程无线通信。

相关链接

OPC 通信协议

OPC 是一种应用于工业自动化领域的通信协议和标准，可用于不同工业控制系统和设备之间的数据交换和集成。

1. 结构

（1）OPC 服务器。提供数据的 OPC 元件被称为 OPC 服务器。OPC 服务器向下对设备数据进行采集，向上与 OPC 客户应用程序通信完成数据交换。OPC 服务器支持以下两种类型的数据读取。

1）同步读写：OPC 客户端向服务器发出一个读 / 写的请求，然后不再继续执行程序，直到收到服务器发给客户机的返回值，OPC 客户端才会继续执行下面的程序。

2）异步读写：OPC 客户端向服务器发出一个读 / 写的请求，在等待返回值的过程中，可以继续执行下面的程序，直到服务器数据准备好，向客户机发出一个返回值，客户端在回调函数中处理返回值，然后结束此次读 / 写过程。

同步读写数据存取速度快，编程简单，无须回调，但需要等待返回结果。异步读写不需要等待返回值，可以同时处理多个请求。

（2）OPC 客户端。使用 OPC 服务器作为数据源的 OPC 元件称为 OPC 客户端。

2. 应用

（1）设备和系统集成。OPC 框架提供了一种通用的接口，使不同供应商的设备和系统可以无缝集成。无论是传感器、执行器、PLC 还是数据采集与监控（supervisory control and data acquisition，SCADA）系统，只要符合 OPC 标准，就可以通过 OPC 服务器和客户端进行连接和通信，实现数据的共享和交互。

（2）数据采集和监控。OPC框架可以实时采集设备和系统的数据，并将其传输到OPC客户端进行监控和分析。通过OPC框架，工程师和操作员可以实时获取设备的状态、工艺参数等信息，及时发现异常情况并采取相应措施，提高生产过程的可靠性和安全性。

培训课程 5 传感器技术与应用知识

工业机器人使用多种类型的传感器来获取环境信息和执行任务。传感器类型可以根据具体的应用需求和机器人任务进行选择和组合，以实现更精确、智能和高效的操作。

一、传感器性能指标

传感器常用性能指标见表 4–11。

表 4–11　传感器常用性能指标

序号	指标	含义
1	灵敏度	传感器的灵敏度是指传感器对输入信号变化的敏感程度或响应能力，它是衡量传感器性能的重要指标之一，常用于描述传感器对输入信号变化的检测能力和测量精度
2	线性度	传感器的线性度是指传感器输出与输入信号之间的线性关系程度，良好的线性度意味着传感器的输出与输入信号存在着准确的比例关系，可提高测量的准确性和可靠性
3	测量范围	如果需要测量较大范围的信号变化，较大的传感器灵敏度通常是更好的选择，它可以确保传感器能够检测到较小的信号变化，并提供较高的测量精度
4	精度	对于高精度要求的被测量，较小的传感器灵敏度可能更合适，较小的灵敏度意味着传感器对输入信号变化的响应更为细微，能够提供更准确的测量结果
5	重复性	重复性是指在相同工作条件下对输入信号进行多次连续测量所得结果不一致的程度
6	分辨率	分辨率是指传感器可感受到的被测量的最小变化的能力
7	响应时间	系统或设备对输入信号或请求做出响应并产生输出的时间间隔
8	抗干扰能力	系统或设备在存在干扰的环境下正常工作的能力。在各种电子设备和通信系统中，干扰可能来自其他电子设备、电磁辐射、电源噪声等

二、位置传感器

1. 电位器式传感器

电位器式传感器是一种将机械量（位移、角度、速度、加速度等）转换为电气信号的传感器。它通常由一个滑动触点和一个固定触点组成，通过触点之间的电阻变化来反映机械量的变化。

线绕式电位器式传感器（见图 4–78）的电刷移动时，其电阻以匝电阻为单位呈阶梯变化，其输出特性亦呈阶梯变化。如果这种传感器在伺服系统中用作位移反馈元件，则过大的阶跃电压会引起系统振荡，因此应尽量减小每匝的电阻值。电位器式传感器的另一个主要缺点是易磨损。它的优点是结构简单、输出信号大、使用方便等。

2. 光电传感器

光电传感器（见图 4–79）是一种将光信号转换为电信号的传感器，通常由光电元件和转换电路组成。它可以用于检测光的强度、颜色、位置等参数，并将这些参数转换为电信号输出。光电传感器的工作原理基于光电效应，把被测量的变化转换成光信号的变化，然后借助光电元件进一步将非电信号转换成电信号。

图 4–78　线绕式电位器式传感器

图 4–79　光电传感器

光电效应是指当光照射某一物体时，可以看作是一连串带有一定能量的光子轰击在这个物体上，此时光子能量就传递给了电子，并且是一个光子的全部能量一次性地被一个电子所吸收，电子得到光子传递的能量后其状态就会发生变化，从而使受光照射的物体产生相应的电效应。

3. 旋转变压器

旋转变压器（见图 4-80），又称同步分解器，是一种用于角度和角速度测量的传感器，可以将角度或角速度转换为电信号输出。

旋转变压器的工作原理基于电磁感应原理，通过电磁场的变化来测量角度或角速度。当旋转变压器的转子旋转时，其绕组中的电流会发生变化，从而产生一个与转子转角呈正弦、余弦函数关系的输出电压。通过测量输出电压的大小，可以确定转子的角度或角速度。旋转变压器主要用于高精度的检测系统。

三、角速度传感器

1. 相对式编码器

相对式编码器（见图 4-81）通过检测转子的相对位置来确定角度信息。相对式编码器通常由码盘、光源、光敏元件和信号处理电路组成。

图 4-80　旋转变压器　　图 4-81　相对式编码器

当码盘旋转时，光敏元件会检测到透过码盘缝隙的光信号，并将其转换为电信号。通过对电信号的处理，可以确定码盘的相对位置，从而得到角度信息。

2. 测速发电机

测速发电机是一种用于测量旋转物体速度的设备，它可以将机械旋转运动转换为电信号输出。

测速发电机通常由一个转子和一个定子组成。当转子旋转时，它会在定子中产生感应电动势，这个电动势的频率与转子的转速成正比，通过测量电动势的频率或脉冲数量，就可以计算出旋转物体的速度。

四、接近传感器

1. 电容式传感器

电容式传感器通常由两个金属电极构成，中间隔着一层电介质。当被测量的物理量发生变化时，会导致电介质的介电常数、厚度或面积发生变化，从而改变电容值。电容式传感器可以用于测量各种物理量，如位移、压力、加速度、液位、湿度等，具有灵敏度高、响应速度快、测量范围大、稳定性好等优点。

测位移电容式传感器（见图 4–82）可以用于测量物体的位移，这种传感器常用于机械加工、自动化生产等领域。

2. 电感式传感器

电感式传感器（见图 4–83）是一种利用电磁感应原理检测物理量的传感器，主要由线圈和铁芯组成。当被测物理量发生变化时，会引起线圈自感或互感系数的变化，从而改变线圈的电感量。电感式传感器可以用于测量各种物理量，如位移、压力、流量、加速度等，具有灵敏度高、线性度好、测量范围大、稳定性好等优点。在实际应用中，电感式传感器常用于工业自动化、汽车电子、环境监测等领域。例如，在工业生产中，电感式传感器可以用于测量物体的位置、厚度、形变等。

图 4–82　测位移电容式传感器

图 4–83　电感式传感器

3. 超声波式传感器

超声波式传感器是一种利用超声波检测物理量的传感器，可通过发送和接收超声波信号来测量物体的速度、位移等参数。

超声波式传感器通常由发射器、接收器和信号处理电路组成。发射器产生超声波信号并将其发送到被测物体上；接收器接收从被测物体反射回来的超声波信号，并将其转换为电信号；信号处理电路对电信号进行处理和分析，从而得出被测物体的相关参数。

纠偏仪（见图 4–84）是一种能够检测物体偏离某一轨迹或位置的装置，通常由传感器和控制器两部分组成。传感器利用物理现象来检测物体的位置或运动，然后将这些信息转换成电信号，供控制器处理。控制器用于处理传感器的输入信号，并根据需要输出外部设备的控制信号。

图 4–84 纠偏仪

4. 激光测距传感器

激光测距传感器（见图 4–85）是一种利用激光束测量目标距离的传感器，主要由激光发射器、接收器和处理器组成。根据光速不变原理，通过计算时间就可以得到测量目标的距离。

激光测距传感器工作时，先由激光二极管对准目标发射激光脉冲，经目标反射后向各方向散射。部分散射光返回到接收器，被光学系统接收后成像到雪崩光电二极管上。雪崩光电二极管是一种内部具有放大功能的光学传感器，它能检测到极其微弱的光信号。通过记录并处理激光脉冲从发出到返回被接收所经历的时间，即可测定目标距离。

图 4–85 激光测距传感器

五、触觉传感器

触觉是人与外界环境直接接触时的重要感觉功能，研制满足要求的触觉传感器是机器人发展的关键技术之一。随着微电子技术的发展和各种有机材料的出现，多种触觉传感器的研制方案已经被提出，但目前大多数仍处于实验室阶段，达到产品化的并不多。在机器人中模仿触觉功能的传感器如图 4–86 所示。

1. 压觉传感器

压觉传感器（见图 4–87），可分为单一输出值压觉传感器和多输出值的分布式压觉传感器。当传感器受到某一压力作用时，纤维片的阻抗发生变化，从而达到测量压力的目的。

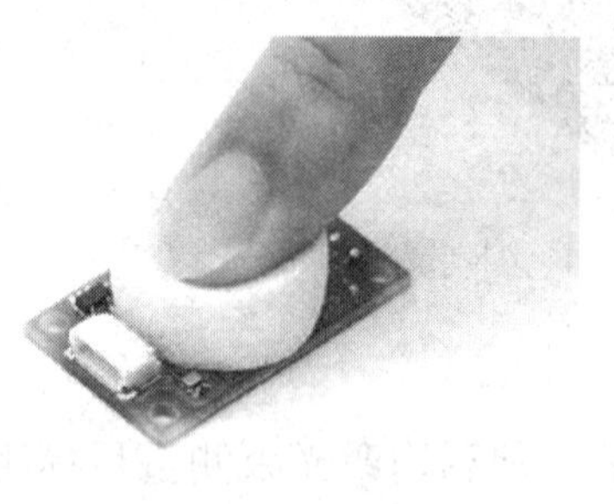

图 4–86　模仿触觉功能的传感器

图 4–87　压觉传感器

2. 滑觉传感器

为了在抓握物体时确定一个适当的握力值，需要实时检测接触表面的相对滑动，然后判断握力，并在不损伤物体的情况下逐渐增加握力。滑觉检测功能是实现机器人柔性抓握的必备条件之一。通过滑觉传感器的识别功能，可对被抓物体进行表面粗糙度和硬度的判断。

滑觉传感器按被测物体滑动方向可分为三类：无方向性、单方向性和全方向性传感器。其中，无方向性传感器只能检测是否产生滑动，无法判别方向；单方向性传感器只能检测单一方向的滑动；全方向性传感器可检测各个方向的滑动情况。滑觉传感器一般制成球形以满足使用需要。

六、力矩传感器

力矩传感器，又称扭矩传感器、扭力传感器、转矩传感器等，是一种能够测量旋转或非旋转机械部件扭转力矩的装置。它通常由敏感元件、转换元件和测量电路组成，可以将扭力的物理变化转换成电信号输出，以供测量和控制使用。

力矩传感器基本结构如图 4–88 所示，当中轴受到力的作用时，应变片会产生极为细微的扭力形变，从而影响其上的电位信号。因此，通过测量应变片的电位信号即可计算出当前扭矩的大小。

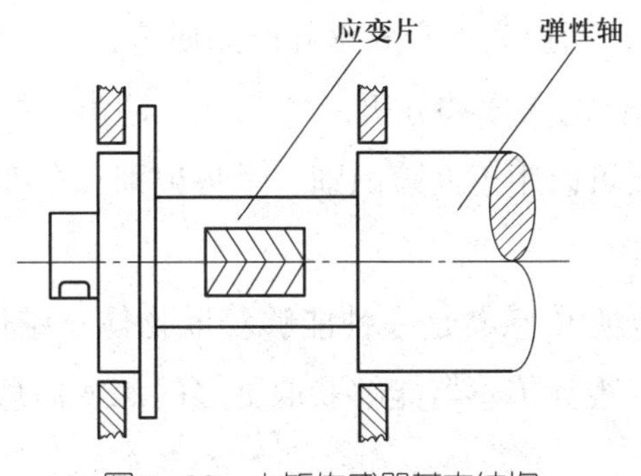

图 4-88　力矩传感器基本结构

七、视觉传感器

1. 2D 视觉传感器

（1）概念。2D 视觉传感器主要用于获取二维平面上的信息。其工作原理是通过光学镜头将场景中的光线聚焦到图像传感器上，然后将光线转换为电信号，生成原始图像。图像传感器包括电荷耦合器件和互补金属氧化物半导体等。常见 2D 视觉传感器如图 4-89 所示。

图 4-89　常见 2D 视觉传感器

（2）特点。2D 视觉传感器利用相机拍摄平面照片，通过图像分析或对比识别对象，一般用于缺失 / 存在检测、条形码和光学字符识别、基于边缘检测的各种二维几何分析，以及拟合线条、弧线、圆形及其关系。2D 视觉传感器在很大程度上由基于轮廓的图案匹配驱动，以实现部件位置、尺寸和方向的识别。

2D 视觉传感器的使用受限于被测物体的对比度，它们无法测量与背景颜色相同的物体，或在没有特定光照的情况下区分部分特征以凸显边缘的存在。

（3）应用。2D 视觉传感器广泛应用于各种领域，如工业检测、医疗诊断、安全监控等。例如，在工业检测中，2D 视觉传感器可以用于检测产品的表面缺陷、尺寸和形状等，从而提高生产效率和产品质量；在医疗诊断中，2D 视觉传感器可以用于医学影像的获取和分析，如 X 光、超声、核磁共振等；在安全监控中，2D 视觉传感器可以用于人脸识别、手势识别、车牌识别等。

2. 3D 视觉传感器

（1）概念。3D 视觉传感器是一种能够获取物体三维信息的传感器。与 2D 视觉传感器相比，3D 视觉传感器能够获取更多的深度信息，因此具有更广泛的应用前景。

3D 视觉传感器的工作原理主要是基于三角测量和飞行时间测量。三角测量是利用两台摄像机从不同的角度观察物体，通过计算两幅图像之间的差异来重建物体的三维结构。而飞行时间测量则是通过测量光线飞行时间来计算距离，从而获取物体的深度信息。3D 视觉传感器如图 4–90 所示。

图 4–90　3D 视觉传感器

（2）特点。利用 3D 视觉传感器提供的深度测量信息，由于提高了定位的准确性，使物体在传感器测量范围内任意移动都能得到较为准确的测量结果。这不仅简化了物体固定的要求，还降低了系统设计和维护的成本。3D 视觉传感器已经开始普及，可实现人脸识别、手势识别、人体骨架识别、三维测量、环境感知、避障、跟随、三维地图重建、缺陷检测等多种功能。

3D 视觉传感器的缺点：分辨率低，不能精密成像，成本高。

八、各类传感器的组合使用

在各种应用场景中，传感器的组合使用是非常常见的，这样可以充分发挥各种传感器的优势，提高测量精度和可靠性。

例如，在工业环境中，可以通过光电传感器、温度传感器、湿度传感器、图像传感器以及气体浓度传感器等不同类型传感器的组合使用，实现智能照明、智能安防、智能环境监测等功能。在自动驾驶中，运动感知类传感器与环境感知类传感器的组合使用，可以实现车辆的自主导航、障碍物识别和避障等功能。

此外，多传感器融合也是传感器组合使用的一种重要方式。多传感器融合可以综合多个传感器的信息，提高测量精度和可靠性，减小单个传感器可能引起的误差。例如，在工业检测中，可以通过多传感器的组合使用，实现产品表面缺陷、尺寸和形状等多参数的检测，从而提高产品质量和生产效率。

总之，传感器的组合使用是现代传感器技术发展的重要趋势，它能够充分发挥各种传感器的优势，实现更加智能化和自动化的应用。

培训课程 6

可编程逻辑控制器

一、可编程逻辑控制器基础

可编程逻辑控制器（programmable logic controller，PLC）是一种数字运算操作的电子系统，它是以微处理器为基础的通用工业控制装置。它采用可编程的存储器，用于内部存储执行逻辑运算、顺序控制、定时、计数和算术运算等的操作指令，并通过数字式或模拟式的输入与输出，控制各种类型的机械或生产过程。PLC 具有可靠性高、抗干扰能力强、功能完善、适用性强、编程简单、使用方便等优点，在工业控制领域得到了广泛的应用。

SIEMENS S7–1200 系列 PLC 具有极高的可靠性、丰富的指令集和内置的集成功能、强大的通信能力以及品种丰富的扩展模块，如图 4–91 所示。

图 4–91　SIEMENS S7–1200 系列 PLC

1. PLC 基本构成

PLC 是一种用于工业控制的计算机，其硬件结构与微型计算机基本相同。

（1）电源。电源用于将交流电转换成 PLC 内部所需的直流电，大部分 PLC 采用开关式稳压电源供电。

（2）中央处理器。中央处理器（central processing unit，CPU）是 PLC 的控制中枢，也是 PLC 的核心部件，其性能决定了 PLC 的性能。中央处理器由控制器、运算器和寄存器组成，这些电路都集中在一块芯片上，通过地址总线、控制总线与存储器的输入 / 输出接口电路相连。中央处理器的作用是处理和运行用户程序，进行逻辑和数学运算，控制整个系统。

（3）输入单元。输入单元是 PLC 与被控设备相连的输入接口，是信号进入 PLC 的桥梁，它的作用是接收主令元件、检测元件传来的信号。输入的类型有直流输入、交流输入、交直流输入、脉冲输入等。

（4）输出单元。输出单元也是 PLC 与被控设备之间的连接部件，它的作用是把 PLC 的输出信号传送给被控设备，即将中央处理器送出的弱电信号转换成电平信号，驱动被控设备的执行元件。输出的类型有继电器输出、晶体管输出等。

（5）通信模块。通过通信模块，可以实现程序上下载、监控以及网络通信等功能。PLC 通信模块还可以为 PLC 拓展更多的通信接口（最多 3 个模块）。常用的外部设备有编程器、人机界面、上位机、网关等。

2. PLC 工作原理

当 PLC 上电运行后，其工作过程一般分为输入处理、程序执行和输出处理三个阶段，完成上述三个阶段称为一个扫描周期。

（1）输入处理阶段。PLC 的输入单元接收来自传感器、按钮、开关等设备的数字和模拟信号，并将其转换成 PLC 可以处理的数字信号。这些信号被存入映像寄存器中，数据在此阶段被采样。即使输入信号发生变化，映像寄存器的内容也不会发生变化，只有在下一个扫描周期的输入处理阶段才能被再次采样。

（2）程序执行阶段。PLC 的 CPU 接收输入信号并根据用户编写的程序（如梯形图）进行处理。程序描述了输入信号如何被处理以及如何产生输出信号。CPU 会根据程序的逻辑逐句扫描（从上到下、从左到右）以执行程序。CPU 从输入映像寄存器中读出上一阶段采样的数据，从输出映像寄存器中读出对应映像寄存器，根据用户程序进行逻辑运算。

（3）输出处理阶段。根据上一阶段的运算结果，PLC 的输出单元产生数字和模拟信号，这些信号可以用于控制电动机、阀门、灯具等。

扫描周期是不断循环的，PLC 的 CPU 会不停地处理程序，接收输入信号、进行逻辑运算、产生输出信号，以实现自动化控制。

3. PLC 技术规格与分类

（1）按电源分类

1）直流供电型 PLC：使用直流电源供电，通常采用 24 V 直流电源。

2）交流供电型 PLC：使用交流电源供电，一般采用 110 V 或 220 V 交流电源。

（2）按输出类型分类

1）继电器输出型 PLC：输出信号通过继电器触点进行控制，适用于大功率负载和高电压应用。

2）晶体管输出型 PLC：输出信号通过晶体管进行控制，适用于小功率负载和低电压应用。

3）晶闸管输出型 PLC：输出信号通过晶闸管进行控制，适用于大功率负载和交流电源控制。

（3）按结构分类

1）整体式。整体式 PLC 将电源、CPU、I/O 接口等部件都集中装在一个机箱内，具有结构紧凑、体积小、价格低的特点。

2）模块式。模块式 PLC 将各组成部分分别做成若干个单独的模块，如 CPU 模块、I/O 模块、电源模块（有的含在 CPU 模块中）以及各种功能模块。模块式 PLC 由框架或基板和各种模块组成，模块装在框架或基板的插座上。

二、PLC 简单逻辑控制

1. 逻辑控制编程软件

TIA 博途即全集成自动化软件 TIA Portal 的简称。它是业内首个采用统一的工程组态和软件项目环境的自动化软件，几乎适用于所有自动化任务。借助该全新的工程技术软件平台，用户能够快速、直观地开发和调试自动化系统。

（1）打开 Portal V15 软件，单击“创建新项目”，在右侧窗口可以配置项目名称、路径、作者等信息，如图 4–92 所示。

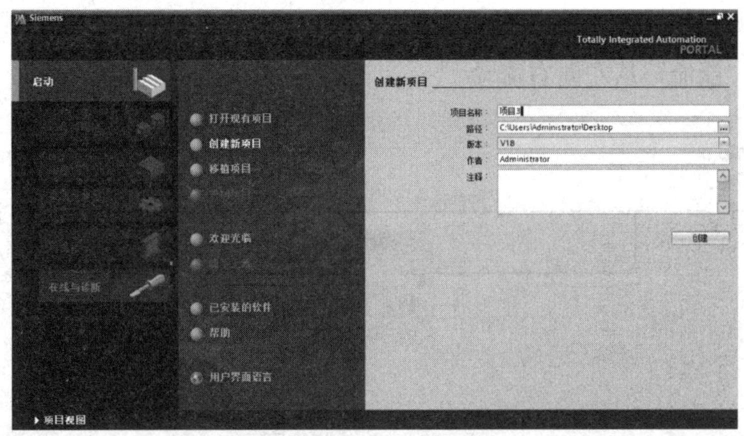

图 4–92 Portal V15 软件“创建新项目”界面

（2）项目创建完成后进入项目视图，在这里完成梯形图的编程，单击保存项目按钮，即可将程序保存在对应的路径中，如图 4–93 所示。

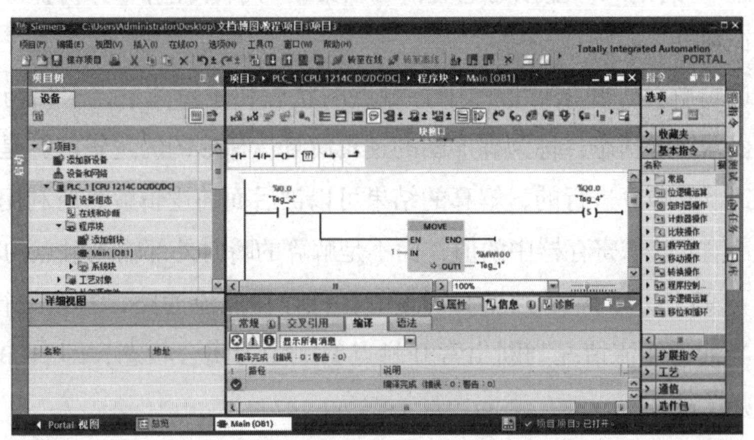

图 4–93 Portal V15 软件编程界面

2. 梯形图

梯形图是使用最多的图形编程语言，被称为 PLC 的第一编程语言。梯形图与继电器控制系统的电路图很相似，具有直观易懂的优点，很容易被相关电气人员掌握，特别适用于开关量逻辑控制。梯形图常被称为电路或程序，梯形图的设计称为编程。

（1）元素组成。梯形图由触点、线圈和指令构成。如图 4–94 所示，I0.0 代表常开触点，Q0.0 代表线圈，MOVE 代表指令。

（2）母线、能流。梯形图两侧的垂直公共线称为母线（右母线可以不画出）。在分析梯形图的逻辑关系时，为了借用继电器电路图的分析方法，可以想象左右两侧母线（左母线和右母线）之间有一个左正右负的直流电源电压，母线之间有“能流”从左向右流动。

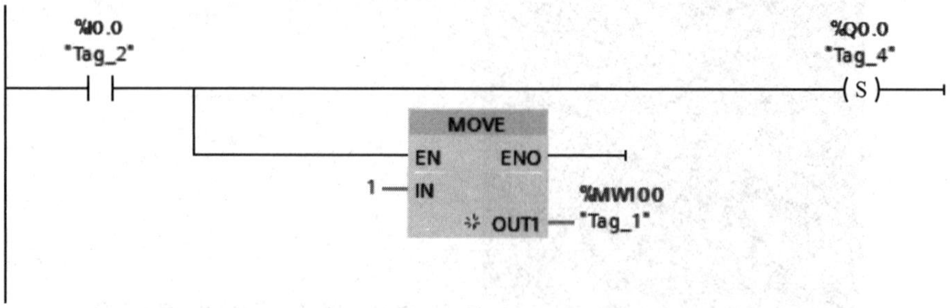

%I0.0
"Tag_2"
%Q0.0
"Tag_4"
S
MOVE
EN
ENO
1
IN
%MW100
OUT1
"Tag_1"

图 4–94　PLC 梯形图

将左右母线看作一个直流电源的正负极，左母线接正极，右母线接负极，电流沿着梯形图，从左母线流到右母线，形成一条回路，这里所谓的“电流”就是“能流”，这是一种虚拟的电流，可以帮助初学者理解和分析梯形图，但现实中并不存在。

（3）逻辑解算。根据梯形图中各触点的状态和逻辑关系，求出与图中各线圈对应编程元件的状态，称为梯形图的逻辑解算。梯形图的逻辑解算是按从左至右、从上到下的顺序进行的，解算的结果可以被后面的逻辑解算所利用。逻辑解算的依据是输入映像寄存器中的值，而不是解算的瞬时外部输入触点的状态。

如图 4–95 所示，常开触点 I100.1 所在行存在能流通路，其余三行未导通。可以根据当前的能流情况判断出常开触点 I100.1 为闭合状态，即 I100.1 对应的按钮或者开关被按下。

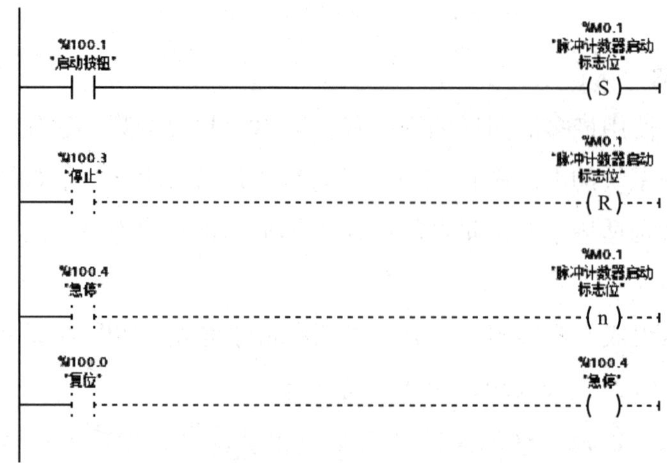

图 4–95　启动按钮 I100.1 闭合，能流导通至 M0.1

（4）触点指令与输出指令。如图 4–96 所示，图中包括常开触点、常闭触点、输出线圈。

1）常开触点默认为断开状态（变量值为 0），此时该指令的右侧永远为无能流状态；当常开触点动作闭合时（变量值为 1），此时该指令右侧的能流状态始终与左侧相同。

2）常闭触点默认为闭合导通状态（变量值为 1），此时该指令右侧的能流状态始终与左侧相同；当常闭触点动作断开时（变量值为 1），此时该指令的右侧永远为无能流状态。

3）线圈左侧有能流输入时，线圈得电；没有能流输入时，线圈失电。

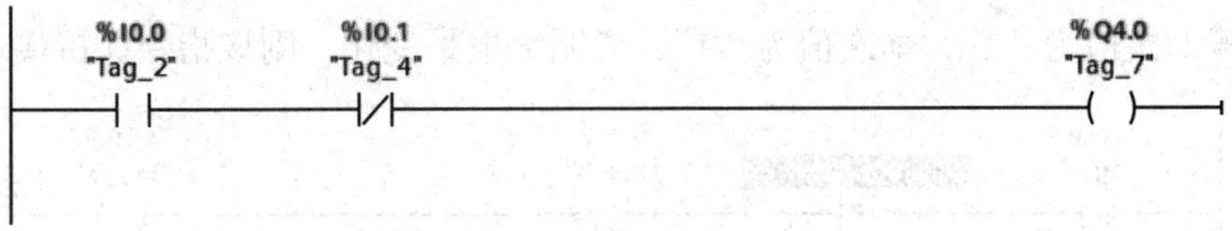

%I0.0
"Tag_2"
%I0.1
"Tag_4"
%Q4.0
"Tag_7"

图 4–96　触点指令与输出指令

（5）取反指令。如图 4–97 所示，–| NOT |– 符号为取反指令，功能是将左侧的能流状态取反，然后在右侧输出取反后的能流状态。

%I0.0
"Tag_2"
NOT
%Q4.0
"Tag_7"
%I0.1
"Tag_4"

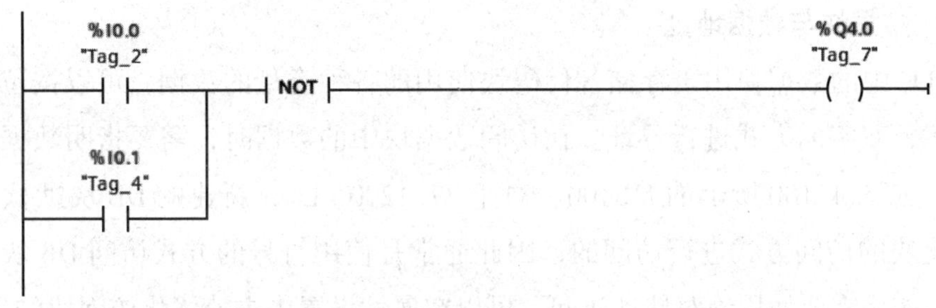

图 4–97　取反指令

（6）复位 / 置位指令。如图 4–98 所示，第一行中 Q4.0 为置位指令，当 –（S）– 左侧有能流输入时，线圈 Q4.0 得电，此时无论左侧能流如何变化，线圈都会保持得电状态。第二行中 Q4.0 为复位指令，当 –（R）– 左侧有能流输入时，线圈 Q4.0 失电，此时无论左侧能流如何变化，线圈都会保持失电状态。若两个线圈左侧同时输入能流，则运行结果（按照从上至下、从左至右的原则）取决于最后一个线圈指令的状态。

（7）边沿指令。如图 4–99 所示，“Tag_4”为上升沿触发指令，I0.1 为输入信号，M0.1 为上一状态储存地址。

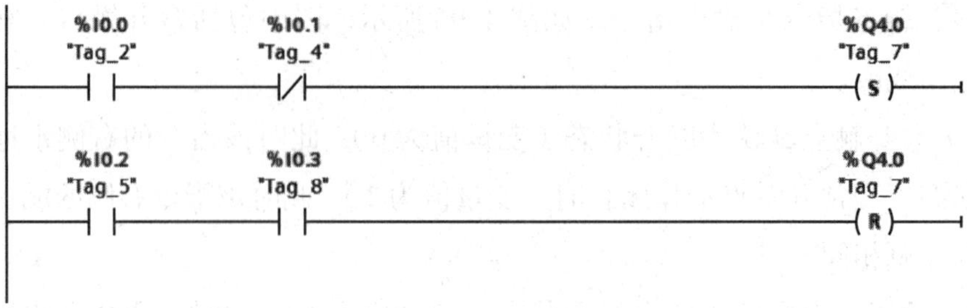

图 4–98　复位 / 置位指令

若上次值为“0”，本次值为“1”，说明出现上升沿，则该指令接通。

若上次值为“0”，本次值为“0”，说明无电平变化，则该指令保持断开。

若上次值为“1”，本次值为“0”，说明出现下降沿，则该指令断开。

若上次值为“1”，本次值为“1”，说明无电平变化，则该指令保持接通。

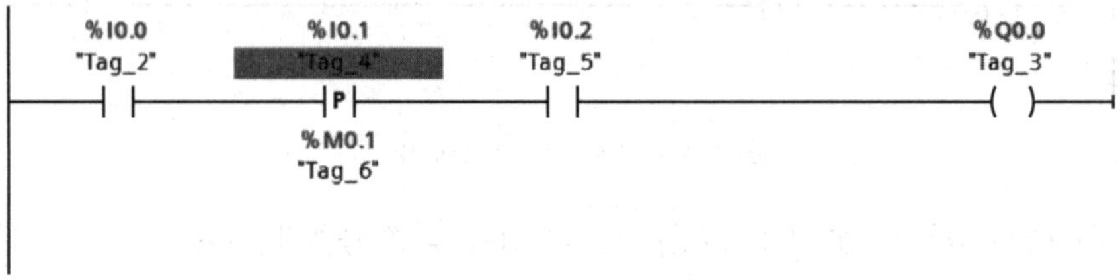

图 4–99　边沿指令

3. 数据块与数据地址

PLC 中的数据块用于存储各代码块使用的各种类型的数据，可以按位、字节、字、双字的方式进行寻址。在访问数据块中的数据时，需要指明数据块的名称，如图 4–100 所示的 MB100。对于 S7–1200 PLC，新建的 DB 块默认是采用优化块的访问方式进行访问的，因此通常是使用符号的方式访问 DB 块中的数据。如果需要使用绝对地址访问，可以在属性设置中去掉优化访问块的选项。每个存储器的大小都是以字节为单位进行表示的，存储器中的每一个存储单元都有一个唯一的地址，用户程序利用这些地址去访问存储单元的数据。

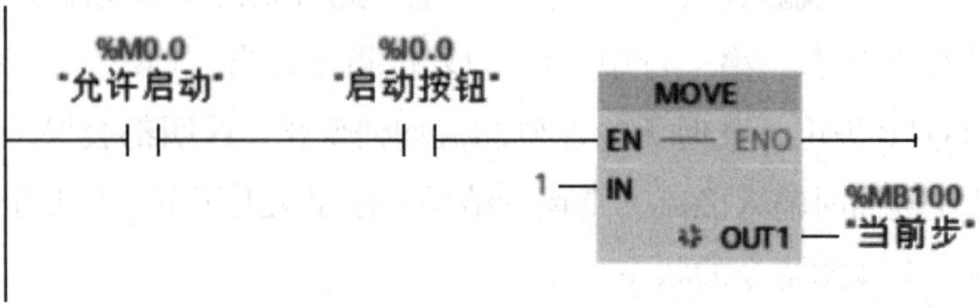

图 4–100　数据块访问

在 S7-200/S7-200 SMART PLC 中，寻址方式主要有按位寻址、按字节寻址、按字寻址和按双字寻址。对于 DB 块中的地址寻址格式，具体方法包括绝对地址寻址和符号寻址。地址寻址，即“地址 . 地址”，比如 DB1.DBX20.0；符号寻址，为“名字 . 名字”，这就需要先给 DB 块命名，然后给数据命名，比如 DB1 命名为 My_Data，DBX20.0 命名为 S1，则符号寻址为“My_Data.S1”。

4. 定时器指令及应用

西门子 S7-1200 PLC 提供了 4 种类型的定时器，如图 4-101 所示。

定时器操作	
TP	脉冲定时器
TON	接通延时定时器
TOF	断开延时定时器
TONR	时间累加器

图 4-101　定时器

（1）脉冲定时器（TP）。脉冲定时器（见图 4-102）用于产生脉冲，所设定的时间为脉冲持续时间。用程序状态功能可以观察当前时间值的变化情况。当 IN 输入上升沿时，Q 输出状态变为 1，开始输出脉冲。定时开始后，ET 端的当前值从 0 开始增大，当达到 PT 端的预设值时，Q 输出状态变为 0。脉冲定时器时序图如图 4-103 所示。

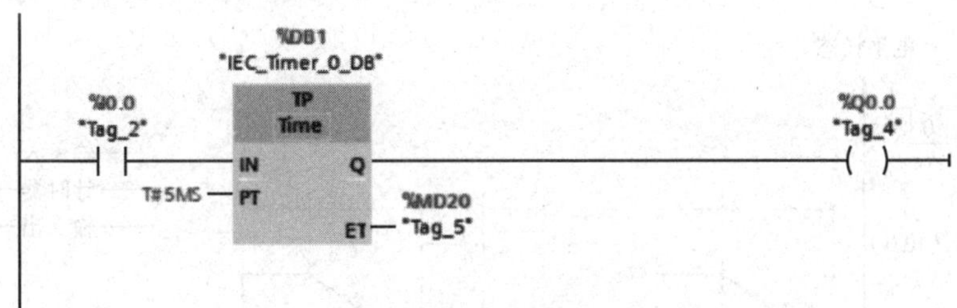

图 4-102　脉冲定时器

（2）接通延时定时器（TON）。接通延时定时器（见图 4-104）在输入能流后开始定时，当前值不断增大。当定时器的当前值大于等于 PT 端的预设值且使能输入电路导通时，输出端为 1。如果当前值小于 PT 端的预设值且让使能输入电路断开，则定时器停止运行，当前值清零，此时输出端为 0。若使能输入电路又从“0”变为“1”，则定时器重新开始加定时。接通延时定时器时序图如

图 4-105 所示。

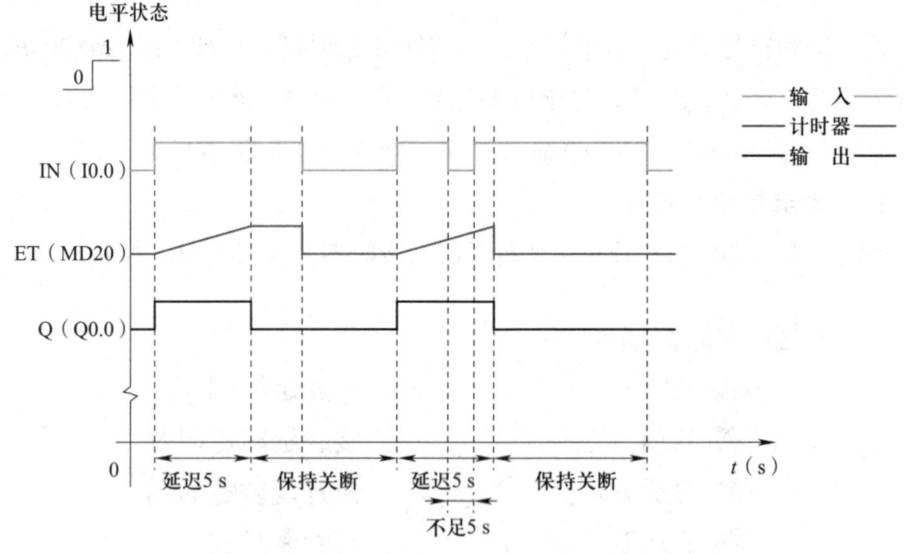

图 4-103　脉冲定时器时序图

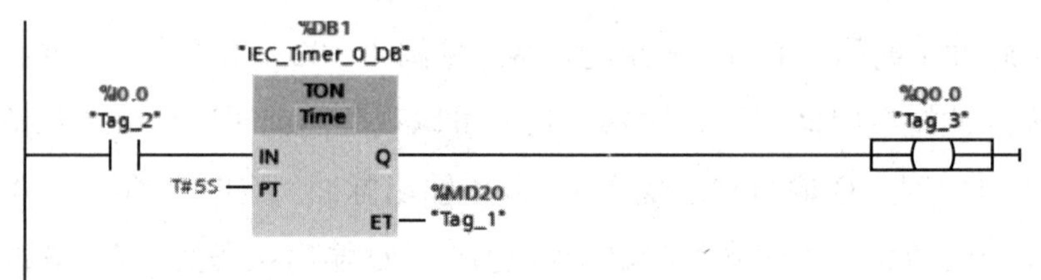

图 4-104　接通延时定时器

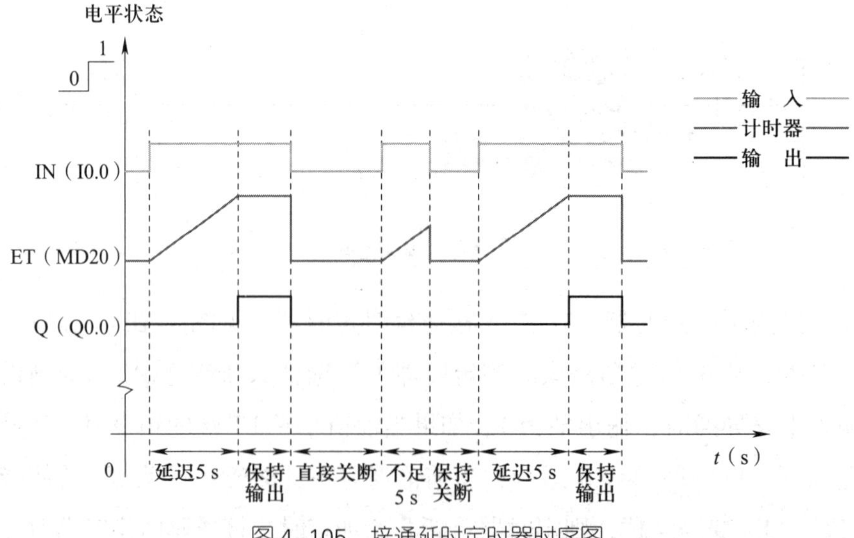

图 4-105　接通延时定时器时序图

（3）断开延时定时器（TOF）。断开延时定时器（见图 4–106）用于在使能输入电路断开后延时一段时间。TOF 的 IN 输入能流时，输出端 Q 立即置位为 1，当前值被清零。使能输入电路断开后开始定时，当前值从 0 开始增大。当前值等于 PT 端预设值时，输出端状态从“1”变为“0”，当前值保持不变，直到 IN 输入能流。断开延时定时器时序图如图 4–107 所示。

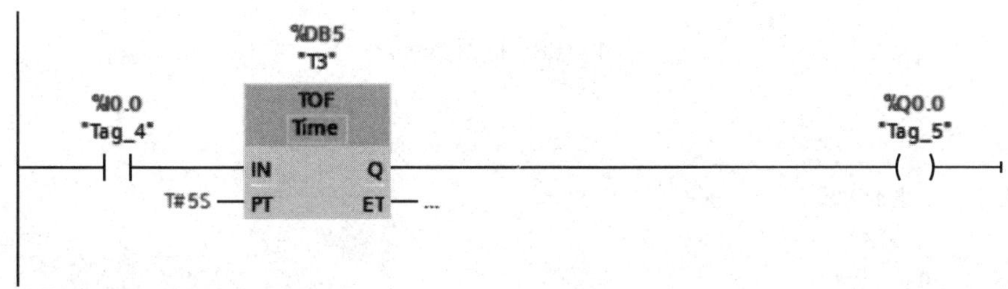

图 4–106　断开延时定时器

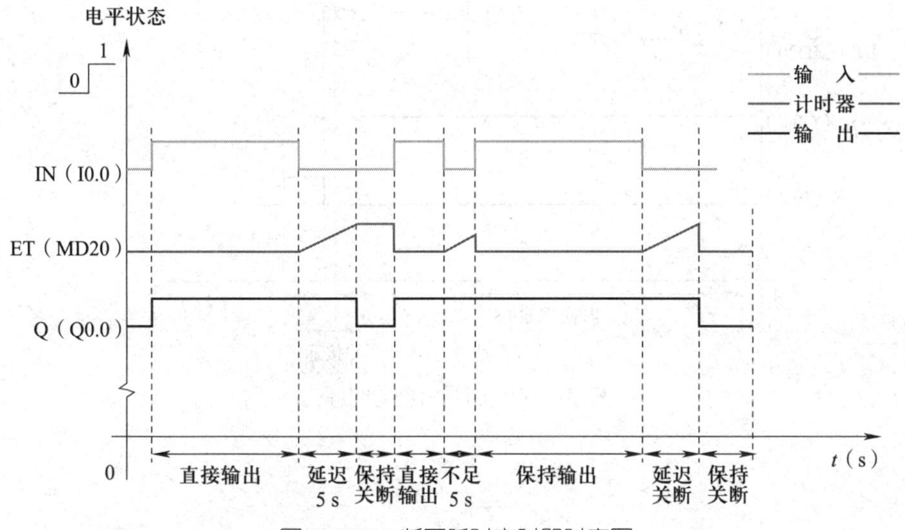

图 4–107　断开延时定时器时序图

（4）时间累加器（TONR）。时间累加器（见图 4–108）的 IN 输入电路接通时开始定时，若输入电路断开，则当前值保持不变；当 IN 输入电路继续接通时，继续累加定时。可以用 TONR 来累计 IN 输入能流的若干个时间间隔。当时间间隔 $t_1+t_2+\cdots+t_n=4$ s 时，输出端 Q 置位为 1，只能用复位指令来复位 TONR。时间累加器时序图如图 4–109 所示。

5. 计数器指令及应用

西门子 S7–1200 的三种计数器如图 4–110 所示。

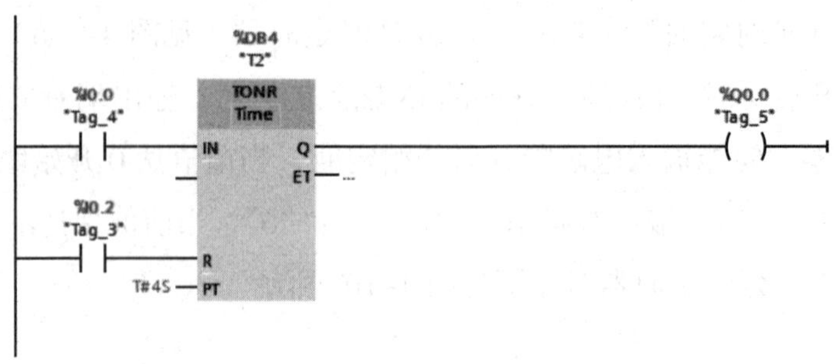

图 4–108　时间累加器

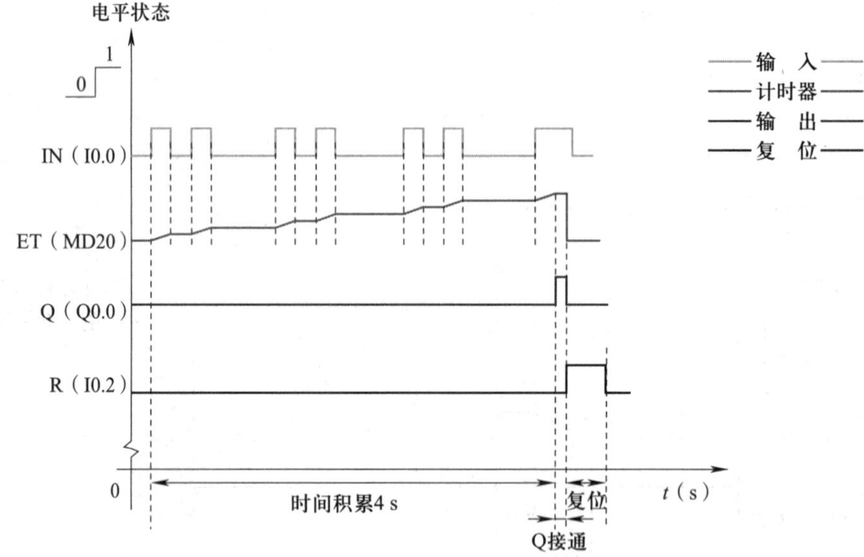

图 4–109　时间累加器时序图

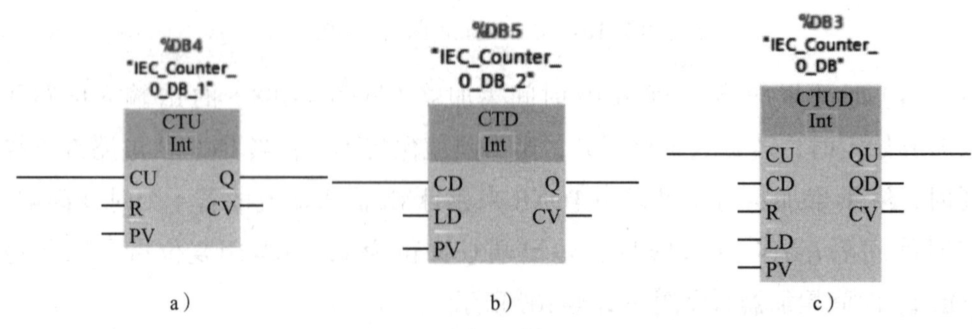

图 4–110　三种计数器

a）加数器　b）减数器　c）加减计数器

（1）CTU（加数器）。当输入引脚 CU 获得上升沿信号时，计数器当前值 CV+1（CV 初始值为 0），当 CV=PV 时，Q 导通（CV 永远小于等于 PV，当 CV=PV 时计数器停止加数功能）。当复位引脚处于高电平时，计数器的 CV 计数值清零，计数器停止工作，同时 Q 关断；复位引脚恢复低电平时，计数器恢复工作。

（2）CTD（减数器）。当输入引脚 CD 获得上升沿信号时，计数器当前值 CV−1（CV 初始值等于 PV），当 CV=0 时，Q 导通（CV 永远小于等于 PV，当 CV=0 时计数器停止减数功能）。当 LD 引脚处于高电平时，计数器的 CV 计数值等于 PV，计数器停止工作，同时 Q 关断；LD 引脚恢复低电平时，计数器恢复工作。

（3）CTUD（加减计数器）。当 CU 获得上升沿信号时，CV+1。当 CD 获得上升沿信号时，CV−1。当 CV ≥ PV 时，QU 导通；当 CV<PV 时，QU 关断。当 CV ≤ 0 时，QD 导通；当 CV>0 时，QD 关断。CV 的上下限取决于计数器指定整数类型的最大值与最小值。

6. 时序控制指令及应用

一般情况下，设备需要按一定流程运行。例如，一个用于水质净化的储水罐，设有 1 个进水口和 1 个出水口，每个水口配有一个电动机，并且电动机型号完全相同。储水罐利用进水口的电动机将外界污水抽入，再通过出水口电动机将净化后的水排出。

在编写程序时，并不知道储水罐内部是否处于满水状态，若此时储水罐满水，又开启了进水电动机，就会使储水罐内污水溢出，造成危害。所以需要先开启排水口电动机一段时间，以保证储水罐内不是满水的状态，然后再使进水口电动机工作，将污水抽入储水罐内。同样，设备在停机时，需要先停止进水口电动机，一段时间后再停止出水口电动机，以保证污水不溢出。

要完成上述的时间、顺序功能，就需要用到时序控制指令。进出水电动机控制梯形图，如图 4–111 所示。当按下启动按钮时，梯形图第一行导通，运行标志位被置位，代表设备进入运行模式。同时第三行导通，出水电动机开始工作，经过 TON 延时 1 min 后，进水电动机也开始工作。而当按下停止按钮时，梯形图第二行导通，运行标志位被复位，同时第四行检测到复位按钮上升沿信号，TP 输出 1 min 的高电平信号，即出水口电动机要继续运转 1 min 才停止。进出水电动机控制时序图如图 4–112 所示。

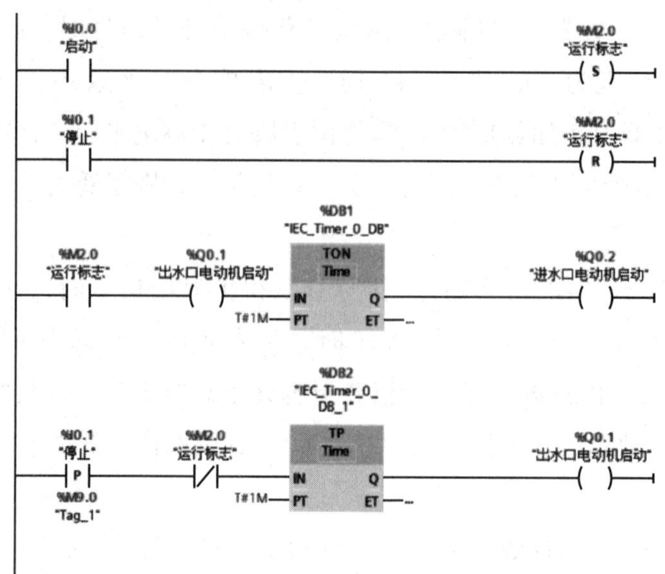

图 4–111　进出水电动机控制梯形图

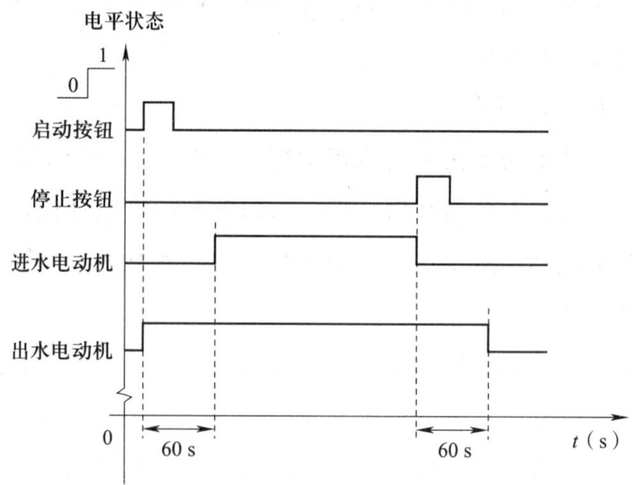

图 4–112　进出水电动机控制时序图

三、PLC 功能指令

1. 数据比较指令

数据比较指令用于比较两个类型相同数据的数值大小，常用的包括等于（EQ）、不等于（NE）、大于（GR）、小于（LT）、大于等于（GE）、小于等于（LE）等。在梯形图中，满足比较关系式给出的条件时，比较指令的触点接通。如图 4–113 所示，在第一行程序中将“当前步”内的数值与 1 作比较，如果等于 1 就绿灯亮，再将 2 赋值给“当前步”。

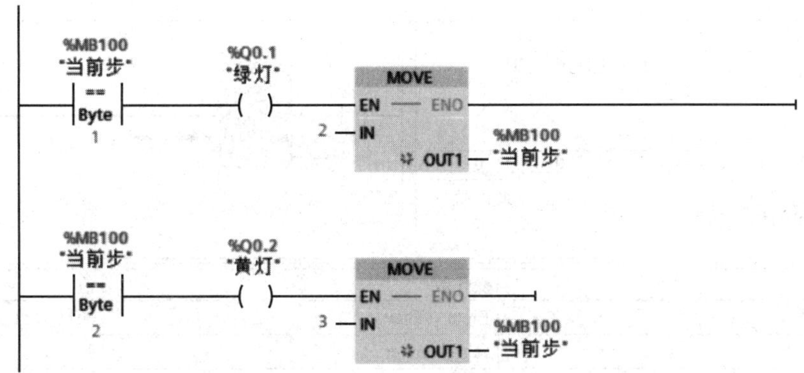

图 4–113 数据比较指令

2. 数据传送指令

数据传送指令如图 4–114 所示。该功能是在有能流输入 EN 时，将 IN 中的数据传输给 OUT 指定的目的地址。

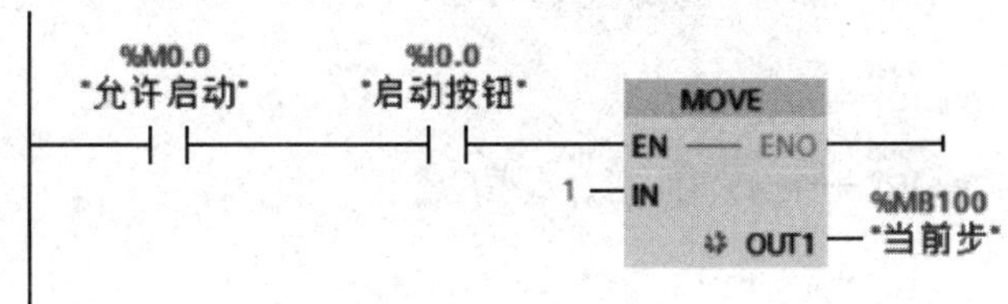

图 4–114 数据传送指令

在 M0.0 与 I0.0 信号状态变为 1 后，MOVE 指令会将 1 赋值给 MB100，这样在其他地方读取到的 MB100 地址内的数值就是 1。

3. 数据移位指令

数据移位指令将输入 IN 中的操作数值按位向右或向左移动，并在输出 OUT 中查询结果。参数 N 用于指定数值移位的位数。当参数 N 的值为 0 时，输入 IN 的操作数值将被复制到输出 OUT 中。如果参数 N 的值大于可用位数，则输入 IN 的操作数值将实际移动可用位数。无符号值（如 UInt、Word）移位时，用 0 填充操作数值移出位。如果指定值有符号（如 Int），则用符号位的信号状态填充空出的位。将“当前步”变量中的数值右移 1 位，如图 4–115 所示。

4. 运算与转化指令

（1）运算指令。运算指令的作用是将 IN1 与 IN2 的输入数据执行加减乘除运算，以满足基本的数据处理需求。如图 4–116 所示，将 IN1 与 IN2 的输入数据 IW1 和 IW3 执行加法运算，运算式为 IN1+IN2，结果通过 OUT 输出到 IW2 中。

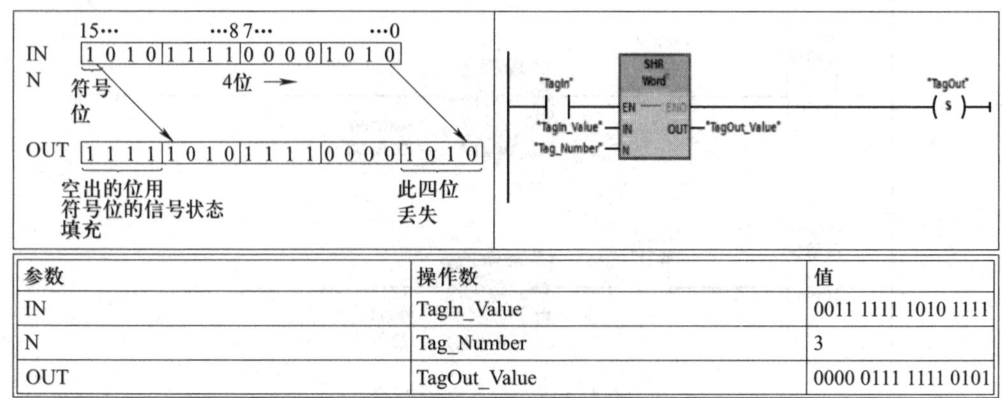

参数	操作数	值
IN	TagIn_Value	0011 1111 1010 1111
N	Tag_Number	3
OUT	TagOut_Value	0000 0111 1111 0101

图 4-115　数据移位指令

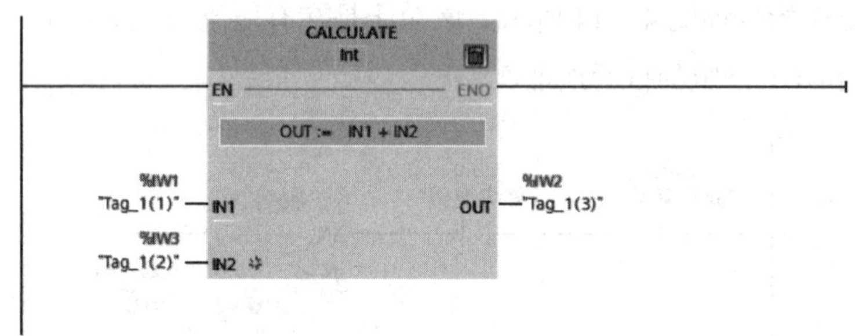

图 4-116　加法运算指令

（2）转化指令

1）NORM_X：归一化指令是实现缩放运算的功能指令，其输出值在 0 ~ 1 之间，如图 4-117 所示。当 NORM_X 运算完成后，IW14 的值会处于 0 ~ 1 之间。使用参数 Min 和 Max 分别规定缩放的下限与上限，运算过程是将输入 Value 端的变量值，按 Min 与 Max 所定义的取值范围映射到 0 ~ 1 之间，然后输出 OUT 端。归一化坐标图如图 4-118 所示。

图 4-117　归一化指令

2）SCALE_X：放大指令，与 NORM_X 的功能相反，即将 0 ~ 1 之间的数字按照比例进行放大映射，最后输出 OUT 端。

5. 子程序指令

S7-1200 使用 FB 块编程，支持的编程语言有 LAD、FBD、CEM 及 SCL，如图 4-119 所示。

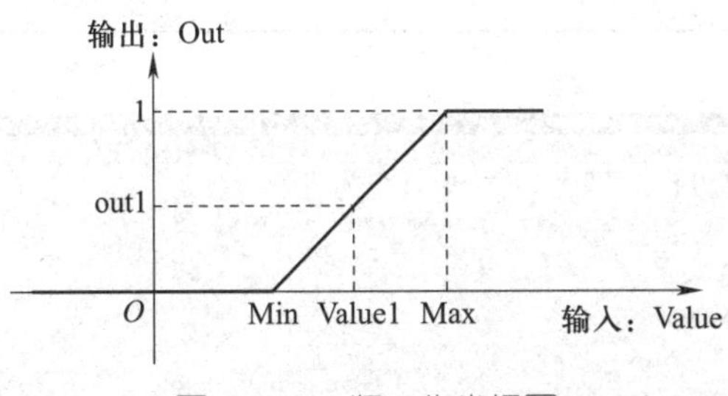

图 4-118　归一化坐标图

图 4-119　FB 块编程语言

FB 块有一个块接口区，可以用来定义块接口，接口类型包括 Input（输入）、Output（输出）、InOut（输入输出）、Static（静态变量）、Temp（临时变量）以及 Constant（常量）。FB 块相关参数见表 4-12，配置背景数据库如图 4-120 所示。

表 4-12　FB 块相关参数

接口类型	读写访问	描述
Input	只读	调用 FB 块时，将数据传送到 FB 块，实参可以为常数
Output	读写	将 FB 块执行结果输出，实参不可以为常数
InOut	读写	读取外部实参数值并且将结果返回到实参，实参不可为常数
Static	读写	静态变量储存在背景 DB 块中，不参与对外的参数传递

续表

接口类型	读写访问	描述
Temp	读写	—
Constant	只读	—

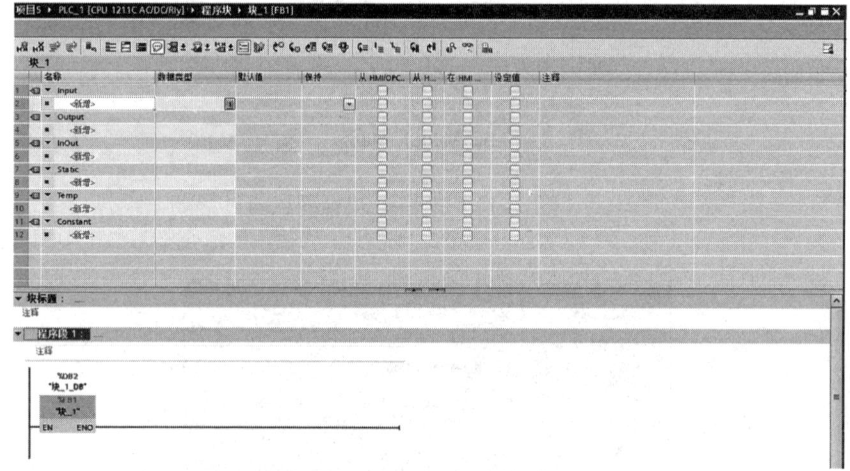

图 4–120　配置背景数据库

若没有编辑输入输出引脚，则该 FB 块引用到主函数时的状态如图 4–121 所示。

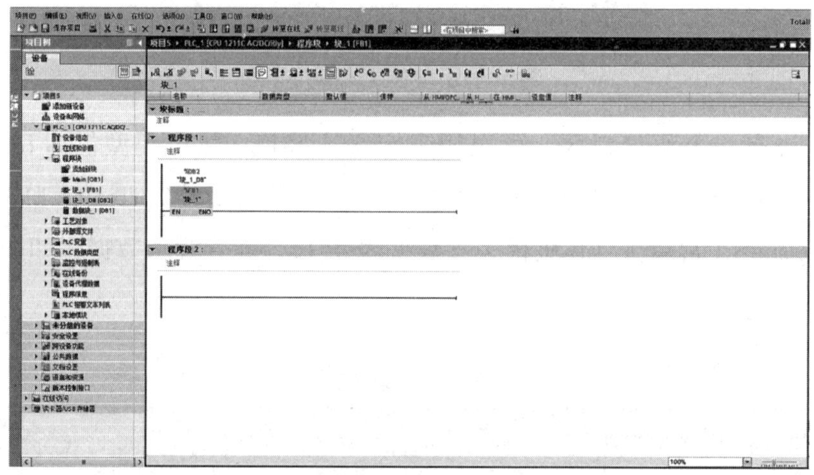

图 4–121　FB 块引用到主函数

培训课程 7

人机界面

一、人机界面概述

人机界面（human machine interface，HMI），泛指计算机（或 PLC）与操作人员交换信息的设备。HMI 的接口种类很多，有 RS232、RS485、RJ45 等网线接口。一般而言，HMI 必须能承担以下基本任务。

1. 实时的资料趋势显示——把获取的资料立即显示在屏幕上。

2. 自动记录资料——自动将资料储存至数据库中，以便日后查看。

3. 历史资料趋势显示——把数据库中的资料做可视化的呈现。

4. 报表的产生与打印——能把资料转换成报表的格式，并打印出来。

5. 图形接口控制——操作者能够透过图形接口直接控制机台等装置。

6. 警报的产生与记录——使用者可以定义一些警报产生的条件。

二、人机界面组成

人机界面由硬件和软件两部分组成。

1. HMI 硬件部分包括处理器、显示单元、输入单元、通信接口、数据存储单元等。其中，处理器的优劣决定了 HMI 的性能高低，是 HMI 的核心单元。根据 HMI 的产品等级不同，可分别选用 8 位、16 位、32 位的处理器。

2. HMI 软件一般分为两部分，即运行于 HMI 硬件中的系统软件和运行于个人计算机 Windows 操作系统下的画面组态软件（如 JB — HMI 画面组态软件）。使用者必须先使用 HMI 的画面组态软件制作工程文件，再通过 PC 机和 HMI 产品的通信接口把编制好的工程文件下载到 HMI 的处理器中运行。

三、人机界面基本功能

HMI 的显示与触摸功能十分强大，代替了以往计算机系统的显示屏幕、键盘、鼠标、状态灯、按钮等多种外部设备。HMI 的主要功能有：数据的输入与显示；系统或设备操作状态的实时信息显示；设置触摸控件可作为操作面板进行控制操作；报警处理及打印等。

此外，新一代工业人机界面还具有简单编程、输入数据处理、数据登录及配方等智能化控制功能。

一般常用屏幕可以根据需要进行选择，尽量保证在价格较低的同时满足功能需求。屏幕尺寸类别十分丰富，可以满足大部分工业场景的需要。不同型号 HMI 屏幕如图 4–122 所示。

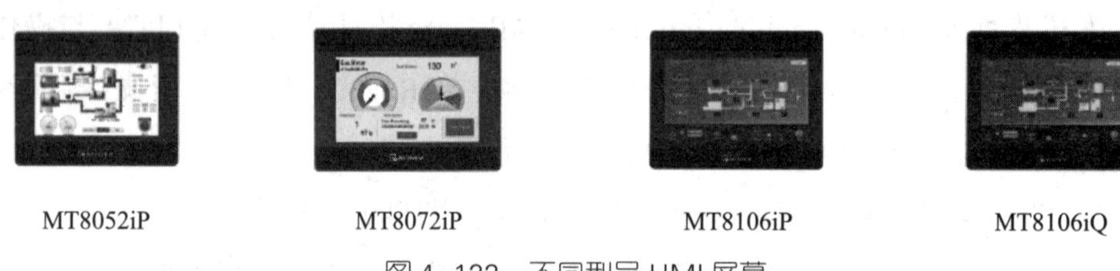

图 4–122　不同型号 HMI 屏幕

四、人机界面程序简单设计应用

1. 下载并安装威纶通仿真软件。

2. 打开威纶通仿真软件，点击“设计”，选择“EasyBuilder Pro”，如图 4–123 所示。

图 4–123　威纶通仿真软件引导窗口

3. 新建工程文件，如图 4–124 所示，选择所需的型号，完成 HMI 的组态界面设计等。

4. 单击上方“常用”选项卡，选择“指示灯”，弹出的窗口设置界面如图 4–125 所示。

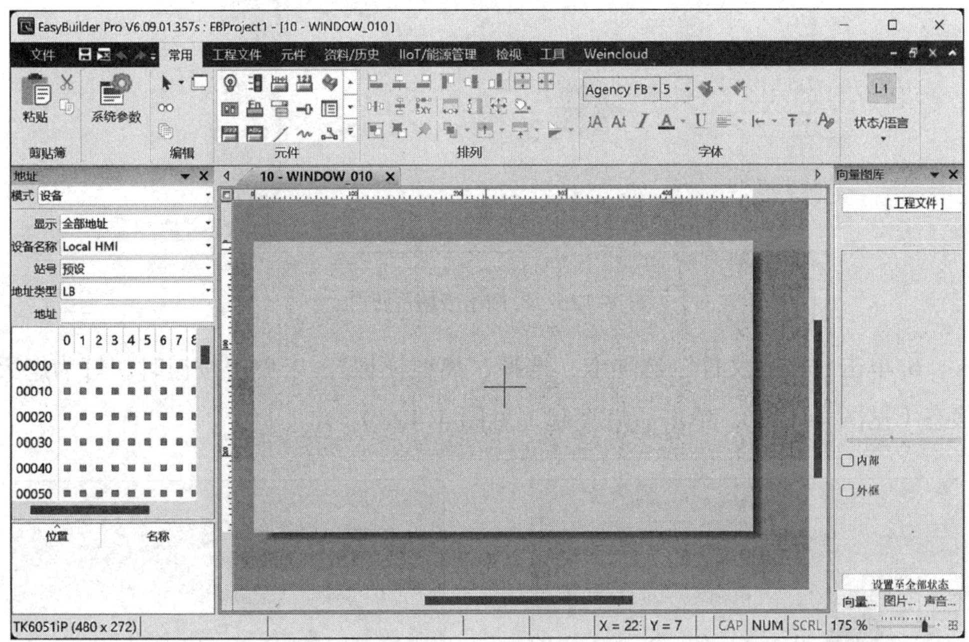

图 4–124　新建工程文件

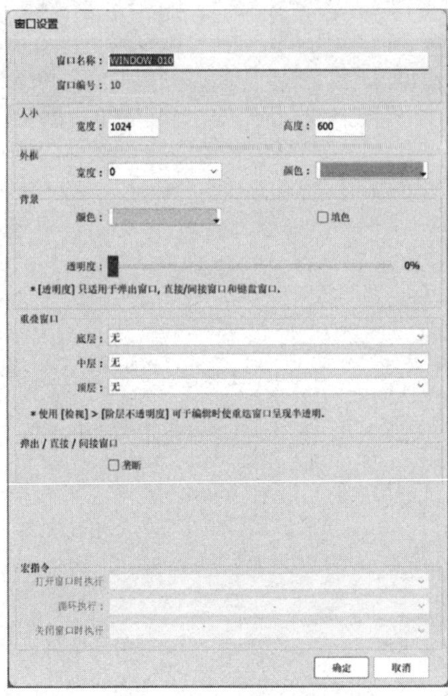

图 4–125　窗口设置界面

5. 将按钮放置在画面上，如图 4–126 所示。

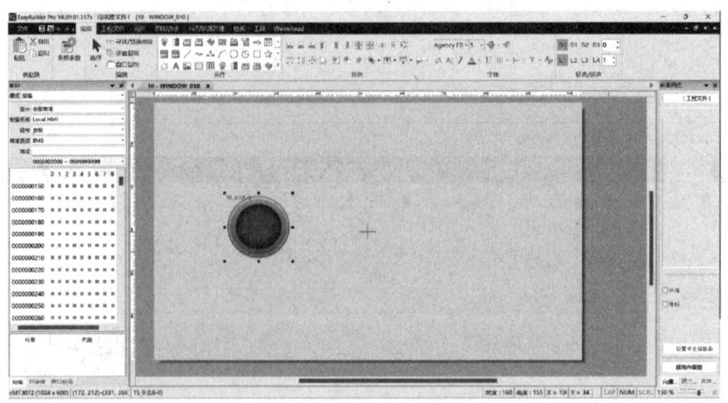

图 4–126 将按钮放置在画面上

6. 单击“工程文件”选项卡，选择“离线模拟”。未单击按钮时，灯为熄灭状态（见图 4–127），单击后灯亮起（见图 4–128）。

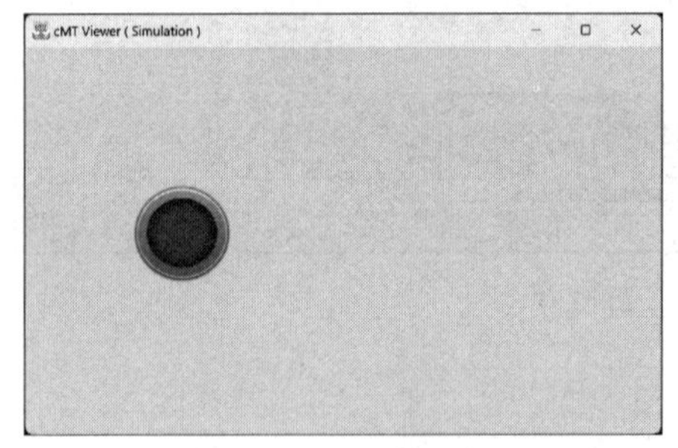

图 4–127 灯熄灭

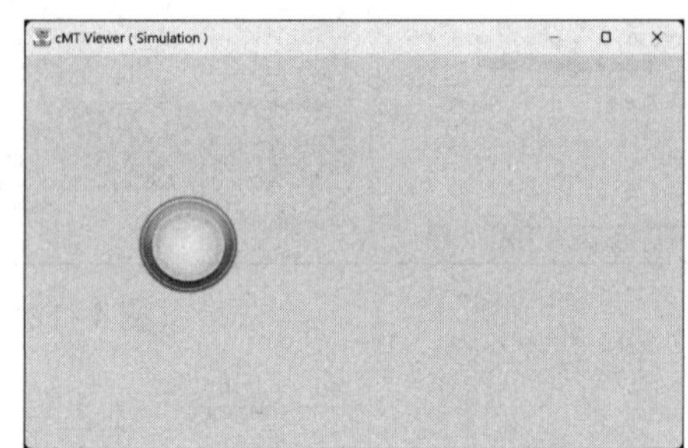

图 4–128 灯亮起

职业模块 5
工业机器人知识

培训课程 1

工业机器人分类和技术参数

一、工业机器人分类

1. 根据拓扑结构分类

机械结构是机器人赖以完成工作任务的实体，相当于人的肢体。根据工业机器人机械结构对应的运动链的拓扑结构，可以将机器人分为三类：串联机器人、并联机器人和混合机器人。

（1）串联机器人。当各连杆组成开式机构链时，所获得的机器人称为串联机器人，如图 5–1 所示，包含以机座为开始、以末端执行器为结束的一系列连杆和关节，常被设计成可以提供独立平移和指定方向移动的结构。当前工业机器人大多采用串联结构。

串联机器人的自由度比并联机器人高，要使串联机器人成为运动机构，需要更多的驱动器。一般来说，串联机器人每个连杆上都要安装驱动器，通过减速器驱动下一个连杆，后续连杆的驱动器和减速器成为前面驱动系统的负载，因此，前端连杆的强度和驱动功率要大，这决定了这种结构的能量使用效率不高，但其末端执行器的运动与并联机器人中任何构件的运动相比，自由度更高更复杂，有时可绕过障碍到达一定的位置，可通过计算机控制系统，实现复杂的空间作业。

串联机器人具有结构简单、成本低、运动空间大等优点，有的还具备快速、高精度和多功能化等特点。经过近 50 年的发展，串联机器人技术已较为成熟，尤其在工业领域中，串联机器人的数量最多，应用范围也最广，如喷漆、装配、搬运等。

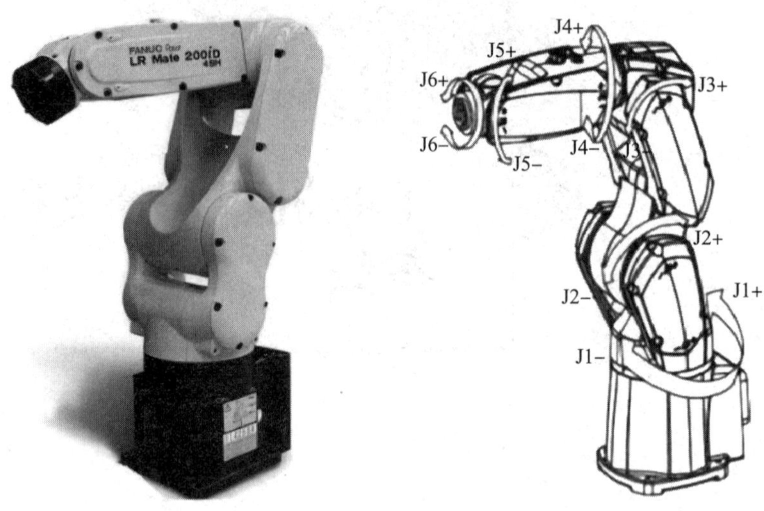

图 5–1　串联机器人

（2）并联机器人。当末端执行器由至少两个独立的运动链和机座相连，且组成一闭式机构链时，所获得的机器人称为并联机器人，如图 5–2 所示。并联机器人通常采用结构相同且对称放置的机座和移动平台。它的运动空间具有对称性，但不是轴对称，对称性由腿的数目和驱动关节的类型确定。FANUC M–1iA 机器人的运动空间范围如图 5–3 所示。

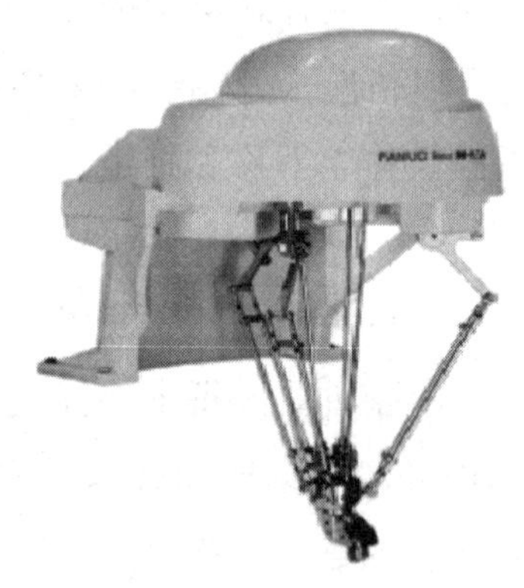

图 5–2　并联机器人

并联机器人的主要特点如下。

1）并联机器人刚度大，结构稳定；运动负载小。

2）在位置求解上，串联结构正解容易，但反解十分困难；并联结构正解困难，反解却非常容易。机器人在线实时计算时要计算反解，串联结构要达到这一目的较为困难，并联结构更容易实现。

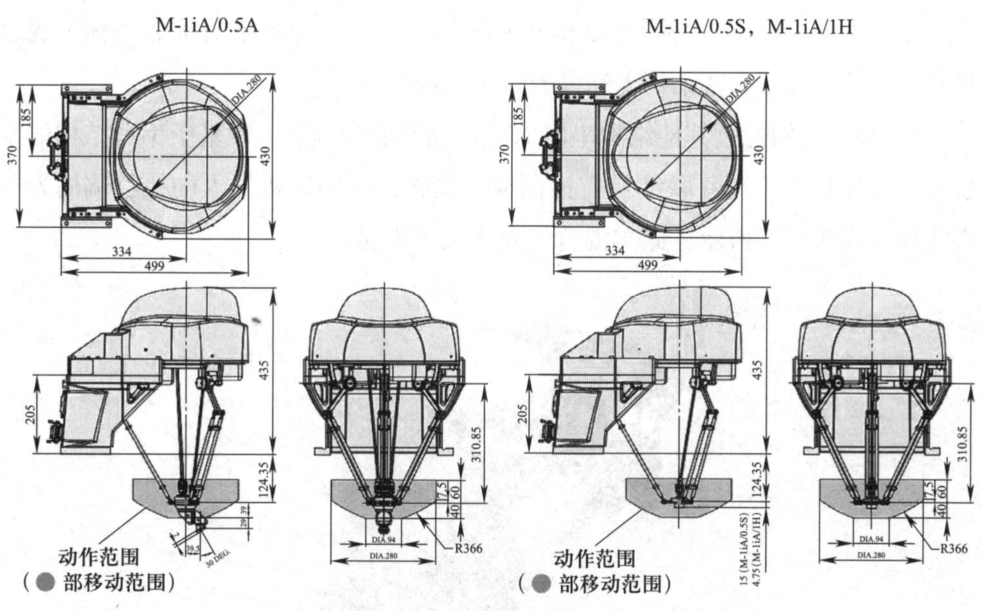

图 5-3　FANUC M-1iA 机器人的运动空间范围示意图

3）目前普遍存在工作空间小、结构尺寸偏大、传动环节过多、工作空间内可能存在奇异位形等缺点。

并联结构承载力强，对于 6 个自由度串联组成的工业机械手来说，负载与自重的比例基本上小于 0.15，而对于并联机构，此比例可大于 10。例如，脊柱手术机器人 Spine Assist（见图 5-4）是美国食品药品监督管理局在 2004 年批准的首款用于脊柱外科手术的机器人。Spine Assist 属于微型并联机器人，属于基于术前 CT 的半主动式机器人系统，具有 6 个自由度的机械臂，可用于胸腰椎螺钉内固定术。

图 5-4　脊柱手术机器人 Spine Assist

（3）混合机器人。将串联结构和并联结构有机结合起来的机器人称为混合机器人。混合机器人在结构上通常有以下 3 种形式。

1）并联结构通过其他结构串联而成。此类混合机器人在基于串联结构的某个关节或连杆上，以并联结构替换而成。例如，在串联机器人的执行端插入并联结构，如图 5–5 所示。此类混合机器人较为常见。

图 5–5　混合机器人

2）并联结构直接串联在一起。此类混合机器人是将多个并联结构以串联机器人的结构进行设计。例如，将多个具有相同或不同自由度的并联结构通过转动副或移动副等其他运动副的形式串联在一起。此类机器人往往用于构造柔性机器人。

3）并联结构的支链中采用不同的结构。这类混合机器人是使并联结构的支链变形，替换或嵌入其他并联结构。例如，将多个具有相同或不同自由度的并联结构作为并联机器人的某个或多个支链。

混合机器人既有并联结构刚度大的优点，又有串联结构工作空间大的优点，能充分发挥串、并联结构各自的优点，从而进一步扩大机器人的应用范围，提高机器人的性能。

2. 根据坐标系分类

（1）直角坐标型机器人（见图 5–6）。直角坐标型机器人的结构最简单，其手臂按直角坐标的形式配置，即通过三个相互垂直轴线上的移动来改变手部的空间位置。此类机器人的结构和控制方案与机床类似，其到达空间位置的三个运动均由直线构成，运动方向相互垂直，末端操作由附加的旋转机构实现。

1）优点。在直角坐标空间内，空间轨迹易于求解，易受计算机控制，因为各轴线位移分辨率在操作范围内任一点上均为恒定，定位精度高，因此简易和专用的工业机器人常采用这种结构形式，尤其适用于装配作业中。

2）缺点。本体占空间体积大，工作空间小，操作灵活性差，且难以实现高速运行，不适合对运动速度要求过高的场合。

（2）圆柱坐标型机器人（见图 5–7）。圆柱坐标型机器人是指机器人的手臂按圆柱坐标的形式配置，即通过两个移动和一个转动实现手部空间位置的改变。此类机器人在机座水平转台上装有立柱，立柱上安装了水平臂或滑动架。水平臂可沿立柱做上下运动，并可在水平方向伸缩。

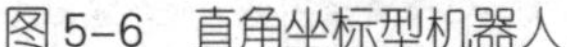

图 5–6　直角坐标型机器人

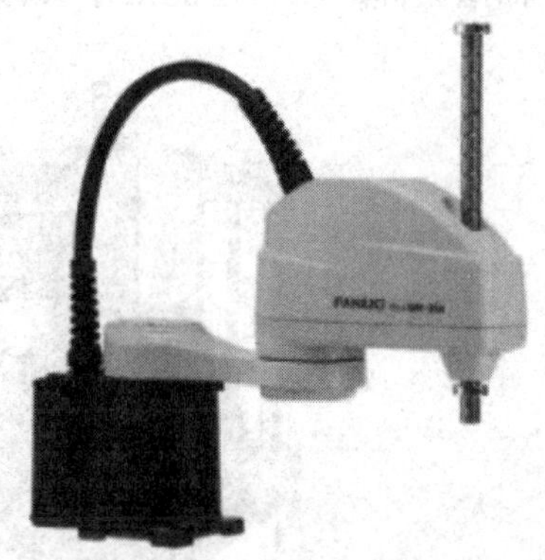

图 5–7　圆柱坐标型机器人

滑动架（托板）可沿立柱上下移动，水平臂和滑动架组合件可作为机座上的一个整体旋转，一般不允许旋转 360°，因为液压、电气或气动连接对机构存在约束。此外，根据机械要求，水平臂的伸出长度有最小值和最大值的限制。所以，此机器人的总体积或全部工作范围是圆柱体的一部分，如图 5–8 所示。

1）优点。圆柱坐标型机器人的优点是运动学模型简单；末端执行器可以高速运行；直线部分可采用液压驱动，能输出较大的动力；能够伸入型腔式机器内部；所占空间体积小。

2）缺点。水平臂可达空间有限，不能到达近立柱或近地面的空间；末端执行器外伸离立柱轴心越远，线位移分辨精度越低；在工作时，手臂后端容易碰到工作范围内的其他物体。

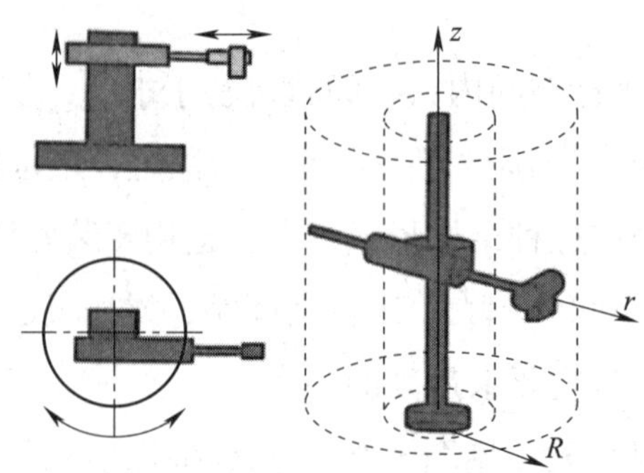

图 5–8　圆柱坐标型机器人及其运动空间

（3）球坐标型机器人（见图 5–9）。球坐标型机器人的手臂按球坐标的形式配置，即手臂运动由一个直线运动和两个转动组成。手臂能绕垂直轴旋转，能绕水平轴做俯仰运动，还能沿手臂做伸缩运动。

图 5–9　球坐标型机器人

由于机械和驱动器连线的限制，机器人的工作范围是球体的一部分。球坐标型机器人结构紧凑，所占空间体积小；中心支架附近的工作范围大。

（4）关节坐标型机器人（见图 5–10）。关节坐标型机器人一般由多个转动关节串联若干连杆组成，其运动由前、后的俯仰及立柱的回转构成。关节坐标型机器人进行涂胶作业如图 5–11 所示。

1）优点。结构紧凑，工作范围大而安装占地面积小；可以自由编程，完成全自动化的工作；自由度高，5 ~ 6 轴，适用于几乎任何轨迹或角度的工作。

2）缺点。价格偏高，导致初期的投资成本高；需要掌握较多的机器人编程知识，学习成本高。

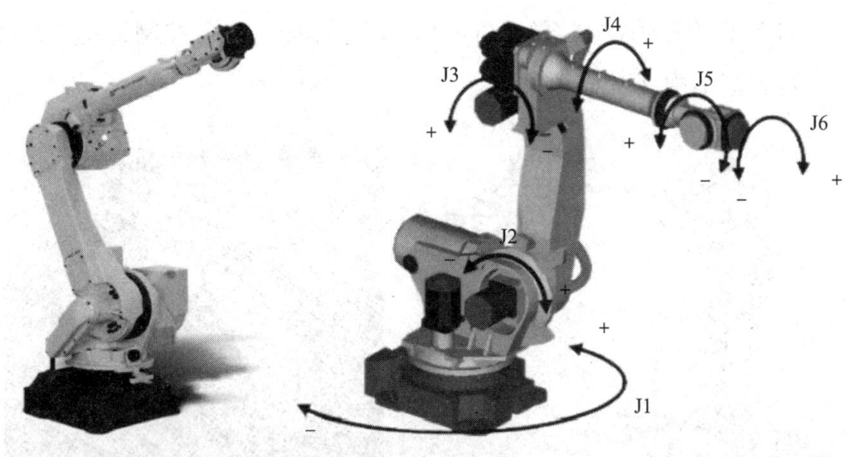

图 5-10　关节坐标型机器人

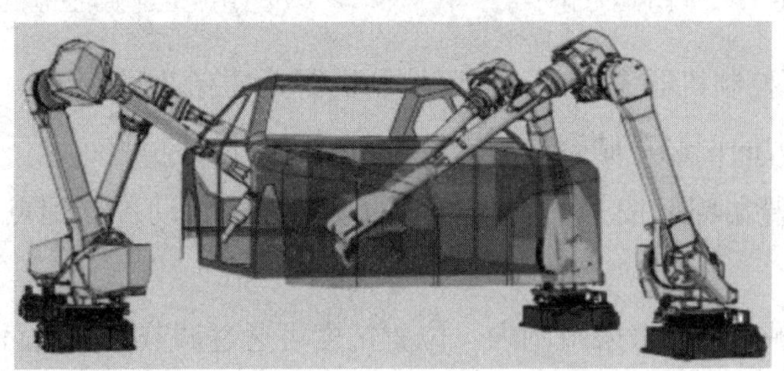

图 5-11　关节坐标型机器人进行涂胶作业

3. 根据控制方式分类

（1）非伺服控制机器人（见图 5-12）。从控制的角度来看，非伺服控制是最简单的形式，这类机器人又被称为端点机器人或开关式机器人。不考虑机械结构或用途，这类机器人的轴保持运动，直至走完各自的行程范围为止。每个轴只设定两个位置，即起始位置与终止位置。轴开始运动后，只有碰到适当的定位挡块后才停止运动，运动过程中没有监测。因此，这类机器人处于开环控制状态。

非伺服控制机器人的特点如下：

1）臂的尺寸小且轴的驱动器施加的是满动力，速度相对较快。

2）价格低廉，易于操作和维修，同时可靠性较高。

3）工作重复定位精度约为 ±0.254 mm。

4）在定位和编程方面灵活性有限。

（2）伺服控制机器人（见图 5-13）。伺服控制机器人分为连续控制类和定位（点到点）控制类。这两类都要对位置和速度的信息进行连续监测，并反馈给机器人各关节的相关控制系统。因此，其各轴都是闭环控制，构件能按照指令在各轴行程范围内任意移动。

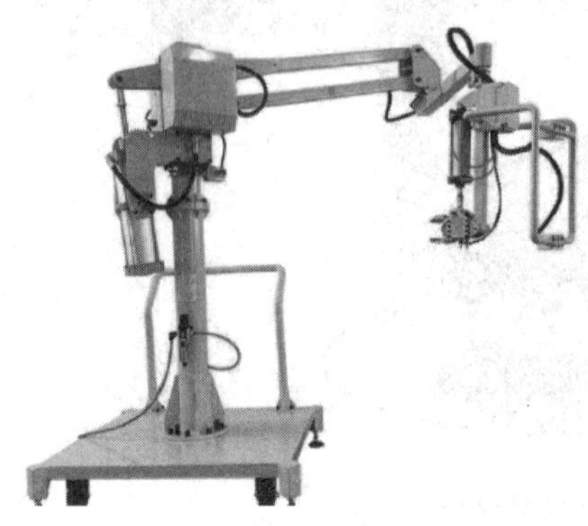

图 5–12　非伺服控制机器人

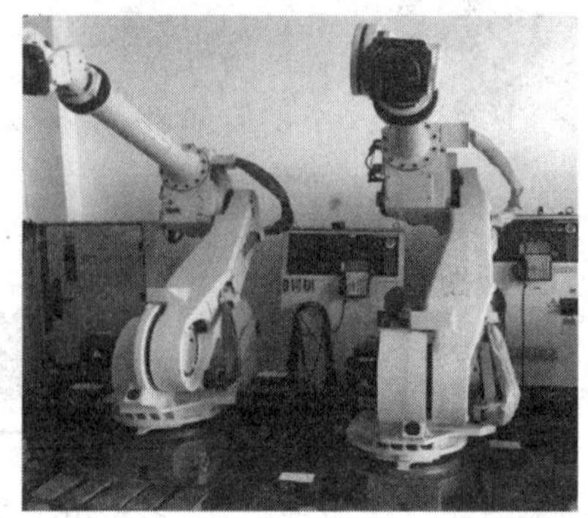

图 5–13　伺服控制机器人

与非伺服控制机器人相比，伺服控制机器人具有以下特点：

1）有较大的记忆存储容量。

2）机械臂端部可按三种不同类型的运动方式移动：点到点、直线、连续轨迹。

3）在机械允许的极限范围内，位置精度可通过调节伺服回路中相应放大器的增益而改变。

4）编程工作一般以示教模式完成。

5）机器人轴之间的协同运动，使机械臂的端部描绘出一条极为复杂的轨迹，一般在小型或微型计算机控制下自动进行。

6）价格高，可靠性稍差。

二、工业机器人技术参数

1. 连杆刚度

连杆是指机器人手臂上被相邻两关节分开的刚性杆件，其两端分别与主动构件和从动构件铰接以传递运动和力，如图 5–14 所示。

工业机器人的设计重点是弯曲和扭转时的连杆刚度。为了提供所需刚度，机器人的连杆常设计成梁或壳（单体壳）的结构。壳式单体结构具有质量小、强度 / 质量比高的特点，但是价格昂贵、制造较难。梁式结构的成本往往更低。

为了减小惯性负载，特殊材料和几何学都被应用于减少连杆的质量。例如，将碳和玻璃纤维合成物用于高加速度的机器人（喷涂机器人），使得该机器人轻量化。另外，由于旋转关节产生的各质量点的线加速度会随着其与轴的距离的增加而增加，所以减小与关节相连的连杆的横断截面积和壁厚，就能减小相关的惯性负载。

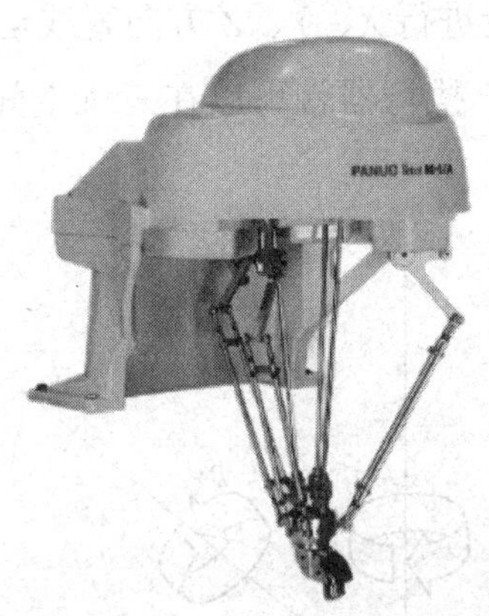

图 5–14 工业机器人连杆

2. 关节功能

关节是指机器人机构中，两相邻连杆通过一个公共轴线构成的一个运动副，两连杆之间允许沿该轴线相对移动或绕该轴线相对转动。

工业机器人通过关节使连杆互相连接，一般一个关节只与两个连杆相连接。关节既连接各机构，又传递各机构间的回转运动，用于机座与腰部、腰部与臂部、臂部和腕部的连接。移动关节由直线运动机构和在整个运动范围内起直线导向作用的直线导轨部分组成。串联机器人常用旋转关节（用 R 表示）和移动关节（用 P 表示）。并联机器人常用旋转关节、移动关节、球面关节和虎克铰如图 5–15 所示。

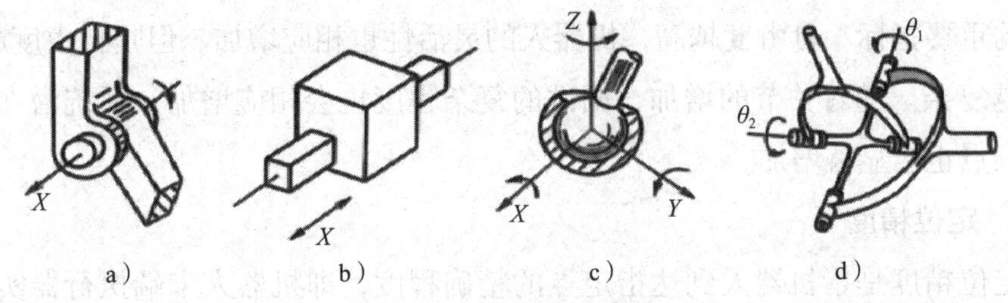

图 5–15 并联机器人常用关节

a）旋转关节 b）移动关节 c）球面关节 d）虎克铰

3. 自由度

自由度又称坐标轴数（轴数），是指物体运动需要的独立坐标数。手指的开、合，以及手指关节的自由度一般不包括在内。

一般而言，工业机器人进行直线运动或回转运动所需要的自由度为1；进行平面运动（水平面或垂直面）所需要的自由度为2；进行空间运动所需要的自由度为3。如果机器人能进行 X、Y、Z 方向直线运动和绕 X、Y、Z 轴进行回转运动，具有6个自由度，执行器就可以在三维空间上任意改变姿态，实现完全控制，如图5–16所示。

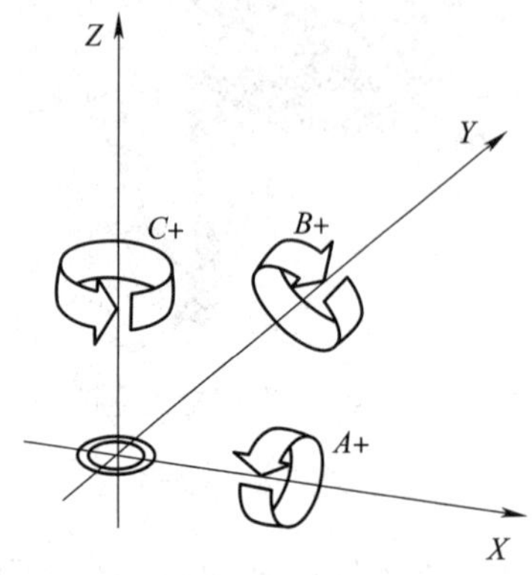

图5–16　空间自由度

如果机器人自由度超过6个，多余的自由度称为冗余自由度，冗余自由度一般被用来回避障碍物。

对于三维空间作业的多轴自由度机器人，由第1 ~ 3轴驱动的3个自由度通常用于手腕基准点的空间定位，第4 ~ 6轴则用来改变末端执行器的姿态。但机器人实际工作时，定位和定向动作往往是同时进行的，因此需要多轴同时运动。

可见，自由度直接影响工业机器人的机动性，它是衡量机器人适应性和灵活性的重要指标。自由度越高，机器人的灵活性也相应增加。但是自由度越高，控制越复杂。随着关节的增加，调试的复杂程度也会相应增加，系统潜在的机械共振点也会显著增加。

4. 定位精度

定位精度是指机器人到达指定点的精确程度，即机器人末端执行器实际到达的位置与所需要到达的理论位置之间的差距，如图5–17所示，差距越小，说明定位精度越高。该指标对非重复性的任务非常重要，与机器人制造工艺、驱动器的分辨率和反馈装置有关。

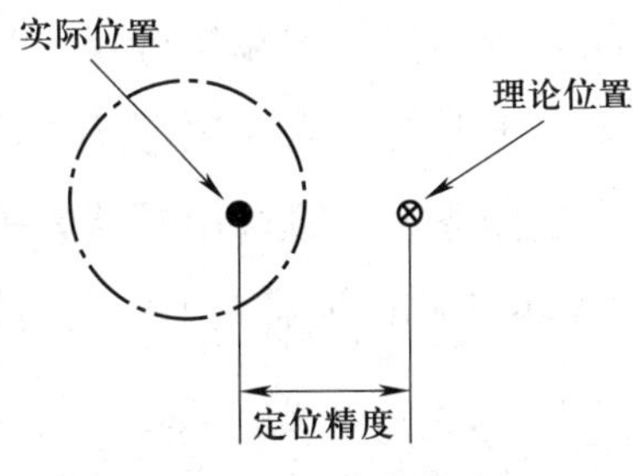

图 5-17 定位精度

典型的工业机器人定位精度范围从具有低级计算机模型的非标定执行器的 ±10 mm，到精准的机械工具执行器的 ±0.01 mm。

工业机器人的理论位置和实际位置之间本身就存在误差，加上结构刚度、传动部件间隙、位置控制和检测等因素影响，导致定位精度偏低。

5. 重复性或重复定位精度

重复性是指在同一条件下用同一方法操作工业机器人时，重复 n 次所测得的位置与姿态的一致程度。从同样的初始位置开始，采用同样的程序、负载和安装设定，机械臂能够回到初始位置时的距离，可以用标准偏差来衡量一系列误差值的密集程度。做往复运动的物体，每次停止的位置与设定次数内取得的平均值之间的角度或长度的差值越小，精度越高，如图 5-18 所示。一般情况下，重复定位精度是呈正态分布的，它不仅与机器人驱动器的分辨率及反馈装置有关，还受进给系统的间隙、刚度以及摩擦特性等因素的影响。

重复定位精度表示执行器多次返回到同一个位置的能力，当进行重复性的工作，如盲装配时，重复定位精度非常重要。

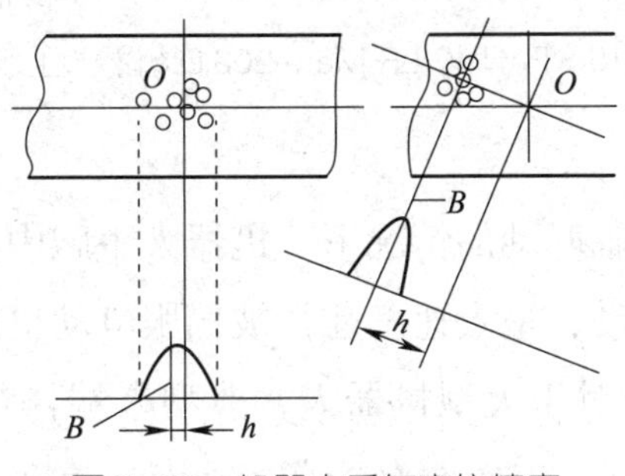

图 5-18 机器人重复定位精度

6. 工作空间

工作空间是指机器人手腕参考点或末端执行器安装点（不包括末端执行器）所能到达的所有空间区域。末端执行器的形状和尺寸种类繁多，为真实反映机器人的特征参数，工作空间一般不包括末端执行器本身所能到达的区域。工作空间的形状和大小非常重要，工业机器人在执行某作业时，可能会因为存在不能到达的作业死区而无法完成任务。一般可用机器人关节长度和其构型的函数描述工作空间。FANUC LR Mate 200iD 机器人工作空间如图 5–19 所示。

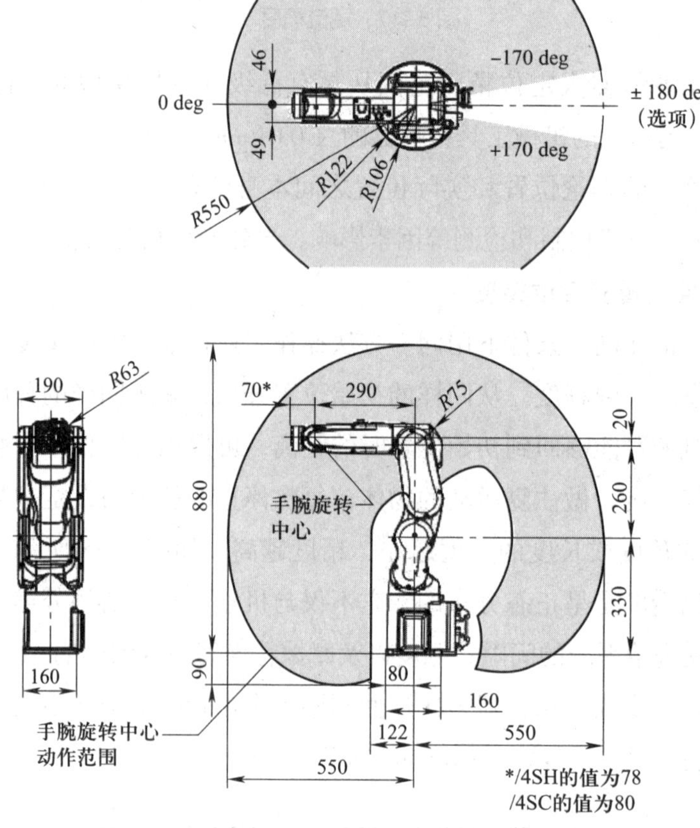

图 5–19　FANUC LR Mate 200iD 机器人工作空间

7. 最大速度

最大速度是指在各轴联动的情况下，机器人手腕中心所能达到的最大线速度。对于更长距离的运动，最大速度往往被伺服电动机的总线电压或电动机允许的最高转速所限制。对于大型机器人，典型末端执行器的峰值速度可高达 20 m/s。工作时速度越高，工作效率越高。然而，速度高就要求花费更多的时间去升速或降速，对工业机器人的最大加速度或最大减速度的要求也更高。

8. 加速度

加速度是描述物体速度变化快慢的物理量，通常用 m/s^2 表示。对于工业机器人，加速度是指机器人执行器或末端执行器在规定时间内的速度变化量，也可以理解为机器人的运动加速度。影响工业机器人加速度的主要因素如下。

（1）机器人本身的质量和惯性。机器人质量越大，惯性越大，运动时所需的力和功率就越大，机器人的加速度也会受到影响。

（2）电动机和减速器的性能。电动机和减速器是机器人最重要的执行器，它们的性能决定了机器人的加速度。

（3）控制程序。控制程序可以对机器人的加速度进行精确控制，当控制程序优化后，可以提高机器人的加速度。

加速度既影响总体运动时间，也影响运行周期（总体运动时间加稳定时间），能够承受更大加速度的机械臂往往是刚性好的机械臂。对于高性能机械臂，比起速度或负载能力，加速度和稳定时间的设计更重要。

9. 承载能力

承载能力是指工业机器人在工作范围内所能承受的最大质量。承载能力不仅取决于负载的质量，还要考虑末端执行器的质量和惯性力。承载能力与机器人运行速度和加速度的大小、方向有关，一般是指高速运行时的承载能力。

10. 刚度

刚度是指机身或机械臂在外力作用下抵抗弹性变形的能力，用外力和在外力作用方向上的变形量（位移）之比来度量。零件的刚度（又称为刚性）常用单位变形所需的力或力矩来表示，刚度的大小取决于零件的几何形状和材料种类（材料的弹性模量）。

11. 分辨率

分辨率是指能由末端执行器完成的最小距离增量。在传感器控制的机器人运动和精确定位中，分辨率是很重要的。系统摩擦、扭曲、齿隙游移和运动的配置等，都会影响系统的分辨率。多节点串联式机械臂的有效分辨率不如其单个关节的分辨率高。

培训课程 2

工业机器人机械结构

一、工业机器人末端执行器

工业机器人末端执行器又称为手部，直接安装在手腕上。安装末端执行器后，工业机器人才能完成搬运物品、装卸材料、组装零件、焊接、喷涂等工作。在处理高温、有毒产品时，它比人手更能适应工作。因此，末端执行器会影响机器人的柔性，以及产品质量的好坏。有的末端执行器类似人手，有的是进行某种作业的专用工具，如焊枪、油漆喷头、吸盘等。

1. 夹钳式末端执行器

夹钳式末端执行器又称夹钳式取料手，是工业机器人较常用的一种末端执行器形式，工作原理类似于常用的手钳。夹钳式末端执行器实物如图 5–20 所示，夹钳式末端执行器机械结构如图 5–21 所示。

图 5–20　夹钳式末端执行器实物

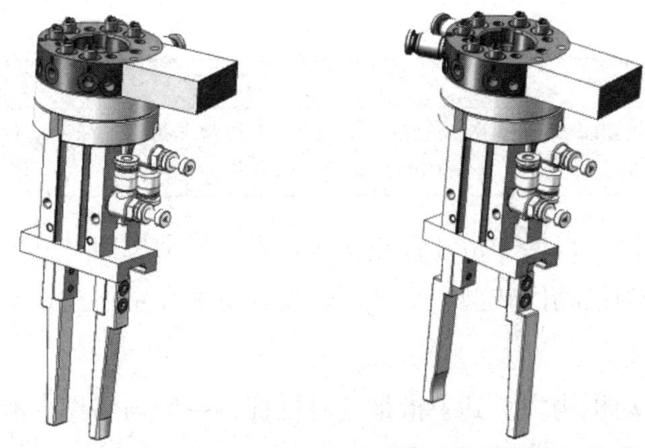

图 5-21　夹钳式末端执行器机械结构

（1）手指。它是直接与工件接触的部件。末端执行器松开和夹紧工件，是通过手指的张开与闭合实现的。机器人末端执行器的结构形式取决于被夹持工件的形状和特性。

1）指端形状。指端是手指上直接与工件接触的部位，其结构和形状取决于工件的形状。常用的为 V 形指（见图 5-22），适用于夹持圆柱形工件，特点是夹持平稳可靠，误差小。

图 5-22　V 形指

2）指面形式。根据工件形状、大小及其被夹持部位材质等的不同，手指指面形式不同，具体见表 5-1。

表 5-1　指面形式

形式	特点
光滑指面	指面平整光滑，用于夹持工件的已加工表面，避免已加工表面受到损伤
齿形指面	指面刻有齿纹，可增加与被夹持工件间的摩擦力，以确保夹持牢靠，多用于夹持表面粗糙的毛坯或半成品

续表

形式	特点
柔性指面	指面镶有橡胶、泡沫、石棉等，有增加摩擦力、保护工件表面、隔热等作用，一般用于夹持已加工表面、炽热件，也适用于夹持薄壁件和脆性工件

（2）传动机构。根据手指开合的动作特点，传动机构可分为回转型和平移型。回转型可分为摆动回转型和平动回转型。下面介绍夹钳式末端执行器中的回转型传动机构。

在回转型传动机构中，其手指是一对杠杆，一般与斜楔、滑槽、连杆、齿轮、蜗轮蜗杆或螺杆等机构组成复合式杠杆传动机构，用于改变传动比和运动方向。斜楔杠杆式回转型末端执行器结构如图 5-23 所示。斜楔向下运动，克服弹簧拉力，使手指装着滚子的一端向外撑开，夹紧工件；斜楔向上运动，在弹簧拉力的作用下手指松开。手指与斜楔通过滚子接触，可以减小摩擦力，提高机械效率。

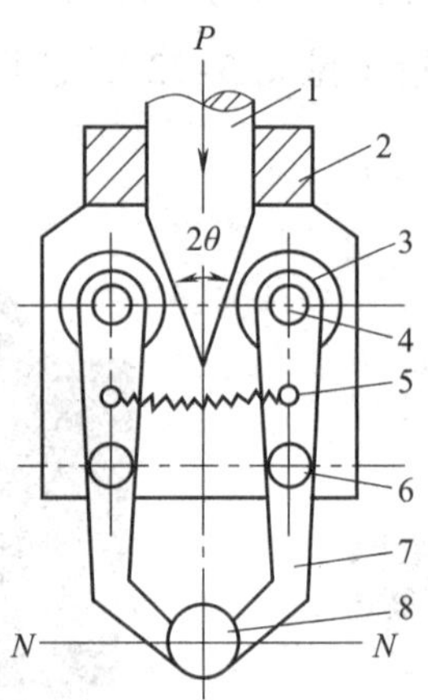

图 5-23　斜楔杠杆式回转型末端执行器结构

1—斜楔　2—壳体　3—滚子　4—圆柱销　5—弹簧　6—铰销　7—手指　8—工件

滑槽杠杆式回转型末端执行器结构如图 5-24 所示。驱动杆上的圆柱销套在滑槽内，当驱动杆同圆柱销一起做往复运动时，即可拨动两个手指各绕其支点（铰销）做相对回转运动，从而实现手指的夹紧与松开。

2. 吸附式末端执行器

吸附式末端执行器靠吸附力取料，适用于大平面（单面接触无法抓取）、易碎（如玻璃、磁盘等）、微小物体的吸取。如图 5-25 所示，机器人正在使用吸附式末端执行器搬运包装箱。

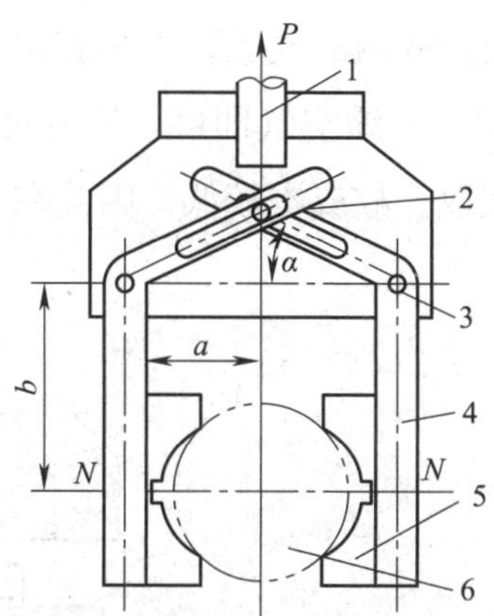

图 5–24 滑槽杠杆式回转型末端执行器结构

1—驱动杆 2—圆柱销 3—铰销 4—手指 5—V 形指 6—工件

图 5–25 工业机器人吸附搬运包装箱

根据吸附原理不同，吸附式末端执行器可分为气吸附式和磁吸附式两种。

（1）气吸附式末端执行器。气吸附式末端执行器利用吸盘与大气压之间形成的压力差工作。与夹钳式末端执行器相比，气吸附式末端执行器具有结构简单、重量轻等优点。气吸附式末端执行器可分为真空吸附、气流负压吸附、挤压排气吸附等类型。

1）真空吸附取料手（见图 5–26）。取料时，碟形橡胶吸盘与物体表面接触，起密封与缓冲的作用，然后利用真空泵抽气，吸盘腔内形成真空，完成吸附取料；放料时，管路接通空气，吸盘腔内失去真空，物体被放下。真空吸附取料手吸附力大，但需要有真空系统，成本较高。

2）气流负压吸附取料手（见图 5–27）。取料时，压缩空气高速流经喷嘴时，其出口处的气压低于吸盘腔内的气压，于是腔内的气体被带走而形成负压，完成取料动作；放料时，切断压缩空气即可。气流负压吸附取料手需要压缩空气，一般在工厂里较容易获取，故成本较低，因此在工厂中应用广泛。

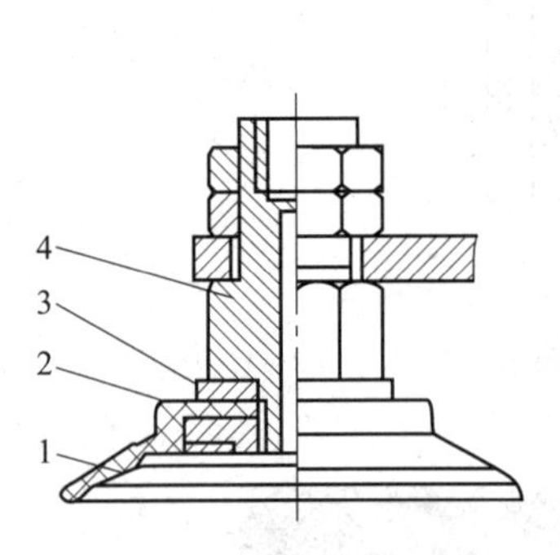

图 5-26　真空吸附取料手

1—橡胶吸盘　2—固定环　3—垫片
4—支承杆

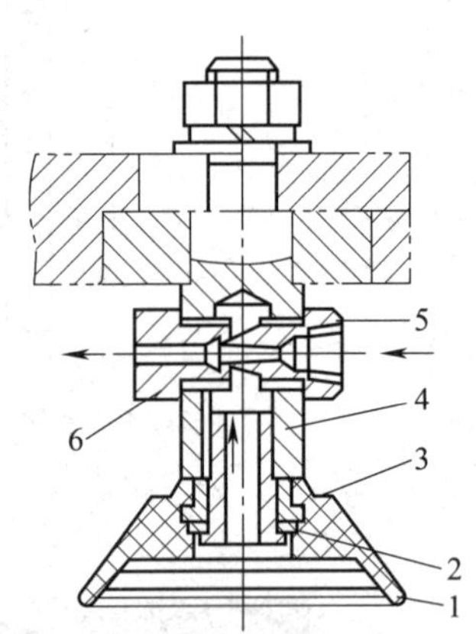

图 5-27　气流负压吸附取料手

1—橡胶吸盘　2—心套　3—透气螺钉
4—支承杆　5—喷嘴　6—喷嘴套

3）挤压排气吸附取料手（见图 5-28）。取料时，吸盘压紧物体，橡胶吸盘变形，挤出腔内多余的空气形成负压，将物体吸住；放料时，压下拉杆，吸盘腔与大气相通而失去负压。该取料手结构简单，但吸附力小，吸附状态不易长期保持。

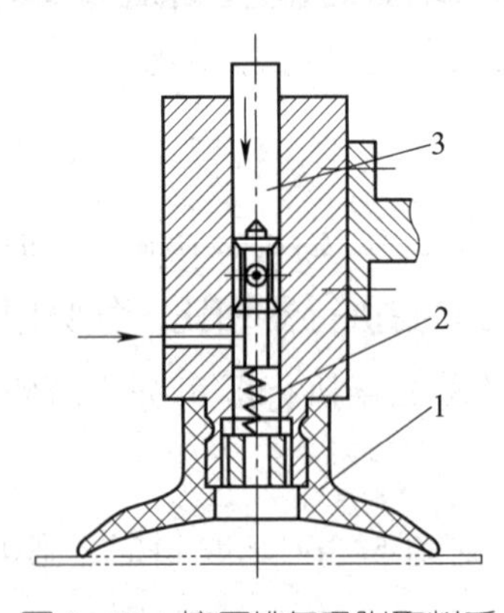

图 5-28　挤压排气吸附取料手

1—橡胶吸盘　2—弹簧　3—拉杆

（2）磁吸附式末端执行器。磁吸附式末端执行器利用电磁铁通电后产生的电磁吸力取料，如图 5-29 所示。磁吸附式末端执行器只对由铁磁材料制成的工件起作用，对某些不允许有剩磁的工件禁止使用，所以磁吸附式末端执行器的使用存在一定的局限性。

工业上一般采用电磁吸盘，线圈通电产生磁场，电磁吸力将面板表面的工件紧紧吸住；线圈断电，电磁吸力消失，吸附的工件被松开。

图 5–29 磁吸附式末端执行器

电磁铁工作原理如图 5–30 所示。当线圈 1 通电后，在铁芯 2 内外产生磁场，磁力线经过铁芯，空气间隙和衔铁 3 被磁化并形成回路。衔铁受到电磁吸力的作用被牢牢吸住。实际使用时，往往采用盘式电磁铁，衔铁是固定的，在衔铁内用隔磁材料将磁力线切断。当衔铁接触由铁磁材料制成的工件时，工件被磁化，形成磁力线回路并受到电磁吸力而被吸住。

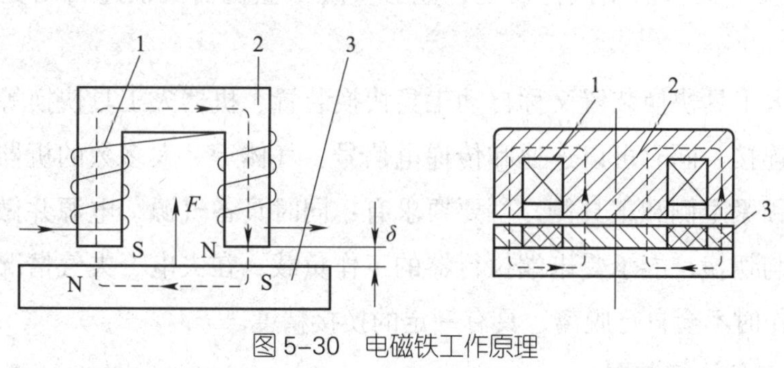

图 5–30 电磁铁工作原理

1—线圈 2—铁芯 3—衔铁

3. 专用末端执行器

工业机器人是一种通用性很强的自动化设备，安装不同的专用末端执行器后，能完成不同的任务。如在通用机器人上安装焊枪就能使其成为一台焊接机器人，安装吸附式末端执行器则能使其成为一台搬运机器人。目前有许多由专用电动、气动工具改型而成的换接器，如拧螺母机、抛光头、激光切割机等。

各种专用末端执行器和电磁吸盘式换接器如图 5–31 所示。

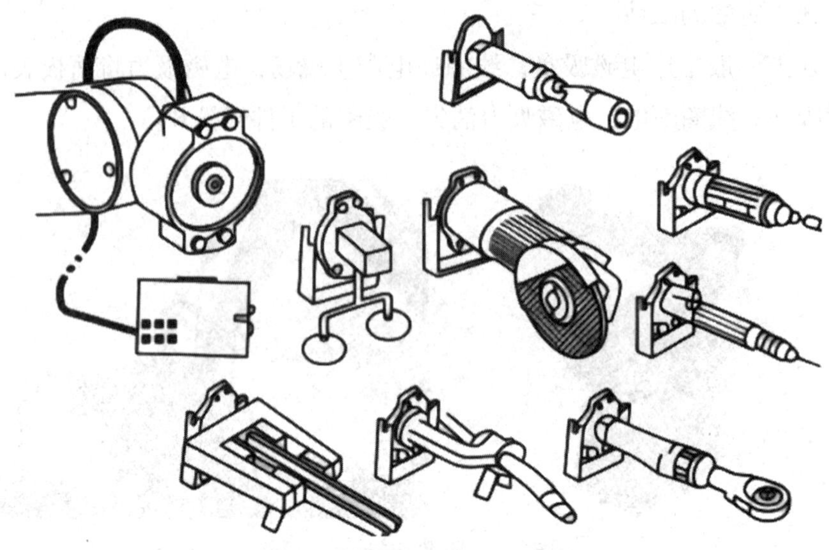

图 5–31　各种专用末端执行器和电磁吸盘式换接器

4. 工具快换装置

有的机器人工作站需要承担多种不同的任务，在作业时需要自动更换不同的末端执行器，使用机器人工具快换装置能快速安装机器人的末端执行器。工具快换装置由两部分组成：工具快换装置插座和工具快换装置插头，它们分别装在机器人手腕和末端执行器上，能够实现工业机器人快速自动更换末端执行器。

机器人工具快换装置又称自动工具快换装置、机器人工具快换等，它可以自动锁紧连接，同时可以连通和传递电信号、气体等。大多数的机器人连接器使用气体锁紧主侧和工具侧，主要要求有：同时具备气源、电源并做到信号的快速连接与切换；能承受末端执行器的工作负载；在失电、失气情况下，机器人停止工作时不会自行脱离；具有一定的换接精度。

5. 多工位换接装置

某些工业机器人的作业任务较为集中，需要换接一定量的末端执行器，但又不必配备数量过多的末端执行器库。此时，可以在机器人手腕上设置一个多工位换接装置，如图 5–32 所示。在自动锁螺钉的工位上，工业机器人需要先将螺钉插入指定的螺孔，再将插入的螺钉紧固到正确的扭矩或深度。采用多工位换接装置，可以最大限度地简化工业机器人的操作流程，从而节省装配作业时间。

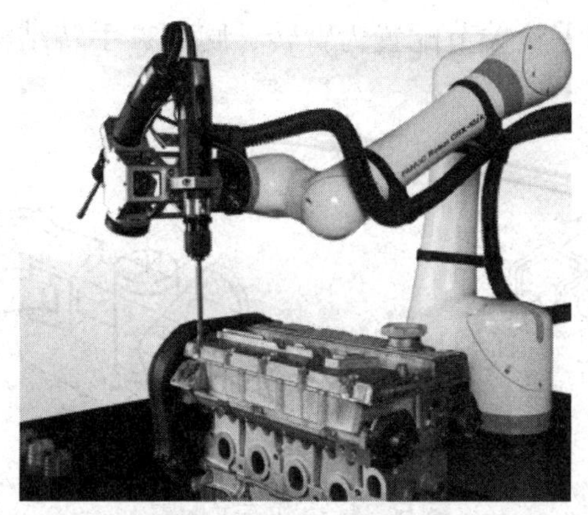

图 5-32　多工位换接装置

多工位换接装置的类型如图 5-33 所示，有棱锥型和棱柱型两种。棱锥型换接装置可保证手爪轴线和手腕轴线一致，受力较合理，但传动机构较为复杂；棱柱型换接装置传动机构较为简单，但手爪轴线和手腕轴线不能保持一致，受力不均。

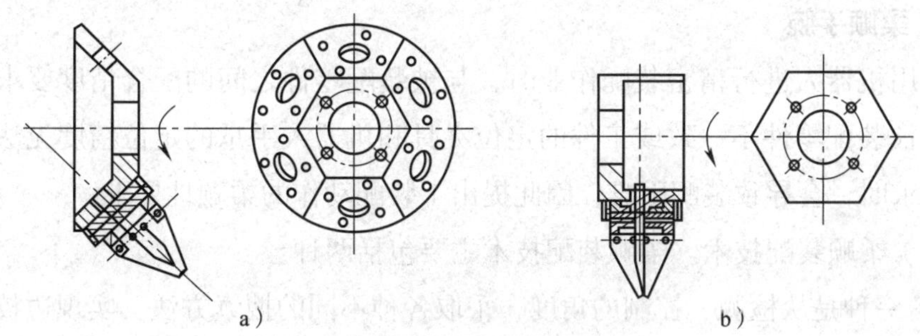

图 5-33　多工位换接装置的类型
a）棱锥型　b）棱柱型

二、工业机器人手腕

工业机器人手腕是位于末端执行器和手臂之间，用于支撑和调整末端执行器的部件。手腕有助于末端执行器呈现期望的姿态，能扩大手臂运动范围，增加工业机器人的自由度。

1. 手腕的运动形式

（1）臂转：绕小臂轴线方向旋转。

（2）手转：使末端执行器（手部）绕自身轴线方向旋转。

（3）腕摆：使末端执行器相对于手臂进行摆动。

图 5-34a 所示的手腕关节配置为臂转、腕摆、手转结构，图 5-34b 所示为双腕摆、手转结构。

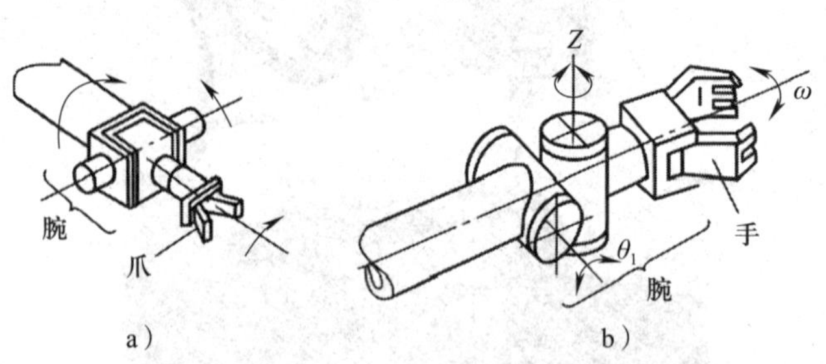

图 5-34　手腕关节配置

a）臂转、腕摆、手转结构　b）双腕摆、手转结构

当发生臂转与手转时，手腕进行回转运动（Roll），用 R 表示，当发生腕摆时，手腕进行俯仰或偏转运动。手腕俯仰运动（Pitch）用 P 表示，手腕偏转运动（Yaw）用 Y 表示。当手腕具有俯仰、偏转和回转能力时，可简称为 RPY 运动。有些手腕为满足使用要求，还可以直线移动。

2. 柔顺手腕

在用机器人进行精密装配作业时，与被装配零件之间的配合精度要求相当高。当被装配零件不一致或工件的定位夹具和机器人手爪的定位精度无法满足装配要求时，会导致装配困难，因此提出了装配动作的柔顺性要求。

（1）柔顺装配技术。柔顺装配技术主要包括两种。

1）一种是从检测、控制的角度，采取各种不同的搜索方法，实现边校正边装配。有的手爪配有检测元件，如视觉传感器、力传感器等，这就是主动柔顺装配。

2）另一种是从结构的角度，在手腕配置一个柔顺环节，以满足柔顺装配的需要，这种柔顺装配技术称为被动柔顺装配。

（2）柔顺手腕结构。具有平动和摆动机构的柔顺手腕如图 5-35 所示。平动机构由平面、钢珠和弹簧等构成，能实现两个方向上的移动；摆动机构由上、下球面和弹簧等构成，可实现两个方向上的摆动。在装配作业中，如遇夹具定位不准或机器人手爪定位不准时，柔顺手腕可自行校正，动作过程如图 5-36 所示。插入的装配工件局部被卡住时，将会受到阻力，促使柔顺手腕动作，手爪产生一个微小的修正量，使工件能顺利插入。采用板弹簧作为柔性元件的柔顺手腕如图 5-37 所示，基座通过板弹簧 1、板弹簧 2 连接框架，框架另两个侧面通过板弹簧 3、板弹簧 4 连接平板和轴，装配时可通过 4 块板弹簧的变形实现柔顺装配。

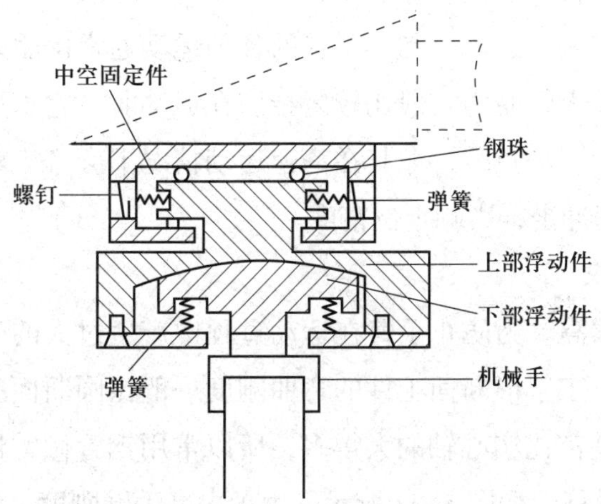

图 5-35　具有平动和摆动机构的柔顺手腕

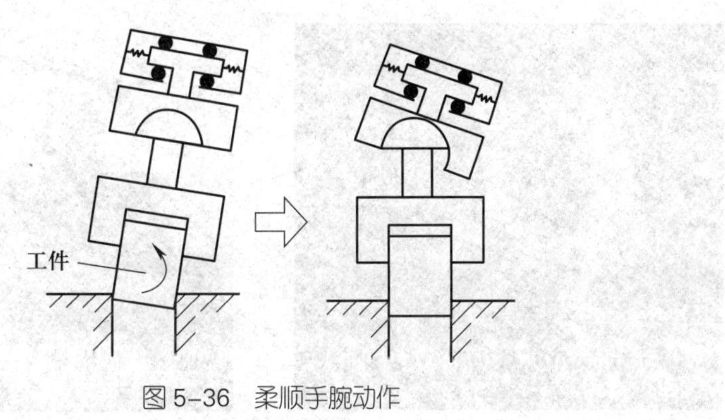

图 5-36　柔顺手腕动作

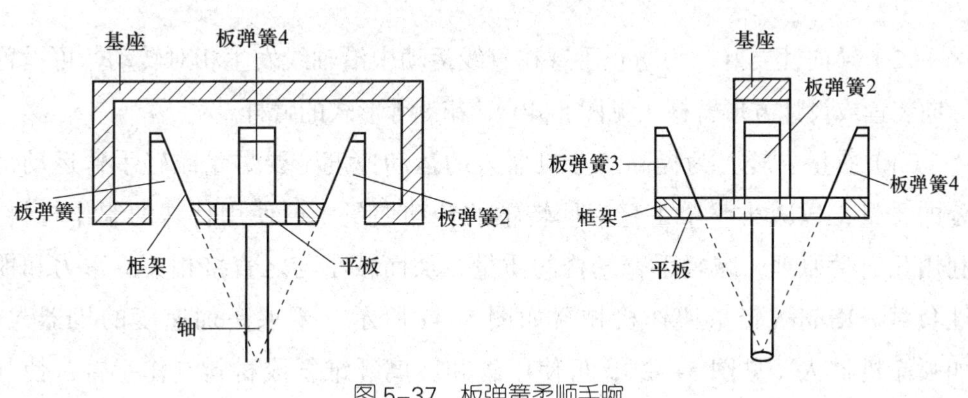

图 5-37　板弹簧柔顺手腕

三、工业机器人手臂

工业机器人手臂一般由大臂、小臂（或多臂）组成，用于支撑手腕和末端执行器，能实现较大的运动范围。手臂的各种运动通常由驱动结构和传动结构来实现，总质量较大，受力一般比较复杂。在运动时，它直接承受手腕、末端执行器和工件的静、动负载，尤其在高速运动情况下会产生较大的惯性力（或惯性力矩）而引起冲击，影响定位精度。

1. 手臂的要求

（1）刚度要求高。为防止手臂在运动过程中产生过大的变形，要合理选择手臂的断面形状。工字形断面工件的弯曲刚度一般比圆断面的大，空心管的弯曲刚度和扭转刚度都比实心轴的大得多，所以常用钢管做臂杆及导向杆，用工字钢和槽钢做支承杆，如图 5-38 所示。为了提高手臂刚度，也可采用多重闭合的平行四边形的连杆机构代替单一的刚性构件的臂杆，如图 5-39 所示。

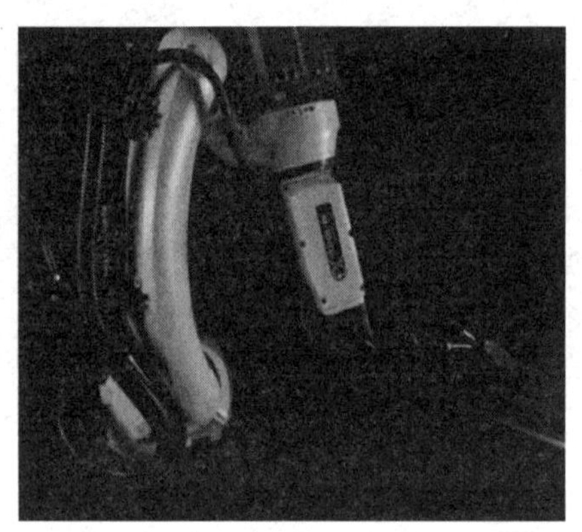

图 5-38　空心管手臂

图 5-39　平行四边形结构手臂

（2）导向性要好。为防止手臂在直线运动中沿轴线发生相对转动，可设置导向装置或设计方形臂杆（见图 5-40）、花键等形式的臂杆。

（3）质量要轻。为提高工业机器人的运动速度，要尽量减轻手臂运动部分的质量，以减小整个手臂对回转轴的转动惯量。可使用特殊的制作材料，利用几何学原理，减轻手臂结构的质量，从而减小与之直接相关的重力和惯性负载。Kinova 轻量协作机械臂如图 5-41 所示。要求高加速度的机器人，如喷涂机器人（见图 5-42），可使用碳和玻璃纤维合成材料制作手臂，使其轻量化。

图 5-40　方形臂杆

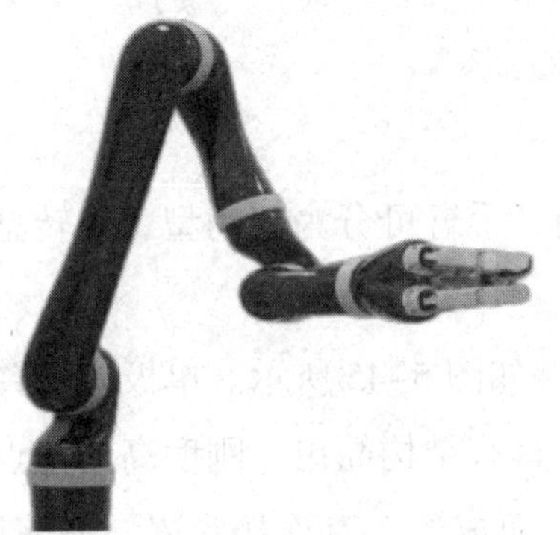

图 5-41　Kinova 轻量协作机械臂

图 5-42　喷涂机器人

（4）运动要平稳，定位精度要高。手臂运动速度越高，惯性力引起的定位前的冲击越大，运动不平稳，定位精度也不高。因此，手臂设计除了要求结构紧凑、质量较轻，同时也要采用一定形式的缓冲措施。例如，采用弹簧与气缸作为手臂缓冲装置，如图 5-43 所示。

a）

b）

图 5-43　带有缓冲装置的手臂

a）带有弹簧缓冲装置的手臂　b）带有气缸缓冲装置的手臂

2. 手臂的类型

（1）按结构形式分。根据结构形式不同，手臂可分为单臂式、双臂式及悬挂式，如图 5–44 所示。

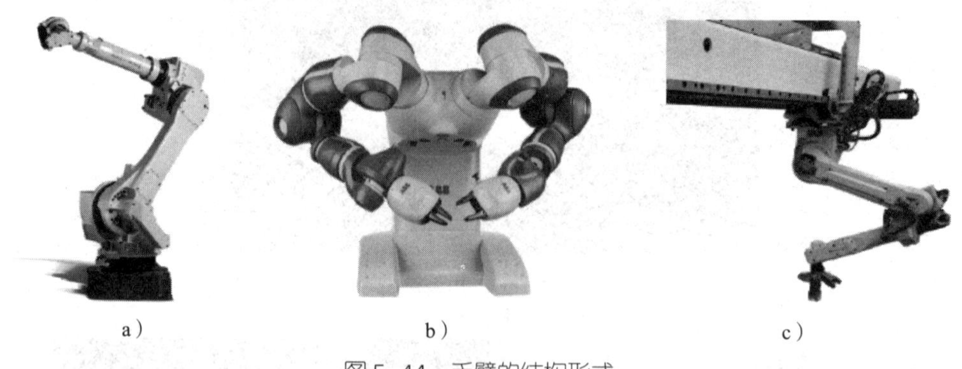

a）　　b）　　c）

图 5–44　手臂的结构形式
a）单臂式　b）双臂式　c）悬挂式

（2）按运动形式分。根据运动形式不同，手臂可分为移动型、旋转型和复合型。

1）移动型手臂可分为单极型和伸缩型，如图 5–45 所示。单极型手臂由一个可沿另外一个固定表面移动的表面组成，具有结构简单、刚度高的优点。伸缩型手臂本质上是由单极型关节嵌套或组合而成的，有连接紧凑、伸缩比大、惯性小的优点。

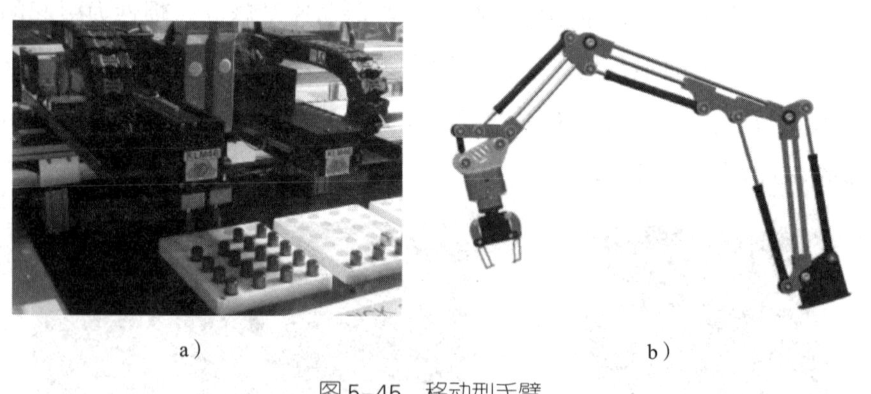

a）　　b）

图 5–45　移动型手臂
a）单极型　b）伸缩型

2）旋转型手臂的运动形式有左右旋转与上下摆动等，如图 5–46 所示。

3）复合型手臂有直线运动和旋转运动组合、两个直线运动组合和两个旋转运动组合等形式。

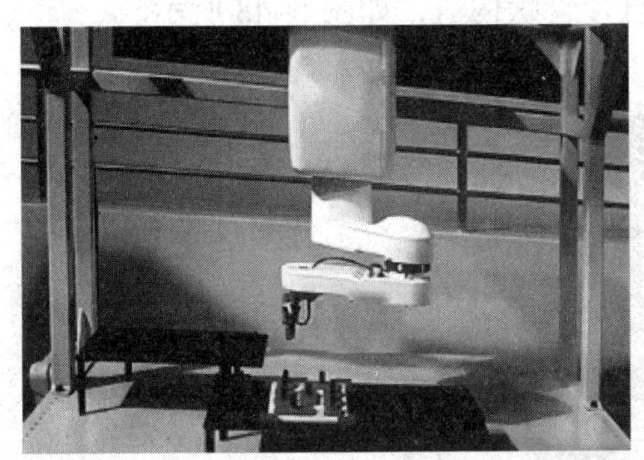
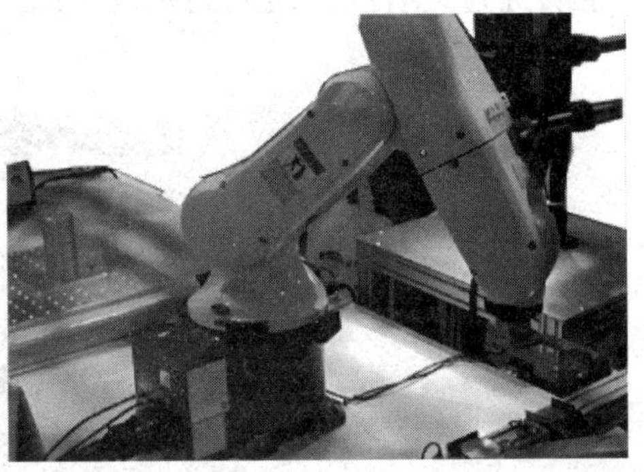

图 5-46　旋转型手臂

复合型手臂结构如图 5-47 所示，当活塞油缸中通入压力油时，推动有 N 形凹槽的活塞杆右移，由于销轴固定在前盖上，滚套会在活塞杆的 N 形凹槽内滚动，使活塞杆既做直线运动又做旋转运动，从而实现手臂的复合运动。

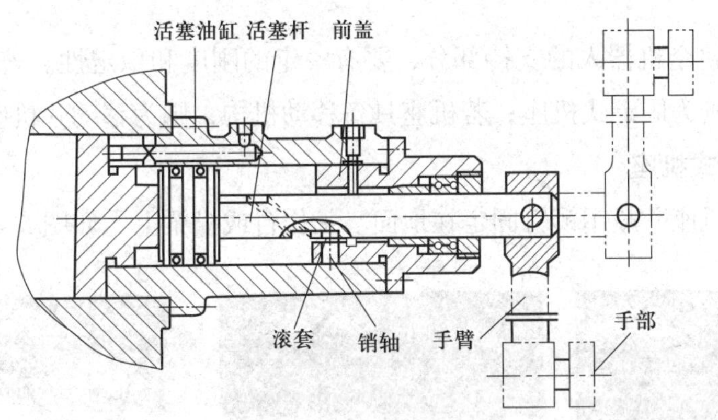

图 5-47　复合型手臂结构

四、工业机器人腰部

工业机器人腰部是连接手臂和机座的部件，通常是回转部件。要实现手腕的空间运动，就离不开腰关节的回转运动与手臂的运动。作为执行结构的关键部件，它的制造误差、运动精度和平稳性都对工业机器人的定位精度有决定性的影响。

由于腰部支撑着大臂和小臂上的各运动部件，因此经常传递转矩，须同时承受弯曲和扭转。机器人末端执行器与腰部间的距离越大，腰部的惯性负载也越大。若腰部的结构强度不够，则可能会影响整体刚度，所以设计腰部时要考虑其承载能力及支撑结构的刚度。此外，还需要考虑线缆及其他单元的控制元件能否穿过，有些机器人的腰部采用大直径管状构造，如图 5–48 所示。

图 5–48　大直径管状腰部构造的工业机器人

五、工业机器人机座

机座是整个机器人的支持部分，要有一定的刚度和稳定性。若机座不具备行走功能，则为固定式机座；若机座具备移动机构，则为移动式机座。

1. 固定式机座

固定式机座一般用铆钉固定在地面、工作台或横梁上，如图 5–49 所示。

a）

b）

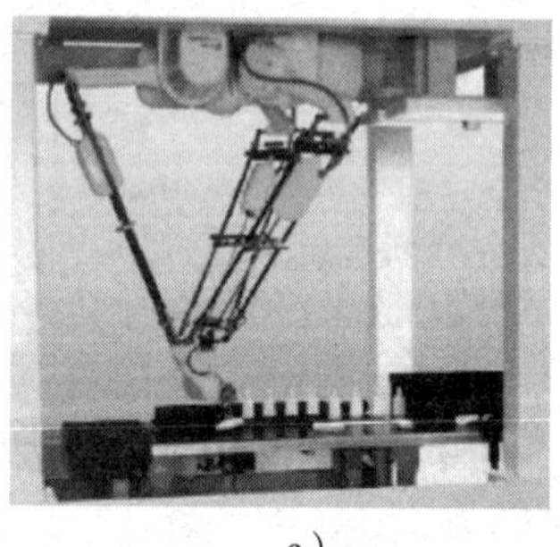

c）

图 5–49　固定式机座

a）固定在地面　b）固定在工作台上　c）固定在横梁上

2. 移动式机座

移动式机座有的采用专门的行走装置，有的采用轨道、滚轮机构。移动式机座通常由驱动装置、传动机构、位置检测元件、传感器电缆及管路等组成，如图 5–50 所示。

移动式机座既是工业机器人的支撑机构，还能根据作业任务带动机器人在更广阔的空间内运动。

图 5-50 移动式机座

六、工业机器人驱动系统

工业机器人的驱动方式主要有 3 类：电动驱动、液压驱动和气动驱动，如图 5-51 所示。早期工业机器人采用的是液压驱动器，后来电动驱动式机器人逐渐增多。工业机器人可以单独采用一种驱动方式，也可以采用混合驱动。比如有些喷涂机器人、重载点焊机器人和搬运机器人采用电动、液压驱动，不仅具有点位控制和连续轨迹控制功能，还具有防爆功能。

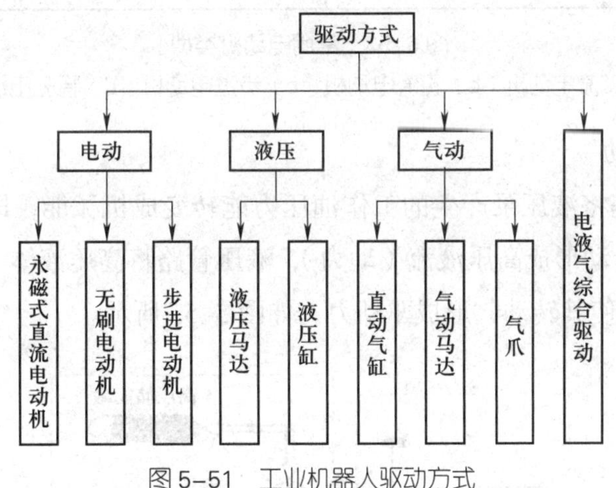

图 5-51 工业机器人驱动方式

1. 电动驱动

电动驱动方式控制精度高，能精确定位，可实现高速度、高精度的连续轨迹控制，适用于中小负载以及位置控制精度和速度要求较高的机器人，如点焊机器人、弧焊机器人、装配机器人等。伺服电动机具有较高的可靠性和稳定性，并且具有较强的短时过载能力。

常用电动机类型如图 5-52 所示，交流电动机、直流电动机或步进电动机可用于对点位重复精度和运行速度有较高要求的情况下；直驱电动机适用于对速度、精度要求均很高的情况或洁净环境中。

图 5-52 常用电动机类型

a）交流电动机 b）直流电动机 c）步进电动机 d）直驱电动机

2. 液压驱动

液压驱动是将液压泵产生的工作油压力能转变成机械能，即发动机带动液压泵，液压泵转动形成高压液流（动力），液压管路将高压液体（液压油）接到液压发动机 / 泵使其转动，形成驱动力，如图 5-53 所示。

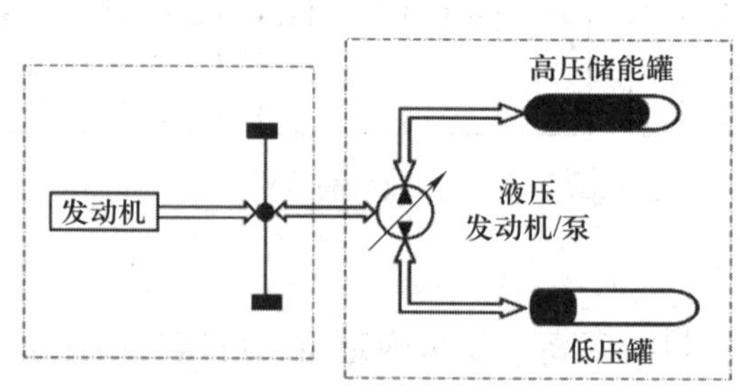

图 5-53 液压驱动原理

液压驱动方式控制精度较高，可无级调速，反应灵敏，能实现连续轨迹控制，操作力大，功率体积比大，适用于大负载、低速驱动。液压驱动方式对密封的要求较高，不适用于高温或低温场所，制作精度要求较高，快速反应的伺服阀成本也非常高，漏液以及维护的复杂性也限制了液压驱动机器人的应用。液压驱动机器人手臂结构如图 5–54 所示。

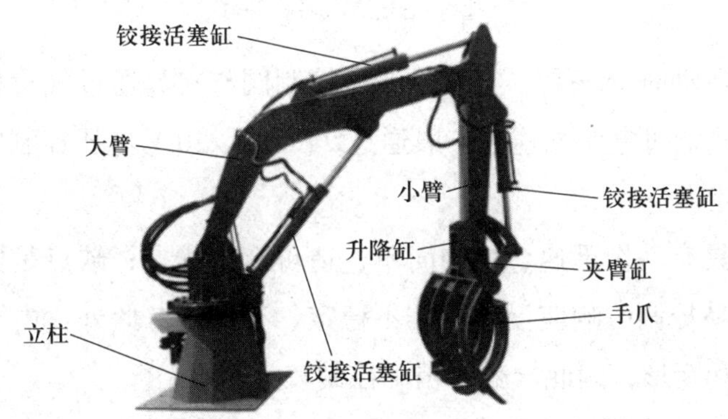

图 5–54 液压驱动机器人手臂结构

3. 气动驱动

气动驱动靠压缩空气来推动气缸运动进而带动元件运动。由于气体可压缩性大，因此气动驱动方式控制精度低，低速不易控制，难以实现伺服控制，但其结构简单、成本较低。气动驱动方式适用于轻负载、快速驱动、精度要求较低的有限点位控制的工业机器人（如冲压气动机器人）。

气动驱动系统主要由气源、气动三联件（或二联件）、气动阀、气动动力机构与执行机构等组成，如图 5–55 所示。

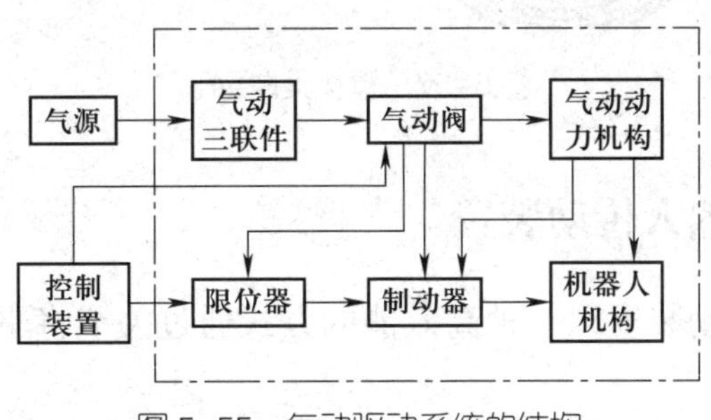

图 5–55 气动驱动系统的结构

气动三联件包括空气过滤器、调压阀和油雾器（有的采用气动二联件），气动阀包括电磁阀、节流调速阀和减压阀等。部分气动驱动装置如图 5–56 所示。

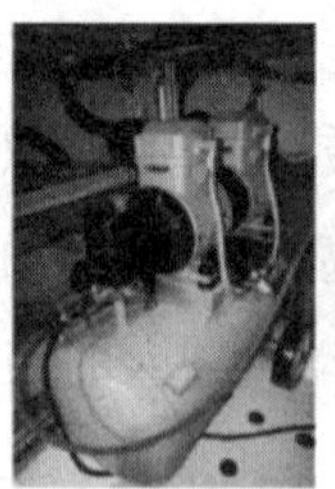  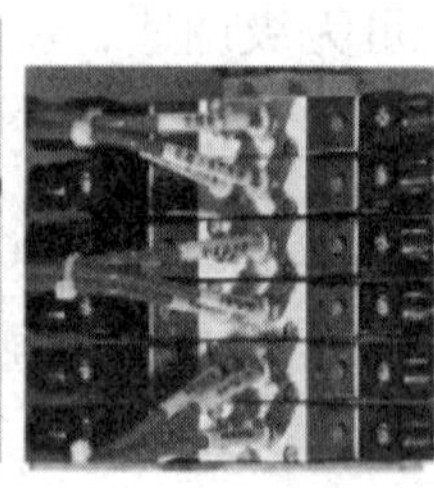  

图 5-56　部分气动驱动装置

气动手爪运动时，气泵、空气过滤器控制阀与夹具通过气管相连，机器人控制器与电磁阀通过电路相连，一般通过 24 V 或 220 V 电压控制电磁阀的通断来调整气流的走向。

气动手爪具有动作迅速、结构简单、造价低等优点；缺点是操作力小、体积大、速度不易控制、响应慢、动作不稳定、有冲击。此外，由于空气在负载作用下会压缩和变形，因此气缸的精确控制较为困难。

柔性手爪也可使用气动驱动方式。由柔性材料做成的一端固定、一端为自由端的双管合一的管状柔性手爪如图 5-57 所示。当一侧管内充气，另一侧管内抽气时，会形成压力差，柔性手爪就向抽空侧弯曲。此种柔性手爪适用于抓取轻型、圆形物体。

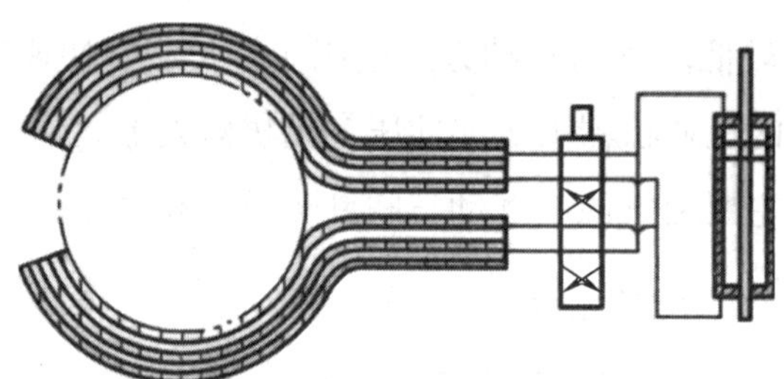

图 5-57　管状柔性手爪

七、工业机器人传动装置

工业机器人传动装置以一种高效能的方式通过关节将驱动装置和机器人连杆连接起来。

1. 轴承

轴承是各种机械旋转轴或可动部位的支承元件，可以降低设备在传动过程中的机械负载摩擦系数。轴承是关节刚度设计中应考虑的关键因素之一，对机器人的运转平稳性、重复定位精度、动作精确度以及工作可靠性等关键性能指标具有重要影响。根据工作时的摩擦性质，轴承可分为滚动轴承和滑动轴承两大类，下面主要介绍滚动轴承（见图 5-58）。

滚动轴承通常包括外圈、内圈、滚动体和保持架 4 个主要组成部分，如图 5-59 所示。密封轴承还包括润滑剂和密封圈（或防尘盖）。

图 5-58　滚动轴承

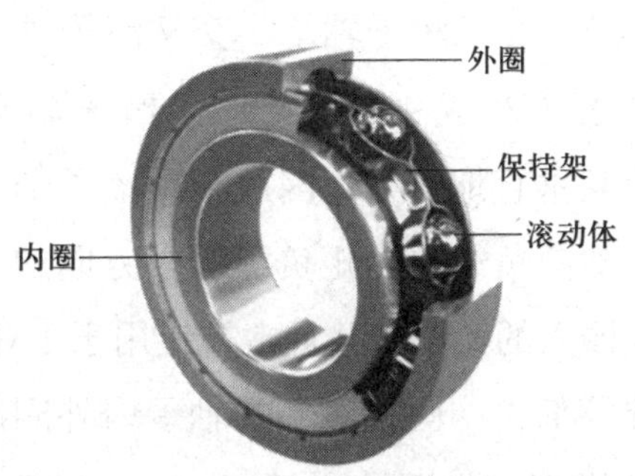

图 5-59　滚动轴承的结构

内圈和外圈统称为套圈，内圈外圆面和外圈内圆面上都有滚道（沟）起导轮作用，限制滚动体侧向移动，同时也增大了滚动体与套圈的接触面积，降低了接触应力。滚动体（见图 5-60）在轴承内通常借助保持架均匀地排列在内外圈之间做滚动运动，保持轴承内外圈之间为滚动摩擦，它的形状、大小和数量直接影响轴承的负载能力和使用性能。

图 5-60　滚动体

最适合工业机器人关节部位或旋转部位的轴承有两大类：一类是等截面薄壁轴承，另一类是交叉滚子轴承。

（1）等截面薄壁轴承。等截面薄壁轴承又称薄壁套圈轴承，如图 5-61 所示。等截面薄壁轴承与普通轴承不同，其各个系列的横截面尺寸被设计为固定值，不随内径尺寸的增大而增大，故被称为等截面薄壁轴承。等截面薄壁轴承具有以下特点：

图 5-61　等截面薄壁轴承

1）极度轻且只需要很小的空间。若要提高工业机器人刚度 – 质量比值，可以使用空心或薄壁结构元件。

2）使用小外径的滚动体，显著降低了摩擦系数，实现了低摩擦扭矩、高刚度、良好的回转精度。

（2）交叉滚子轴承。交叉滚子轴承的圆柱滚子或圆锥滚子在成 90° 的 V 形沟槽滚动面上，通过隔离块相互垂直地排列，因此交叉滚子轴承可承受径向负载、轴向负载及力矩负载等多方向的负载，适用于工业机器人的关节，并且常被应用于工业机器人的腰部、手腕等部位。圆柱滚子在轴承内外圈滚道内相互垂直交叉排列，如图 5–62 所示。交叉滚子轴承具有如下特点：

图 5–62　交叉滚子轴承

1）具有出色的旋转精度，可达到 P5、P4、P2 级。

2）安装及操作简便。

3）承载能力强，刚度高。

2. 丝杠

（1）普通丝杠。普通丝杠传动是采用一个旋转的精密丝杠驱动一个螺母沿丝杠轴向移动。由于普通丝杠的摩擦力较大、效率低、惯性大，在低速时容易产生爬行现象，而且精度低、回差大，因此在工业机器人中较少采用。它的特点是在光滑的轧制丝杠上采用热塑性塑料（如树脂）螺母，如图 5–63 所示。

图 5–63　树脂螺母与丝杠

（2）滚珠丝杠。工业机器人中通常采用滚珠丝杠。滚珠丝杠可以很容易地与线性轴匹配，是旋转运动与直线运动相互转换的理想传动装置。

1）滚珠丝杠的工作原理。在丝杠和螺母上加工出弧形旋槽，套装在一起后可形成螺旋滚道，滚道内填满滚珠。当丝杠相对螺母做旋转运动时，滚珠沿着滚道滚动，在丝杠上滚过数圈后，可通过回程引导装置（回珠器）滚回到丝杠和螺母之间，从而构成一个闭合的回路管道。由于传动过程中产生的为滚动摩擦，因此可以极大地减小摩擦力，提高传动效率，且运动响应速度快。滚珠丝杠内部结构如图 5-64 所示。

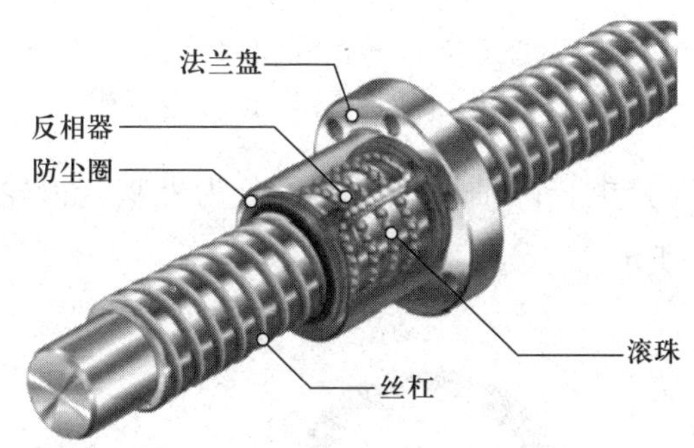

图 5-64 滚珠丝杠内部结构

2）滚珠丝杠的特点。滚珠丝杠的特点见表 5-2。

表 5-2 滚珠丝杠的特点

特点	说明
摩擦损失小，传动效率高	与普通丝杠相比，滚珠丝杠达到同样运动结果所需的动力为使用普通丝杠时的 1/3 以下
可实现微进给和高速进给	滚珠丝杠利用滚珠运动，能实现精确的微进给和高速进给
精度高	高精度的滚珠丝杠可以获得很低或为零的齿隙
轴向刚度高	滚珠丝杠可以加以预压，预压力可使轴向间隙达到负值，从而得到较高的刚度。对短距和中距的行程，其刚度比较好；但由于丝杠只能在轴的两端加工螺纹而成，所以它在长距行程中的刚度会降低
具有传动的可逆性	滚珠丝杠能够将旋转运动转化为直线运动，或将直线运动转化为旋转运动，并传递动力

3. 齿轮

（1）齿轮的分类。根据中心轴平行与否，齿轮可以分为两轴平行齿轮与两轴不平行齿轮。

1）两轴平行齿轮。按轮齿方向分类，两轴平行齿轮可分为斜齿较、直齿轮和人字齿轮，如图 5-65 所示。

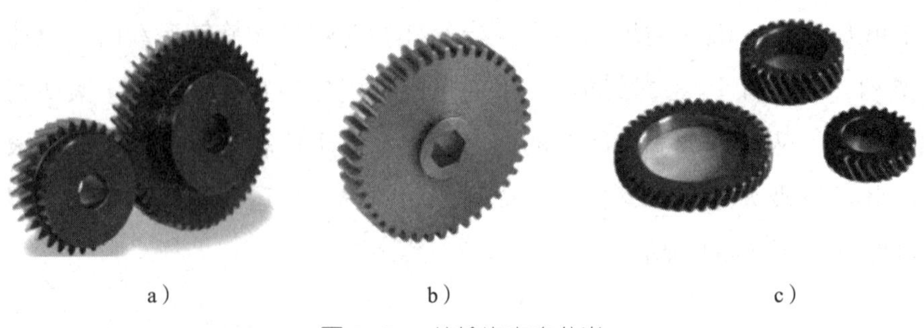

a）　　b）　　c）

图 5–65　按轮齿方向分类

a）斜齿轮　b）直齿轮　c）人字齿轮

按轮齿啮合情况分类，两轴平行齿轮可分为外啮合齿轮、内啮合齿轮和齿轮齿条，如图 5–66 所示。

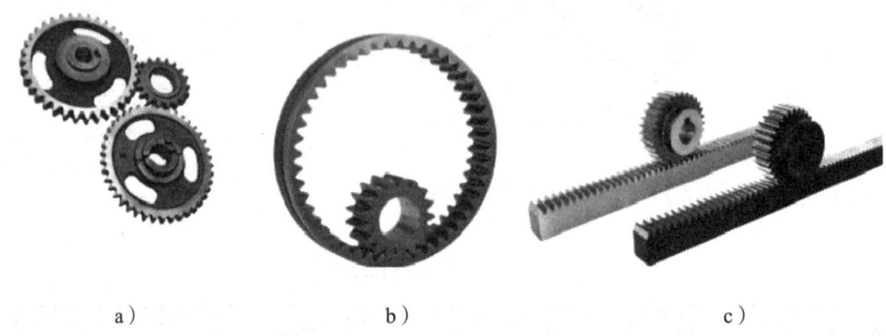

a）　　b）　　c）

图 5–66　按轮齿啮合情况分类

a）外啮合齿轮　b）内啮合齿轮　c）齿轮齿条

2）两轴不平行齿轮。两轴不平行齿轮可分为相交轴齿轮和交错轴齿轮两类。

①相交轴齿轮包括直齿锥齿轮、斜齿锥齿轮等，如图 5–67 所示。

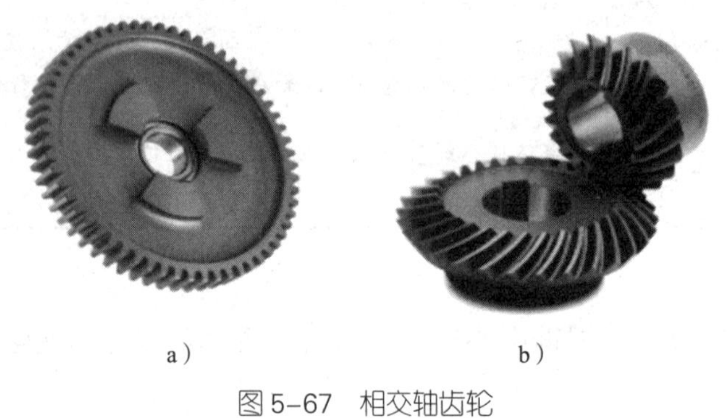

a）　　b）

图 5–67　相交轴齿轮

a）直齿锥齿轮　b）斜齿锥齿轮

②交错轴齿轮包括交错轴斜齿轮、蜗轮和蜗杆等，如图 5–68 所示。

a）

b）

图 5-68　交错轴齿轮
a）交错轴斜齿轮　b）蜗轮和蜗杆

（2）齿轮传动比。齿轮传动比是主动齿轮转速与从动齿轮转速之比，也等于两齿轮齿数的反比。

$$i_{12}=\frac{n_1}{n_2}=\frac{z_2}{z_1}$$

式中　n_1、n_2——主、从动齿轮的转速，r/min；

z_1、z_2——主、从动齿轮的齿数。

（3）齿轮链传动。两个或两个以上的齿轮组成的传动机构称为齿轮链，它不仅可以传递运动角位移和角速度，而且可以传递力和力矩。工业机器人内部齿轮链传动如图 5-69 所示。

图 5-69　齿轮链传动

1）使用注意。齿轮链的引入会改变系统的等效转动惯量，从而使驱动电动机的响应时间减少，伺服系统就更容易控制；引入齿轮链后，由于齿轮间隙误差的存在会导致机器人手臂的定位误差增加，若不采取相应补救措施，齿隙误差还会引起伺服系统的不稳定。

2）特点

①优点。瞬时传动比恒定，可靠性高，传动准确可靠；传动比范围大，可用于减速或增速；传动效率高，结构紧凑，适用于近距离传动。

②缺点。精度不高的齿轮在传动时有噪声、振动且冲击大，污染环境；制造齿形特殊或高精度要求的齿轮时，工艺复杂，成本高；不适宜用于中心距较大的场合。

（4）齿轮齿条传动。齿轮齿条常用于机器人手臂的伸缩、升降及横向（或纵向）移动等直线运动，如图 5–70 所示。

图 5–70　齿轮齿条传动

4. 行星齿轮

行星齿轮结构如图 5–71 所示，行星齿轮除了能像定轴齿轮那样绕自己的转动轴转动之外，它们的转动轴还随着行星架绕其他齿轮的轴线转动。绕自己转动轴的转动称为“自转”，绕其他齿轮轴线的转动称为“公转”，就像太阳系中的行星那样。

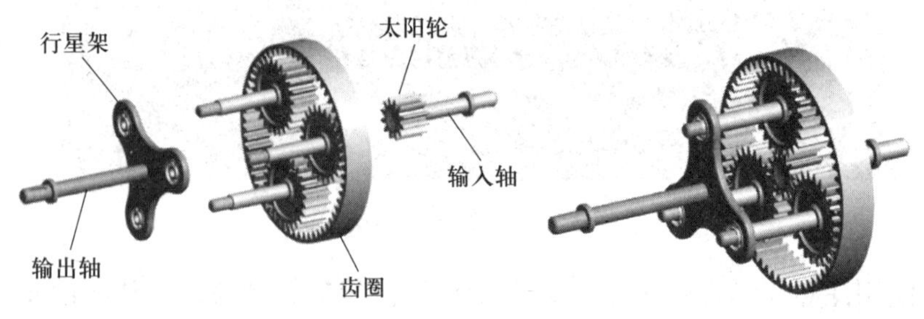

图 5–71　行星齿轮结构

5. RV 减速器

RV 减速器由一个行星齿轮减速器的前一级和一个摆线针轮减速器的后一级

组成。RV 减速器具有结构紧凑、扭矩大、定位精度高、振动小、减速比大、能耗低等诸多优点，被广泛应用于工业机器人。RV 减速器实物如图 5-72 所示。

图 5-72 RV 减速器实物

（1）RV 减速器的组成。RV 减速器主要由齿轮轴、中心轮、行星齿轮、曲柄轴、转臂轴承、摆线轮、针轮、刚性盘及输出盘等零部件组成，如图 5-73 所示。

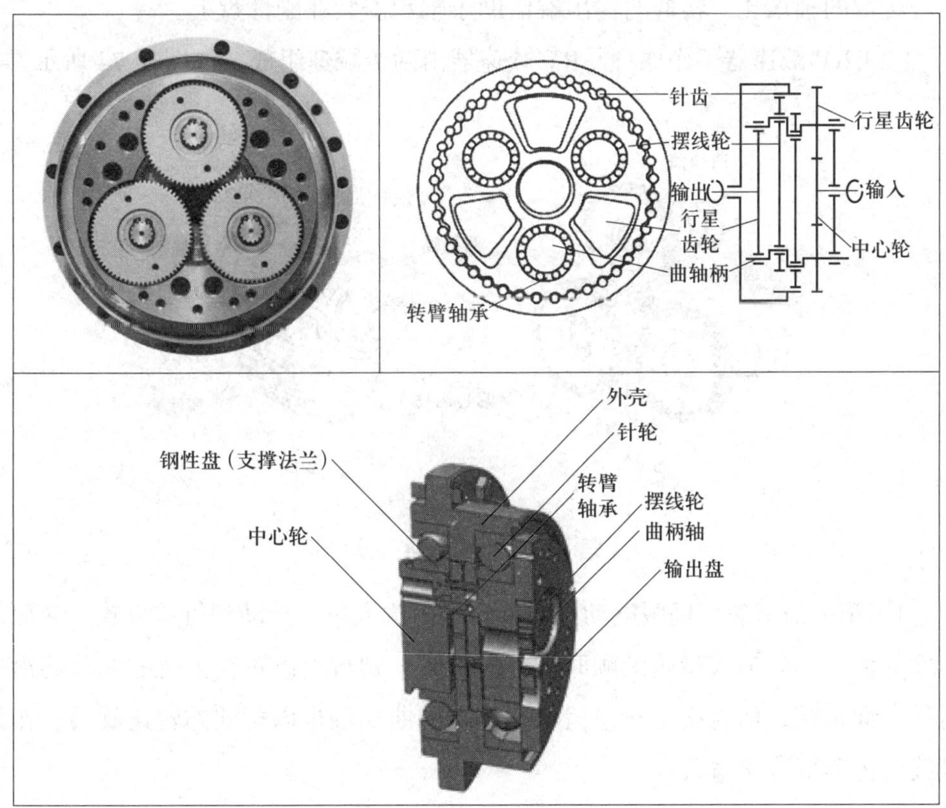

图 5-73 RV 减速器组成

1）齿轮轴：齿轮轴用来传递输入功率，与行星齿轮互相啮合。

2）行星齿轮：与曲柄轴相连，均匀地分布在同一个圆周上，起功率分流作用，将输入功率传递给摆线针轮。

3）曲柄轴：摆线轮的旋转轴，其一端与行星齿轮相连，另一端与支承法兰相连。它采用滚动轴承带动摆线轮产生公转，又支撑摆线轮产生自转。

4）摆线轮：为了实现径向力的平衡并提供连续的齿轮啮合，一般应采用两个完全相同的摆线轮，分别安装在曲柄轴上，且两摆线轮的偏心相位差为180°。

5）针轮：针轮与机架固连在一起而成为针轮壳体，在针轮上安装有针齿，间隙小，耐冲击力强。所有针齿均匀分布在相应的沟槽里，并且针齿的数量比摆线轮的齿数多一个。

6）刚性盘与输出盘：输出盘是RV减速器与外界从动工作机构相连的部件，与刚性盘连接构成双柱起支撑作用，输出运动或动力。在刚性盘上均匀分布着转臂的轴承孔，转臂的输出端借助于轴承安装在刚性盘上。

（2）RV减速器工作原理。RV减速器由两级减速组成，如图5-74所示。

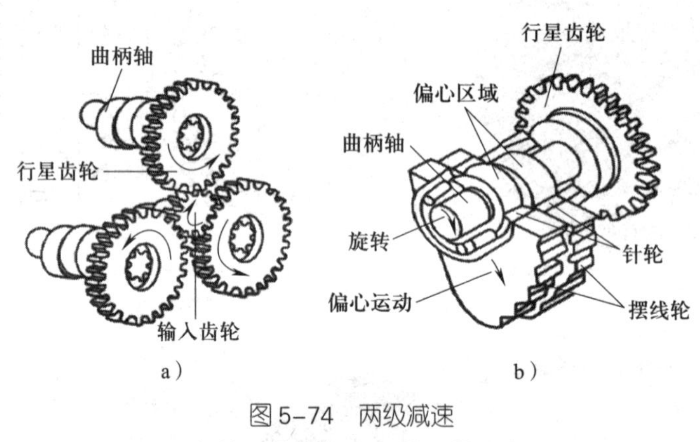

图5-74　两级减速
a）第一级减速　b）第二级减速

1）第一级减速。伺服电动机的旋转经由输入齿轮传动到行星齿轮，从而使速度降低。如果输入齿轮沿顺时针方向旋转，则行星齿轮在公转的同时还沿逆时针方向自转，而直接与行星齿轮相连接的曲柄轴也以相同的转速旋转，作为摆线轮传动部分的输入。

2）第二级减速。由于两个摆线轮被固定在曲柄轴的偏心部位，因此当曲柄轴旋转时带动两个相差180°的摆线轮做偏心运动。摆线轮在绕其轴线公转的过程中会受到固定于针轮壳体上的针齿的作用力而形成与摆线轮公转方向相反的力矩，于是形成反向自转，即顺时针转动。此时摆线轮轮齿会与针轮的针齿进行啮合。当曲柄轴完整地旋转一周时，摆线轮旋转一个针齿的角度。通过两个曲柄轴使摆线轮与刚性盘构成平行四边形的等角速度输出机构，将摆线轮的转动等速传递给刚性盘及输出盘，即完成了第二级减速。

总减速比等于第一级减速比乘以第二级减速比。

（3）RV 减速器选用。RV 减速器型号有很多种，如图 5–75 所示。在选择 RV 减速器时，需要先确认负载特性，计算平均负载转矩与平均输出转速，然后根据 RV 减速器的额定表暂定型号范围，计算减速器寿命，确认输入转速，确认启动、停止时的转矩，确认外部冲击转矩、主轴承能力、倾斜角度等是否在允许范围内，满足要求后确定最终型号。

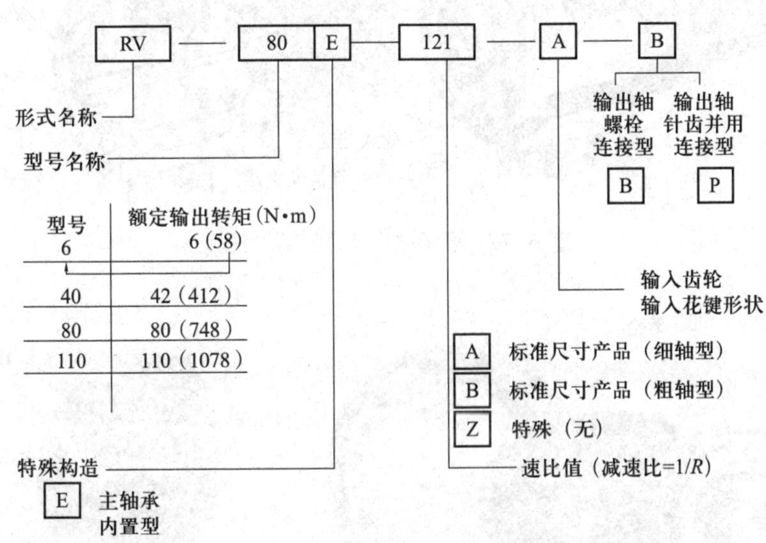

图 5–75　RV 减速器型号

6. 谐波齿轮

谐波齿轮传动是一种依靠弹性形变运动来实现传动的新型机构，它突破了机械传动采用刚性构件的模式，使用柔性构件来实现机械传动。库卡轻型机械臂如图 5–76 所示，它传动比大、结构紧凑，常用于中小型机器人，工业机器人的腕部传动多采用谐波减速器。模块化机器人的电动机整合在相关关节中，并用一个谐波发生器传动，如图 5–77 所示。

（1）谐波齿轮的组成及工作原理。谐波齿轮由 3 个基本构件组成，如图 5–78 所示。

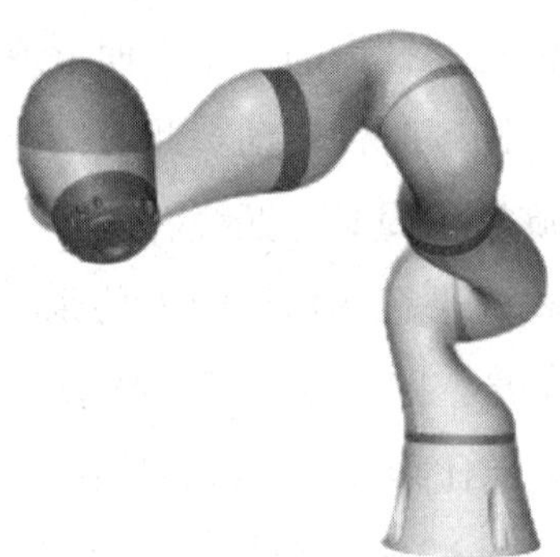

图 5-76　库卡轻型机械臂

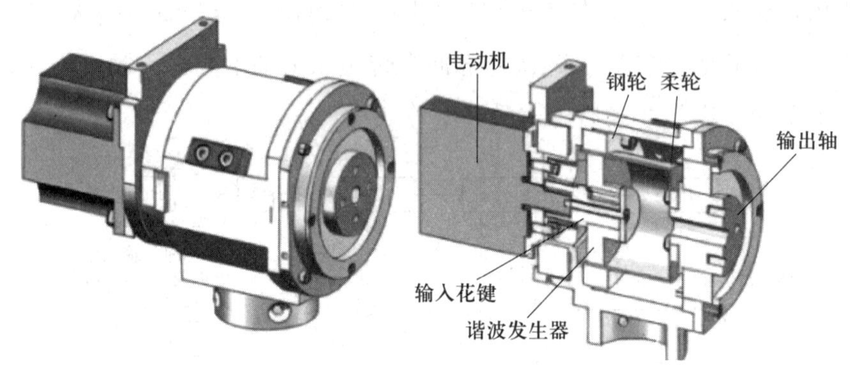

图 5-77　模块化机器人的某个关节

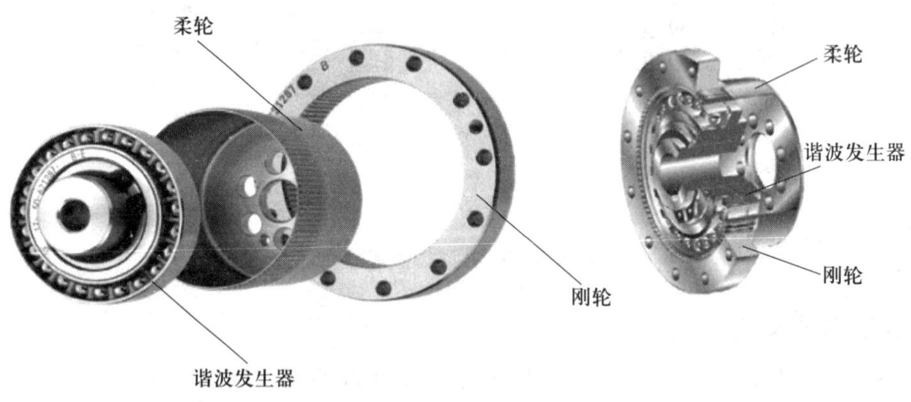

图 5-78　谐波齿轮组成

1）刚轮：刚性的内齿轮。

2）柔轮：薄壳形元件，具有弹性的外齿轮。

3）谐波发生器：由凸轮（通常为圆形）和薄壁轴承组成。谐波发生器驱动柔轮旋转并使之发生弹性形变，转动时柔轮的椭圆形端部只有少数齿与刚轮啮合。

当谐波发生器连续转动时，谐波齿轮在啮入—啮合—啮出—脱开 4 种状态中循环往复，不断改变原来的啮合状态，如图 5–79 所示。这种现象称为错齿运动，可以将输入的高速转动输出为低速转动。

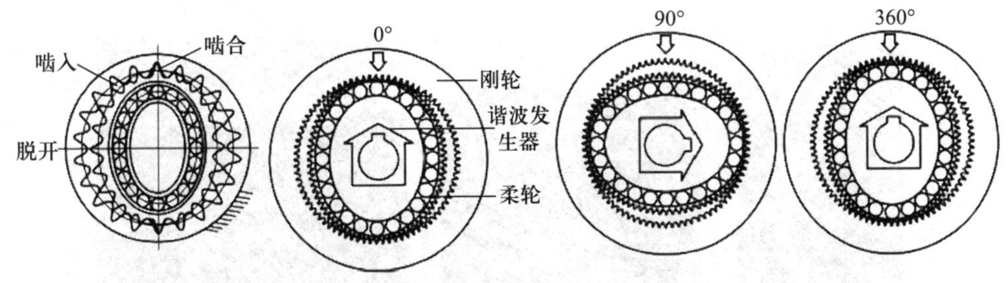

图 5–79　谐波齿轮的齿轮状态

三个构件中任意固定一个，即可实现减速传动或增速传动。作为减速器使用时，通常固定刚轮，谐波发生器装在输入轴上，柔轮装在输出轴上。谐波齿轮的传动比为：

$$i=-\frac{z_1}{z_2-z_1}$$

z_1 为柔轮的齿数；z_2 为刚轮的齿数；负号表示柔轮的转向与谐波发生器的转向相反。

（2）谐波齿轮传动的特点。谐波齿轮传动特点具体见表 5–3。

表 5–3　谐波齿轮传动特点

特点	说明
减速比高	单级同轴可获得 1/320 ~ 1/30 的减速比
齿隙小	谐波齿轮传动不同于普通的齿轮啮合，齿隙极小
精度高	多齿同时啮合，并且有两个 180° 对称的齿轮啮合，累计齿距误差对旋转精度的影响较为平均，使位置精度和旋转精度达到极高的水准
效率高	因摩擦产生的动力损失减少，在获得高减速比的同时维持高效率，并可实现驱动电动机的小型化

7. 同步带

同步带多应用于小型机器人的传动机构和一些大型机器人的轴上。

（1）同步带传动工作原理。同步带上具有许多型齿，能和具有同样型齿的同步轮的轮齿相啮合，如图 5–80 所示。

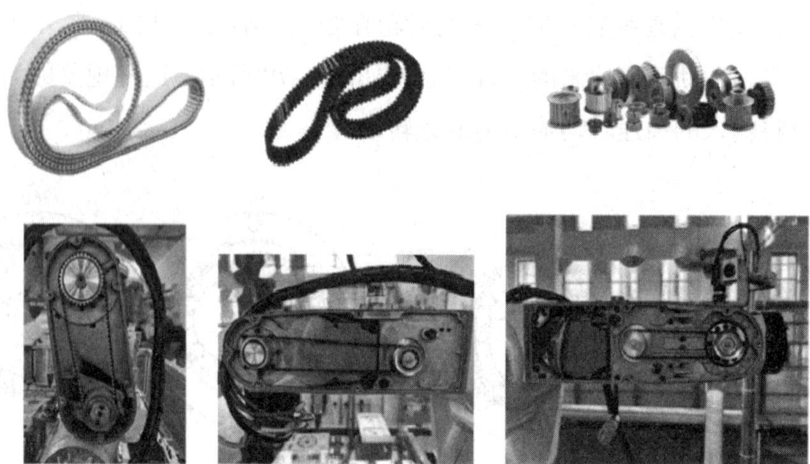

图 5-80　同步带及应用

同步带工作时，相当于柔软的齿轮，张紧力可通过惰轮或轴距调整，如图 5-81 所示。在伺服系统中，如果输出轴的位置采用码盘测量，则输入传动的同步带可以放在伺服环外，这对系统的定位精度和重复性不会有影响，重复精度可以达到 ±1 mm 以内。

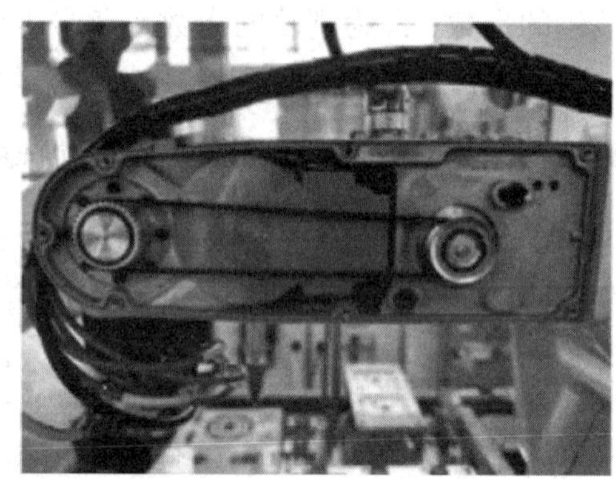

图 5-81　同步带传动

（2）同步带传动特点。同步带传动属于啮合传动，主要特点如下：

1）传动准确，工作时无滑动，具有恒定的传动比。

2）传动平稳，具有缓冲、减振能力，噪声低。

3）传动效率高，可达 0.98，节能效果明显。

4）维护保养方便，无须润滑，维护费用低。

5）速比范围大，一般可达 10。

6）可用于长距离传动，中心距可达 10 m 以上。但是长皮带的弹性和质量可能会导致驱动不稳定，从而增加机器人的稳定时间。

8. 缆绳

使用缆绳传动可以使驱动器布置在机器人机座附近，从而提高动力学效率。缆绳驱动机器人如图 5–82 所示，它的第 3 ～ 8 个电动机布置在第二连杆中，通过钢缆及滑轮将运动传递到末端。

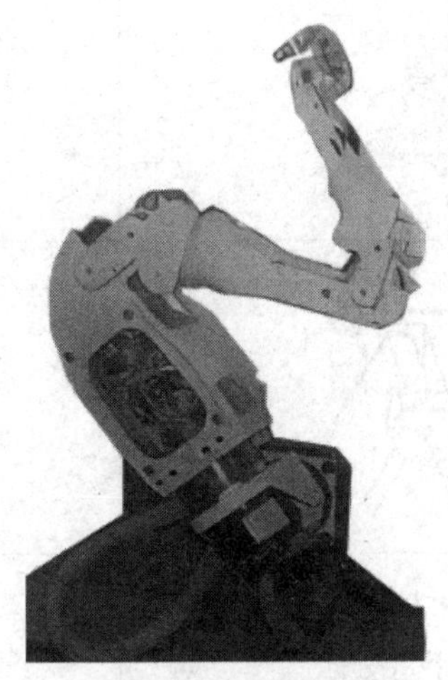

图 5–82 缆绳驱动机器人

为了能对不同外形的物体实施抓取，并使物体表面受力比较均匀，手爪需要增加柔性，多关节柔性手爪如图 5–83 所示。手指传动部分由牵制钢丝绳及摩擦滚轮组成，每根手指由两根钢丝绳牵引，一侧为紧握，另一侧为放松。驱动源可采用电动驱动或液压、气动驱动。柔性手爪可抓取凹凸不平的物体。

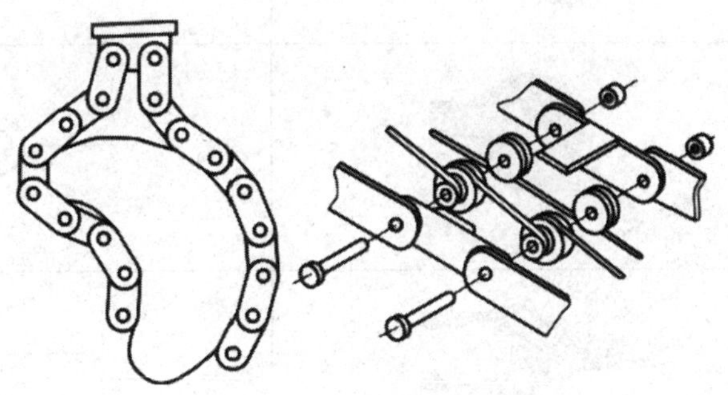

图 5–83 多关节柔性手爪

八、工业机器人运动简图

工业机器人运动功能图形符号见表 5–4。

表 5-4　工业机器人运动功能图形符号

名称	图示	图形符号
移动副	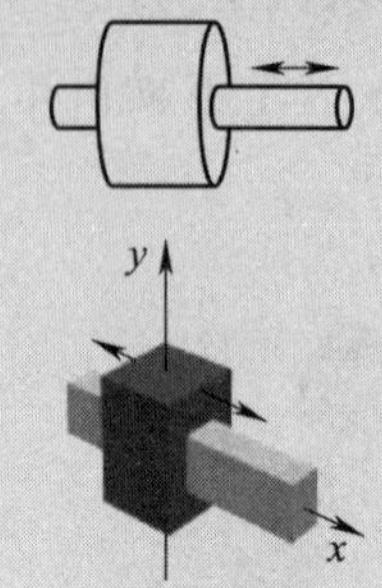	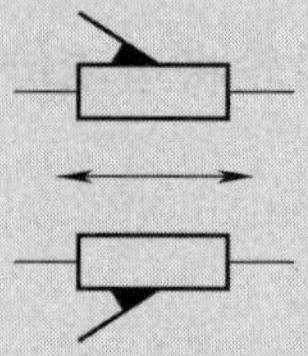
回转副		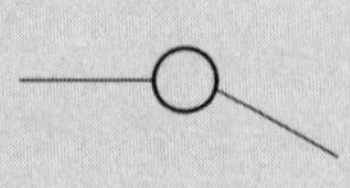
		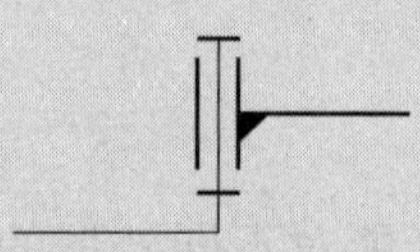
螺旋副		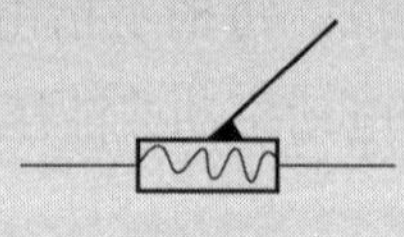
球面副		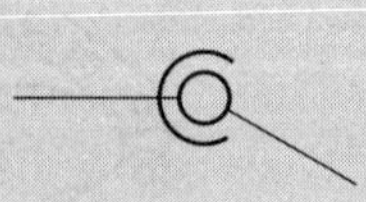
末端执行器	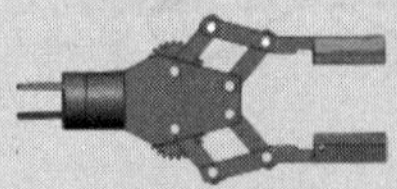	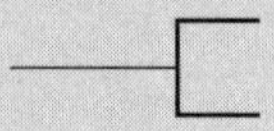
机座		

各种类型的工业机器人运动功能简图见表 5–5。

表 5–5 工业机器人运动功能简图

类型	结构图	主视图	运动功能简图
直角坐标型机器人	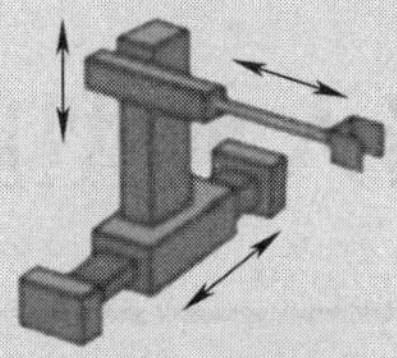	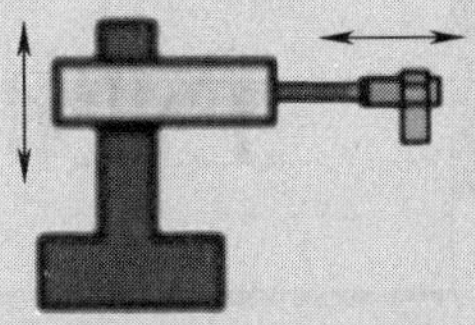	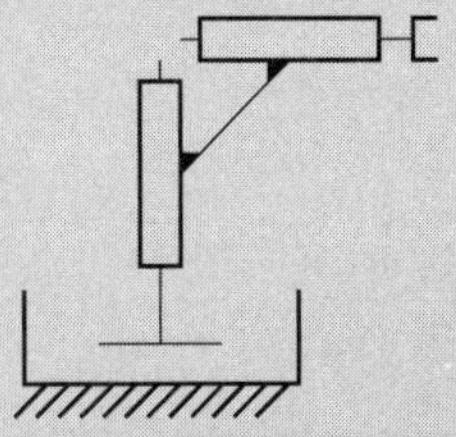
圆柱坐标型机器人		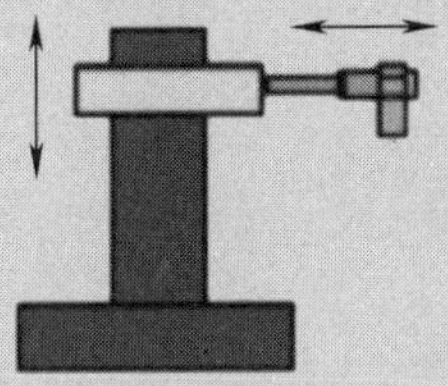	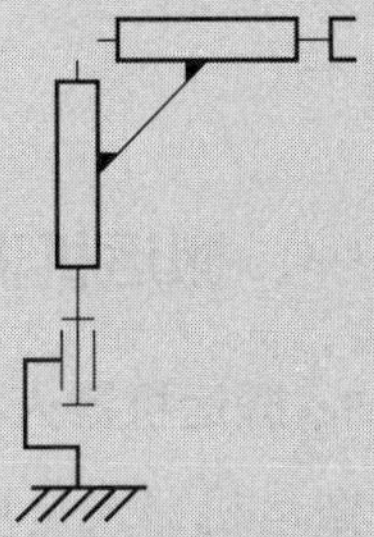
球坐标型机器人	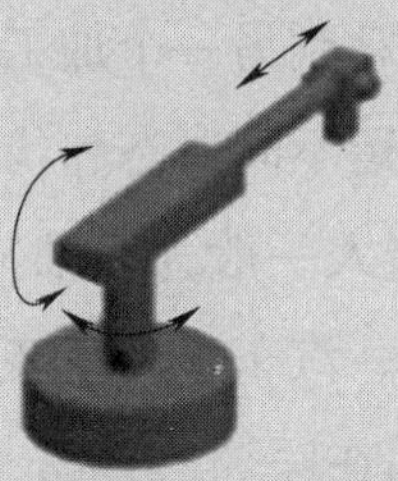	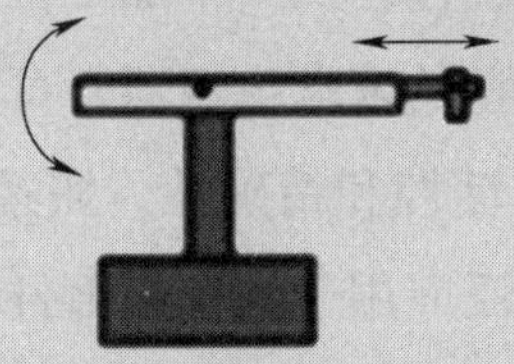	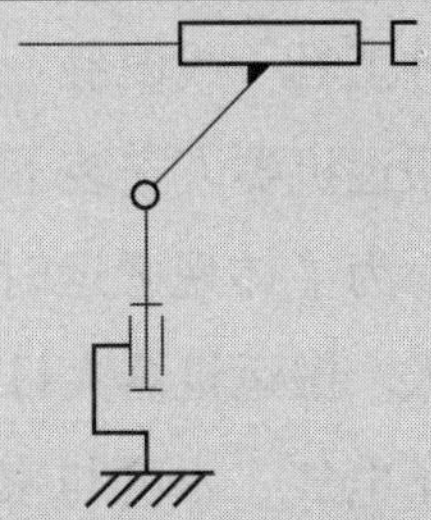
关节坐标型机器人	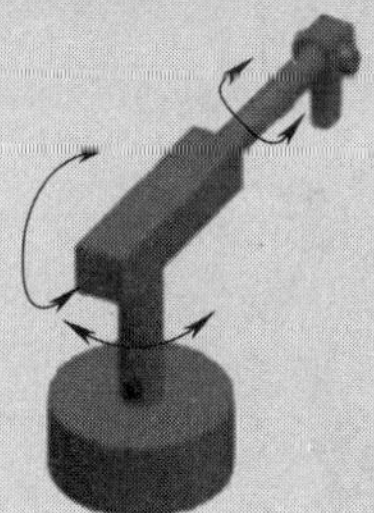	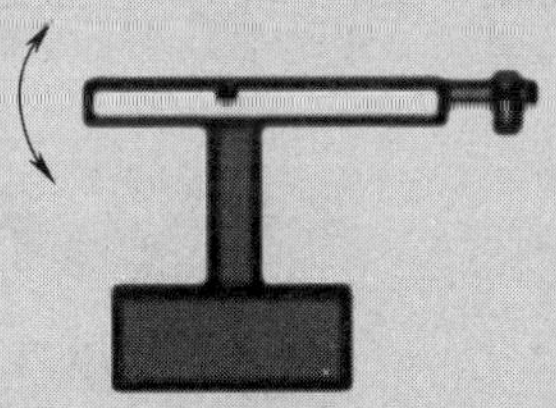	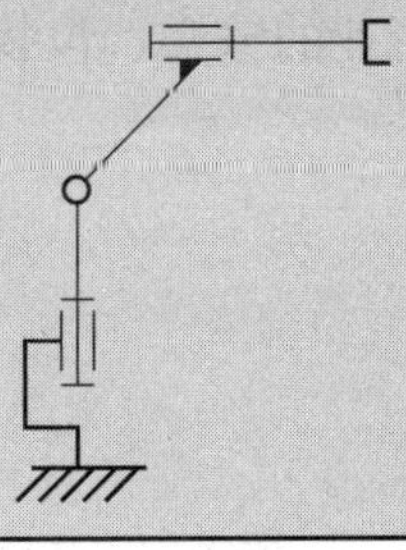

培训课程 3

工业机器人典型应用

一、搬运机器人

1. 搬运机器人概述

搬运机器人是可以进行自动化搬运作业的工业机器人。搬运作业是指利用一种工具（或设备）握持工件，从一个加工位置移动到另一个加工位置的过程。为搬运机器人安装不同类型的末端执行器，可以搬运不同形态和状态的工件。

为了体现搬运时的灵活性和精确性，搬运机器人一般为多轴（多关节）机器人。搬运机器人目前广泛应用于汽车零部件制造、汽车生产组装、机械加工、电子电气、木材与家具制造等行业中，同时也应用在医药、食品、饮料、化工等行业的输送、包装、装箱（见图 5–84）、搬运等工序中。

图 5–84　工业机器人装箱作业

2. 搬运机器人的特点

（1）自动化。搬运机器人能够自动执行搬运任务，无须人工干预，能够提高生产效率和减少人力成本。

（2）高效率。搬运机器人能够快速、准确地搬运重物，比人工搬运更加高效。

（3）高精度。搬运机器人通常配备了先进的传感器和控制系统，能够实现高精度的定位和操作。

（4）灵活性。搬运机器人可以根据不同的搬运任务和工作环境进行编程和配置，具有较高的灵活性。

（5）安全性。搬运机器人配备了多种安全保护装置，如碰撞检测、紧急停止按钮等，能够保障操作人员和周围环境的安全。

3. 搬运机器人的系统组成

搬运机器人工作站（见图5-85）是一种集成化的系统，包括工业机器人、驱动系统、PLC、传感器系统、安全系统等，并与生产控制系统相连接，形成一个完整的集成化搬运系统。

图5-85　搬运机器人工作站

二、码垛机器人

1. 码垛机器人概述

码垛机器人是能够在工业环境中进行自动化码垛作业的机器人，它可以根据预设的程序和指令，将物品按照一定的规则进行堆叠和排列，以提高生产效率。工业机器人码垛作业如图5-86所示，工业机器人以特定的方式将包装箱有序地堆叠起来。

在使用码垛机器人时，需要根据物品的形状、重量、尺寸等，选择合适的机器人和码垛方式，以确保物品的稳定性和安全性。

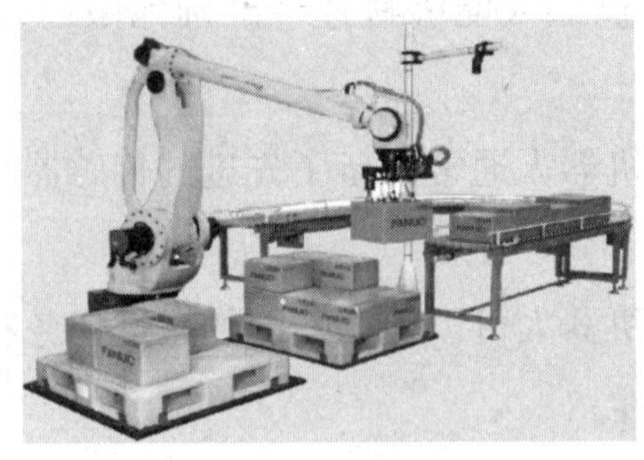

图 5–86　工业机器人码垛作业

2. 码垛机器人的特点

码垛机器人的特点见表 5–6。码垛机器人的特点使其在各种不同的工业场景中得到广泛应用，如物流、制造、食品等行业。

表 5–6　码垛机器人的特点

特点	说明
高效性	码垛机器人可以快速地抓取、搬运和放置物品，提高生产效率
高精度	码垛机器人可以准确地抓取和放置物品，避免出现错误和偏差
安全性	码垛机器人可以避免劳动用工风险，提高工作的安全性
可编程性	码垛机器人可以通过编程实现多种不同的任务，提高工作的灵活性
可维护性	码垛机器人的机械结构简单，易于维护和保养，能降低维护成本

3. 码垛机器人的系统组成

一般而言，码垛机器人工作站是集货物搬运、自动装箱等功能于一体的高度集成化系统，通常包括工业机器人、控制器、末端执行器、自动拆 / 叠机、托盘输送、定位设备和码垛模式软件等。有些码垛机器人工作站还配置自动称重和检测通信系统，并与生产控制系统相连接，形成一个完整的集成化包装生产线。

三、焊接机器人

1. 焊接机器人概述

焊接机器人是能够将焊接工具按要求送到预定空间位置，按设定的轨迹及速度移动的工业机器人，分为弧焊机器人与点焊机器人。焊接机器人在我国工业机器人应用市场中占有重要的地位，在焊接制造领域，如汽车制造、船舶制造、桥梁制造和高铁制造等领域得到广泛应用。

2. 焊接机器人的特点

焊接机器人和人工焊接相比有四个突出优点：焊接稳定性好；适用性广；效率高，可以多工位同时工作；安全可靠，人员可以远离焊接场地，减少有害烟尘、焊炬对焊接人员健康的侵害。工业机器人焊接作业现场如图 5–87 所示。

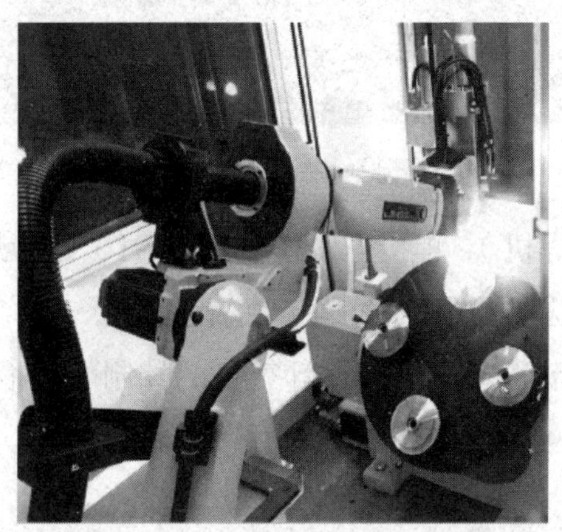

图 5–87 工业机器人焊接作业现场

焊接机器人在整个工业机器人应用中占 40% 以上，占比如此之大，与焊接这个行业的特殊性密不可分。焊接被誉为工业“裁缝”，是工业生产中非常重要的加工手段，焊接质量的好坏对产品质量起决定性作用。

3. 焊接机器人的系统组成

焊接机器人主要包括机器人和焊接设备两部分。机器人由机器人本体和控制柜（硬件及软件）组成，如图 5–88 和图 5–89 所示。以弧焊及点焊为例，焊接设备由焊接电源（包括控制系统）、送丝机（弧焊）、焊枪（钳）、变位机等部分组成。完整的焊接机器人工作站如图 5–90 所示。

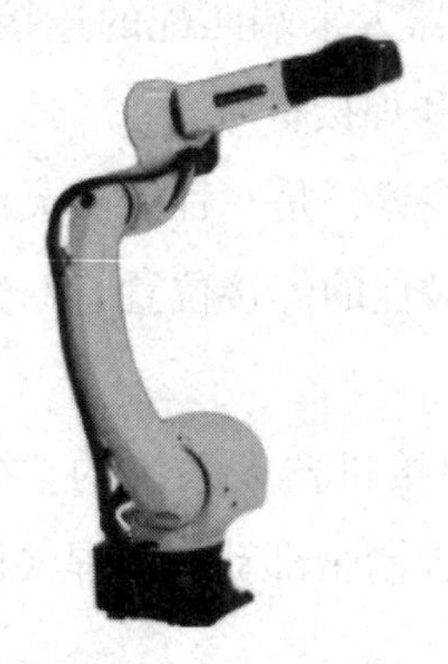

图 5–88 机器人本体

图 5–89 控制柜

图 5–90　焊接机器人工作站

（1）焊接电源（焊机）。焊接电源（见图 5–91）是为焊接提供电流、电压，并具有适合该焊接方法所要求的输出特性的设备。

（2）送丝机。自动送丝机可以在计算机的控制下，根据设定参数连续稳定地送出焊丝，如图 5–92 所示。

图 5–91　焊接电源

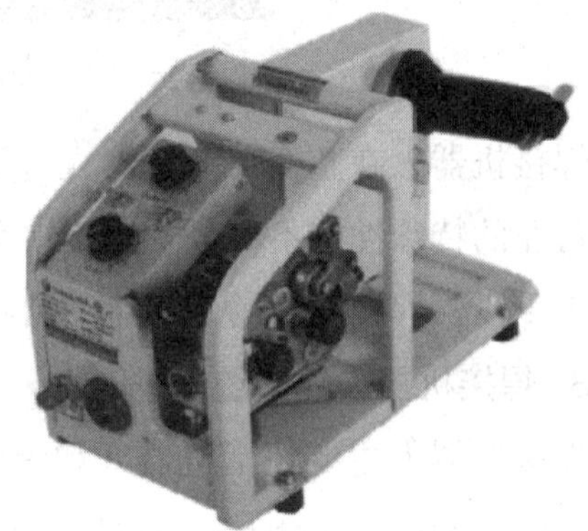

图 5–92　自动送丝机

（3）焊枪。焊枪是在焊接过程中执行焊接操作的设备，使用灵活，方便快捷，工艺简单。工业机器人的焊枪还专门配有与机器人末端匹配的连接法兰，如图 5–93 所示。焊枪功率的大小取决于焊机的功率和焊接材质。

（4）变位机。变位机是工业机器人的主要配套装置，是一种能够灵活改变焊接工件的设备，能将被焊接工件旋转（平移）到最佳的焊接位置。双轴型伺服变位机如图 5–94 所示。

（5）控制系统。焊接机器人控制系统是整个焊接机器人系统的“神经中枢”，负责处理焊接机器人工作过程中的全部信息，控制全部动作。焊接机器人控制系统结构如图 5–95 所示。

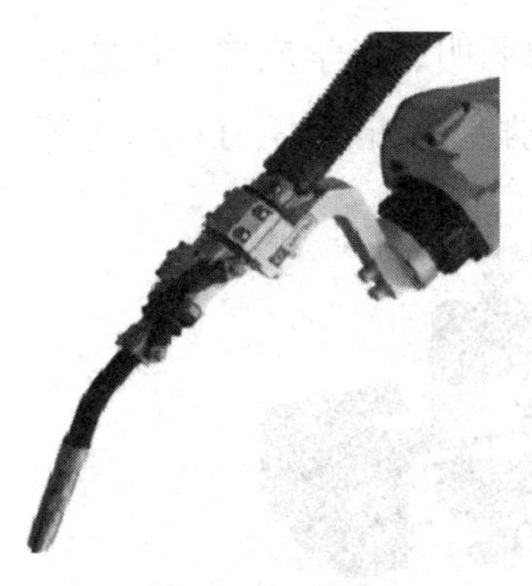

图 5-93 焊枪

图 5-94 双轴型伺服变位机

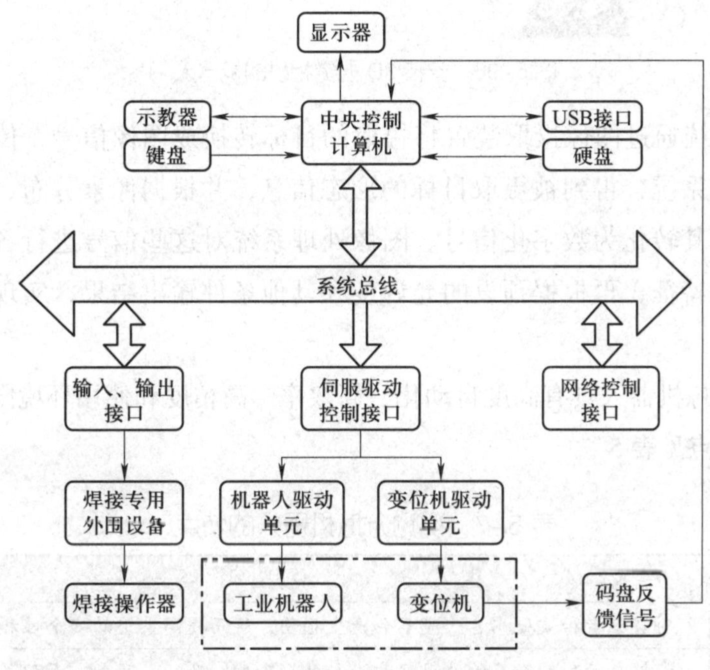

图 5-95 焊接机器人控制系统结构

四、视觉分拣机器人

1. 视觉分拣机器人的特点

视觉分拣机器人最显著的特点在于其机器视觉功能。视觉技术应用于物料分拣时可以提高精确度、实时性和灵活性，从而提高生产效率和质量，减少人工干预和错误。安装 3D 视觉相机的机器人如图 5-96 所示。

机器视觉是指利用相机、摄像机等传感器，配合视觉算法赋予智能设备人眼的功能，从而进行物体的识别、检测、测量等。机器视觉是一项综合技术，包括图像处理、机械工程技术、控制、电光源照明、光学成像、传感器、模拟与数字视频技术、计算机软硬件技术（图像增强和分析算法、I/O 卡）等。

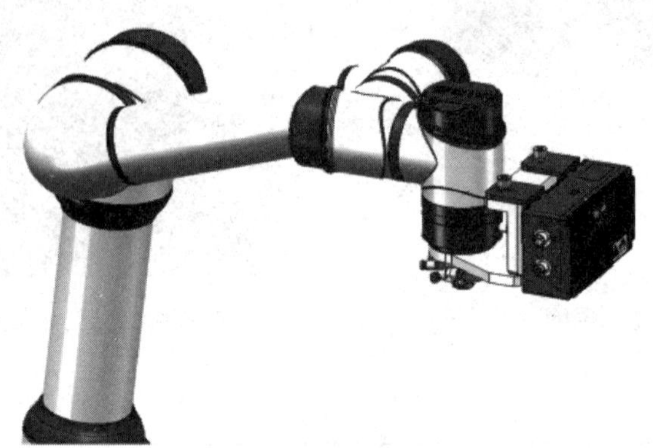

图 5–96　安装 3D 视觉相机的机器人

视觉系统通过图像摄取装置将摄取的目标转换成图像信号，传送给专用的图像处理系统，得到被摄取目标的形态信息，并根据像素分布、亮度和颜色信息，将其转化为数字化信号。图像处理系统对这些信号进行各种运算以抽取目标的特征，再根据预设的允许度和其他条件输出结果，实现自动识别功能。

视觉分拣机器人具有高度自动化、高效率、高精度和使用环境限制少等优势，具体特点见表 5–7。

表 5–7　视觉分拣机器人的特点

特点	说明
非接触测量	对观测者和被观测者一般不会产生损伤，从而提高系统的安全性和可靠性
测量功能	能够自动测量产品的外观尺寸，如外形轮廓、孔径、高度、面积等
持续工作	能够稳定工作，可以对统一对象进行长时间观察，执行测量、分析和识别任务
自动定位	具有定位功能，能够自动判断物体位置，并将位置信息通过一定的通信协议输出
缺陷检测	可以检测产品表面的一些信息，人眼可以判断的产品品质，基本上都能用视觉技术代替判断

2. 视觉分拣机器人的系统组成

基于个人计算机的视觉系统如图 5–97 所示。

图像采集模块由 CMOS 或 CCD 相机、光学镜头、补光光源等构成。图像采集是一切图像处理的基础，图像的质量和稳定性将直接影响处理的结果。

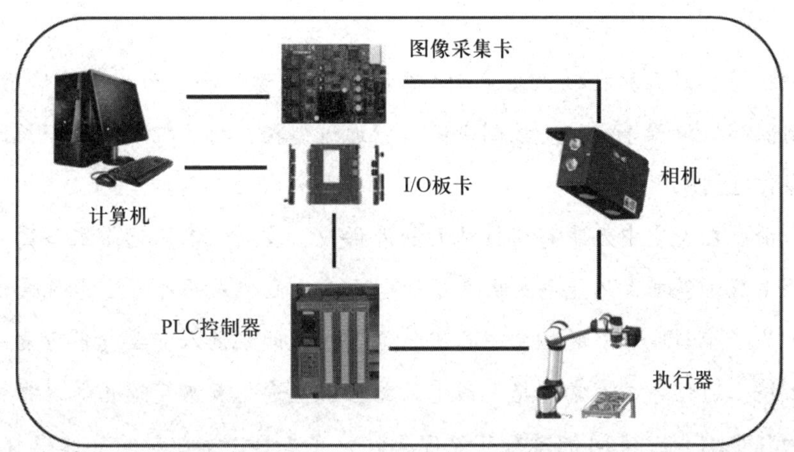

图 5-97　个人计算机视觉系统

图像采集卡是一块特殊的电路板，可以实时采集并存储数字化视频图像信息，并提供与计算机连接的高速接口（黑白、彩色、模拟、数字等）。图像采集卡将得到的模拟信号转变为数字信号，供计算机处理。计算机是机器视觉的关键组成部分，其处理速度对视觉系统至关重要。视觉软件的作用是执行程序、处理数据、判断正误。

运用视觉检测系统的最终目的是要将图像中包含的信息传递给下位机，通信模块就是连接视觉检测系统和运动控制机构的桥梁。目前常用的通信方式有串口通信、TCP/IP 网口通信、IO 板卡等。

相关链接

空间机器人

空间机器人是一种能够在太空中执行各种任务的机器人，如图 5-98 所示。它们通常被设计用于在太空环境中进行维修、组装、探索和科学实验等工作。

空间机器人的机械结构通常采用轻量、高强度材料制成，以适应特殊的太空环境。它们通常具有多个关节和自由度，以便能灵活地执行各种任务。

空间机器人的控制系统负责控制机器人的动作和行为，包括传感器、控制器和执行器等组件。控制系统可以通过遥控、自主控制或混合控制方式操作空间机器人。

由于在太空中无法获得持续的能源供应，空间机器人通常配备高效的能源系统，包括太阳能电池板、核能电池或其他形式的可再生能源等。

为了能与地球上的控制中心进行通信，空间机器人需要具备可靠的通信系统。通信系统通常包括无线电通信、卫星通信及激光通信等。根据不同的任务需求，空间机器人可配备各种特定工具，如机械臂、工具抓手、摄像头、钻头、焊机等。

图 5-98　空间机器人

职业模块 6 安全生产及环保知识

培训课程 1

安全生产操作规程

一、安全与安全生产

“安全”时刻遍布于生产和生活的每一个角落。外出时要注意交通安全；日常生活中要注意卫生安全，预防疾病；生产中要注意生命和财产安全等。

安全生产是指为了使劳动过程在符合安全要求的环境条件下进行，防止伤亡事故、设备事故以及各类灾害的发生，保障劳动者健康和生产作业过程的正常进行而采取的各种措施和活动。

安全生产管理则是以国家法律、法规、技术标准为依据，采取各种手段对生产经营单位各种生产经营活动实施有效制约的一种制度。

根据《中华人民共和国安全生产法》的规定，从业人员在安全生产过程中享有八大权利和三大义务。安全生产工作应当以人为本，坚持人民至上、生命至上，将保护人民生命安全放在首位。

相关链接

从业人员的八大权利和三大义务

1. 八大权利

知情权，建议权，批评权、检举权、控告权，拒绝权，紧急避险权，依法向本单位提出要求赔偿的权利，获得符合国家标准或者行业标准劳动防护用品的权利，获得安全生产教育和培训的权利。

2. 三大义务

自觉遵规的义务，自觉学习安全生产知识的义务，危险告知的义务。

二、事故及分类

事故是指人们在实现有目的的活动过程中，由不安全行为或不安全状态而引起的，突然发生的、与人的意志相反、事先未能预料到的意外事件，可能造成人员伤亡和财产损失，导致生产中断，对社会产生不良影响。事故原因如图 6–1 所示。

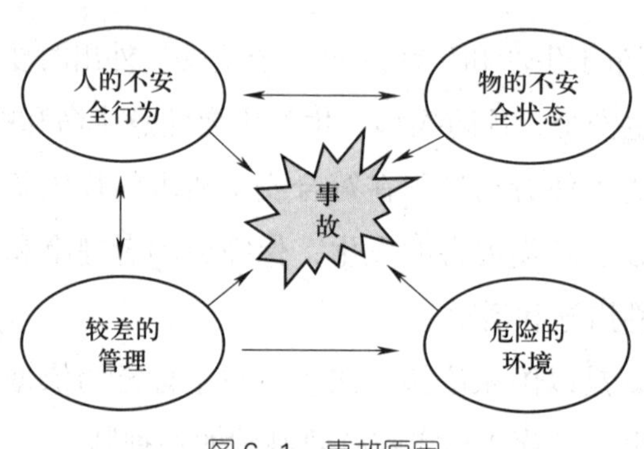

图 6–1　事故原因

根据《生产安全事故报告和调查处理条例》，事故分类见表 6–1。

表 6–1　事故分类

分类	规定
特别重大事故	造成 30 人以上死亡，或者 100 人以上重伤（包括急性工业中毒，下同），或者 1 亿元以上直接经济损失的事故
重大事故	造成 10 人以上 30 人以下死亡，或者 50 人以上 100 人以下重伤，或者 5 000 万元以上 1 亿元以下直接经济损失的事故
较大事故	造成 3 人以上 10 人以下死亡，或者 10 人以上 50 人以下重伤，或者 1 000 万元以上 5 000 万元以下直接经济损失的事故
一般事故	造成 3 人以下死亡，或者 10 人以下重伤，或者 1 000 万元以下直接经济损失的事故

运维员在参与机器人的安全生产中要做到“四不伤害”：不伤害自己、不伤害他人、不被他人伤害、保护他人不受伤害。

当事故发生时，调查处理工伤事故要做到“三不放过”：事故原因不清楚不放过、事故责任者和员工没有受到教育不放过、没有防范措施不放过。

在整个操作空间内，安全防护设施要做到“四有四必有”：有洞必有盖、有台必有栏、有轮必有罩、有轴必有套。

三、常见的不安全行为

不安全行为可能会导致工作场所事故和伤害的发生。常见的八种不安全行为见表 6–2。

表 6–2 八种不安全行为

序号	行为	表现
1	操作失误、忽视安全、忽视警告	未经许可开动、关停、移动机器，开、关机器时未给信号，开关未锁紧造成意外转动、通电或漏电，忘记关闭设备，忽视警告标记、警告信号，操作错误，慌张作业
2	造成安全装置失效	安全装置堵塞或被拆除，作用失效，调整错误等
3	使用不安全设备	临时使用不牢固的设施，使用无安全装置的设备
4	手代替工具操作	用手清除切屑，不用夹具固定而用手拿工件进行机加工，物品存放不当
5	冒险进入危险场所	冒险进入涵洞，接近漏料处，无安全设施
6	攀、坐不安全位置	在起吊物下作业、停留，机器运转时加油、修理、调整、焊接、清扫等有分散注意力的行为
7	未戴劳保用品	在必须使用个人防护用品的场所，未佩戴用品就进行作业
8	不安全装束	在有旋转零件的设备旁作业穿着肥大服装，操纵带有旋转部件的设备时戴手套，女员工长发未盘操作机器设备

四、安全生产管理

在安全生产管理方面，企业通常会采取一系列措施降低风险，保护人们的生命财产安全。安全生产管理具体包括建立安全规章制度、提供安全培训、进行安全检查、识别和评估潜在风险等。企业的安全生产管理直接关系到员工的生命安全和企业的稳定发展。企业制定的安全生产管理制度示例如图 6–2 所示。

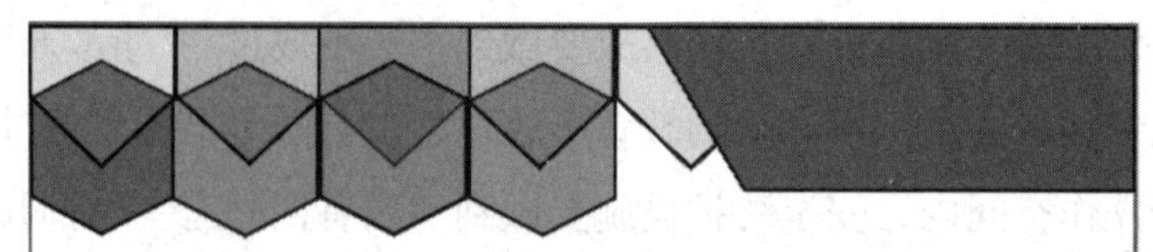

安全生产管理制度

1. 严格按照生产计划排产，精心组织生产，按计划完成当日生产任务，并保证质量。

2. 生产工艺经确认后，任何人均不可随意更改，如在作业过程中发现错误应立即停止并通知车间主任共同研讨，经同意并签字后更改。

3. 在工作前仔细阅读作业指导书，员工如果违反作业规定，不论是故意或失职使他人受伤或公司受损失，应由当事人如数赔偿。

4. 员工在生产过程中应严格按照操作规程操作，不得擅自更改产品的生产工艺或装配方法。否则，造成工伤事故或产品质量问题的，由操作人员自行承担。

5. 在工作时间内，员工必须服从管理人员的工作安排，正确使用设备及工具，不得擅自操作不熟悉的机械设备。

6. 员工必须持已签字的领料单到仓库领取物料，不得私自拿取物料。各车间负责人应将车间区域内的物料有条不紊地摆放并做好标识。

7. 车间完工后要将所有剩余物料退回仓库，不得遗留在车间工作区内。

8. 在生产过程中标准件物料（如螺钉、端子等）不能混放，同时要注意不得随意乱扔，掉在地上的必须尽快捡起归位。

9. 车间主任、检验员必须巡视检查，发现问题及时反馈，保证生产运行和产品质量。

10. 车间员工必须做到文明生产，积极完成上级交办的生产任务，服从因工作需要而临时抽调的安排，对不服从安排的员工将视情况进行处理。

11. 车间员工和外来人员进入特殊工作岗位应遵守特殊规定，确保生产安全。

12. 操作人员每日上班前须保证工作范围内的卫生整洁，工作台面不得杂乱无章，不能直接将工具放置在产品表面而造成表面划伤。

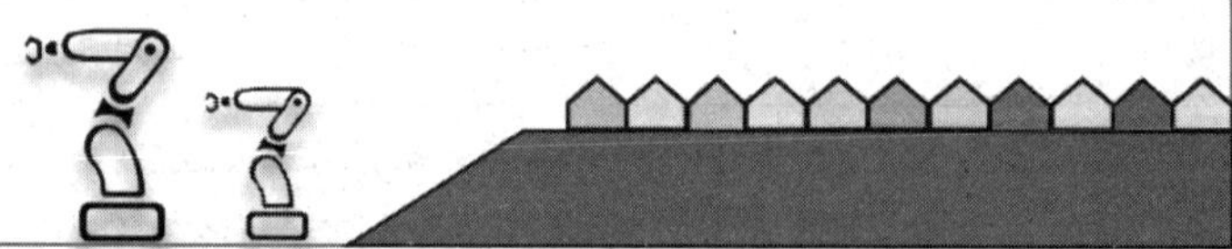

图 6–2　企业安全生产管理制度示例

五、“6S”管理

“6S”管理是一种管理模式，包括整理（seiri）、整顿（seiton）、清扫（seiso）、清洁（seiketsu）、素养（shitsuke）、安全（security）六部分。

“6S”管理强调的是标准化，通过管理提升工作效率，改善作业环境，保证品质稳定。企业“6S”管理示例如图 6–3 所示。

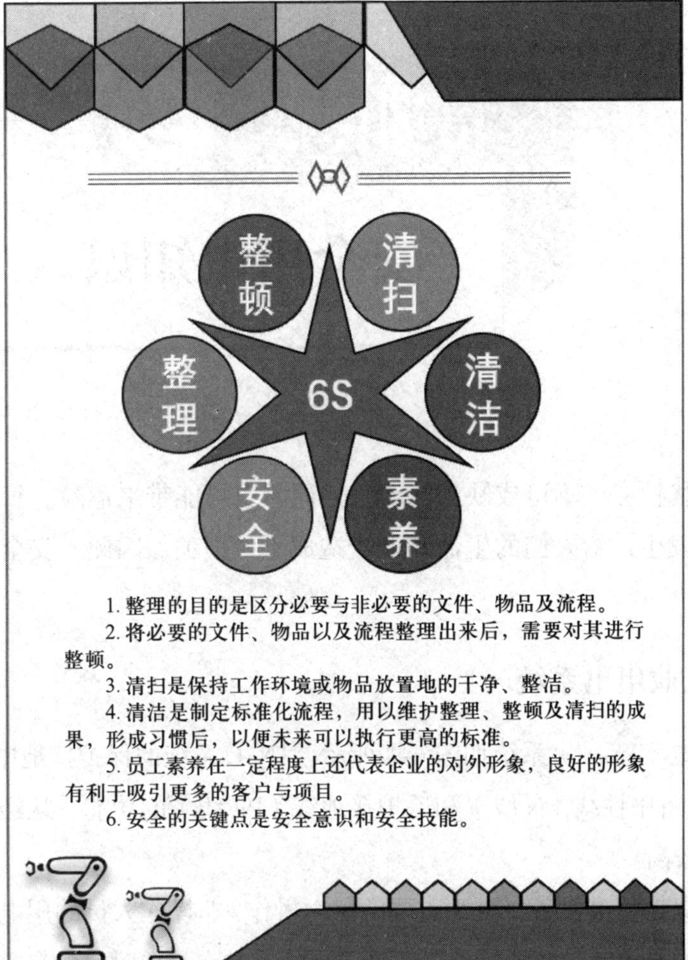

图 6–3　企业“6S”管理示例

培训课程 2 安全用电知识

电是现代社会中不可或缺的能源，但同时也可能带来危险。每年都有大量的电气事故发生，给人们的生命和财产造成重大损失。因此，安全用电就显得尤为重要。

一、工业用电系统

工业用电（TN–C）系统如图 6–4 所示。TN–C 系统的保护接地中心线（PEN 线），同时具备中性线（N 线）和保护接地线（PE 线）的功能，从经济的角度出发，性价比较高。

除了要保护用电设备，更为重要的是对操作 / 非操作人员的用电保护。操作人员要接受安全用电的系统培训以便规范操作，并在必要时应急自救，保护个人人身安全。

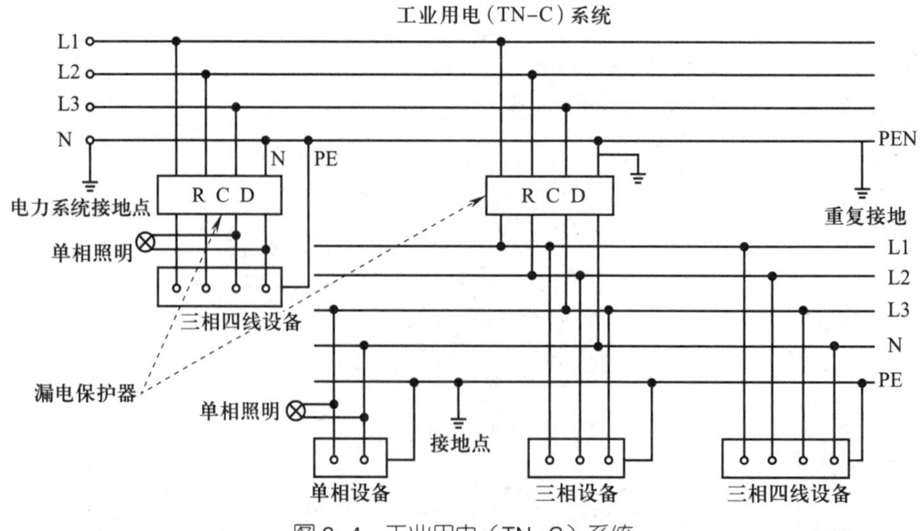

图 6–4　工业用电（TN–C）系统

二、触电急救

当通过人体的电流达 0.01 A 左右时，除疼痛和强烈的肌肉挛缩外，触电者会将导体握得更紧，除非数秒内切断电源，否则皮肤将被烧伤起泡，电阻迅速下降，电流持续数秒就会造成心室纤维性颤动，心脏停止泵血，症状在受害者脱离电源后仍会持续。在胸部实施电击，心脏有可能恢复有节律的搏动。但如果不能得到紧急救治，将导致死亡。意外触电的抢救措施见表 6–3。

表 6–3 意外触电的抢救措施

措施	操作
脱离电源	不可直接拉扯触电者，必须先切断电源
	切勿用潮湿的工具或金属物拨开电线
	切勿用手触及触电者
	切勿用潮湿的物件搬动触电者
检查及现场抢救	将触电者移到通风干燥处，解开紧身衣服，检查触电者的口腔，清理口腔内黏液，就地抢救。如果呼吸停止，则采用人工呼吸法抢救；如果心脏停止跳动或不规则颤动，则须采用胸外心脏按压法抢救
猝死急救	倒地 5 分钟内是急救黄金时间
转送医疗机构	打电话呼叫救护车
	送医院时，触电者应平躺在车上，不要蜷曲
	送去医院后，通知专业人员现场抢修电线、电缆和插座，以免再次发生意外

三、静电防护

1. 静电放电危险

静电放电（electrostatic discharge，ESD）是电势不同的两个物体间的静电传导，它既可以通过直接接触传导，也可以通过感应电场传导。在搬运部件或其容器时，未接地的人员可能会传导大量的静电荷。这一放电过程可能会损坏灵敏的电子装置。

人体静电放电产生的火花在易燃易爆场所可能会引起火灾爆炸。当人体静电电场超过周围介质（一般是空气）的击穿场强时，介质将会被击穿，同时发出火花和声响，这就是火花放电。

2. 静电管理规范

绝大多数企业会制定相应的规范，防止静电对产品及元件造成损伤，保证产品及元件在生产、检验、维修、周转、仓储过程中的安全，确保产品质量。企业静电管理规范示例如图 6–5 所示。

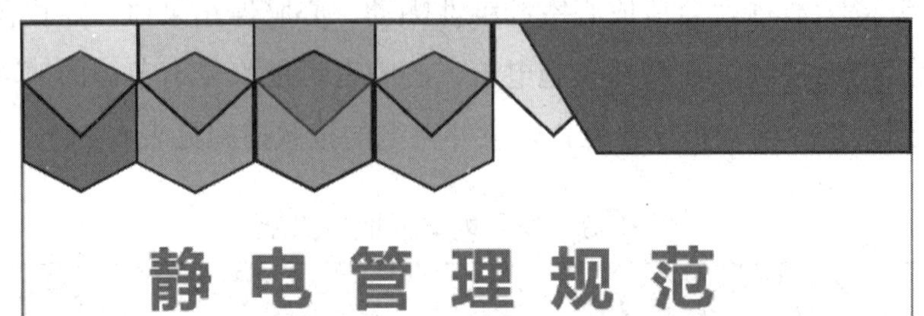

静 电 管 理 规 范

1. ESD敏感部品：容易被静电场或静电放电破坏的半导体元件、半成品、成品。

2. 一级防静电区：ESD防护重要区域，IC操作、测试、烧录的作业站等。一级防静电区为生产部重要的静电防护区域，区域内的直接作业人员佩戴有线静电手环，戴防静电手套在防静电工作台上作业。

3. 二级防静电区：ESD防护一般区域。插件线、剪脚、清板线、包装线等区域内的工作人员应佩戴有线静电手环且设备、工具均要良好接地。

4. 设备接地线:指从设备外壳引出至AC接地线的整段地线（两相三线或三相五线）。

5. 防静电耗材：如静电屏蔽袋、防静电包装袋、手套、防静电液等。

6. 防静电容器：用来盛装ESD敏感部品的ESD用品，如防静电周转箱。

7. 防静电工具：具有防静电功能的，用于产品试制、生产、检验和试验过程的通用标准器具，如烙铁手腕带等。

8. 防静电设施：具有防静电功能的生产用物品，如货架、工作台等。

9. 防静电接地系统由接地桩和楼层垂直主干线、水平分支线构成。

10. 所有机器设备、测量设备接AC接地线：静电手环、货架、防静电桌垫均须接静电接地线。

11. AC接地线和静电接地线须每年检测一次，记录在“接地电阻检测表”上。

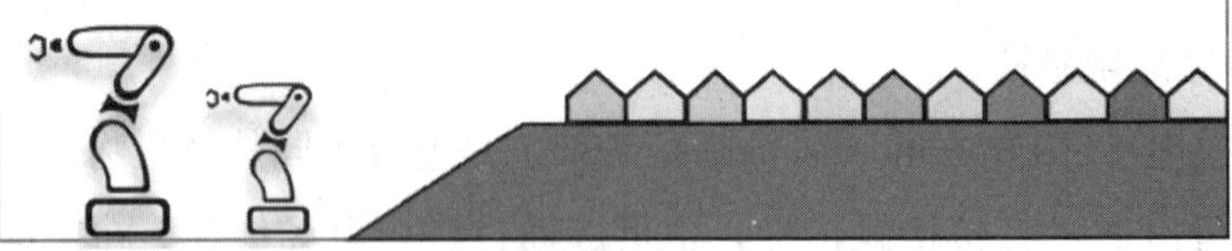

图 6–5　静电管理规范示例

培训课程 3
防爆、防水、消防安全及节能环保

一、防爆

自动导引运输车、自主移动机器人以及巡检机器人等移动机器人的应用场景不断扩大，自动化程度日益成熟，在煤矿、石油、化工、铁路、军工、航空、航天等特殊行业中逐渐得到广泛应用。然而，这些特殊行业往往存在易燃易爆气体和粉尘等危险因素，因此移动机器人（见图 6–6）可能存在产生点火源或静电的风险，在遇到危险气体或粉尘时，可能引发燃烧或爆炸。为了确保安全，机器人的车体、充电装置、驱动装置等部件必须通过防爆认证。但是，移动机器人通常依赖储能蓄电池作为动力，需要定期充电，而传统的接触式充电方式存在拉弧、打火等安全隐患，无法在有爆炸危险的工作场所实施；另外，由于充电需要频繁开断，防爆也难以实施。因此，高安全性的充电方式是移动机器人防爆的关键之一。

图 6–6　移动机器人

二、防水

国际电工委员会（International Electrotechnical Commission，IEC）是一个全球性的非营利性会员组织，负责制定和发布电气、电子和相关技术的国际标准。IP 等级由 IEC 规定，一般由两位数字组成，如图 6–7 所示。

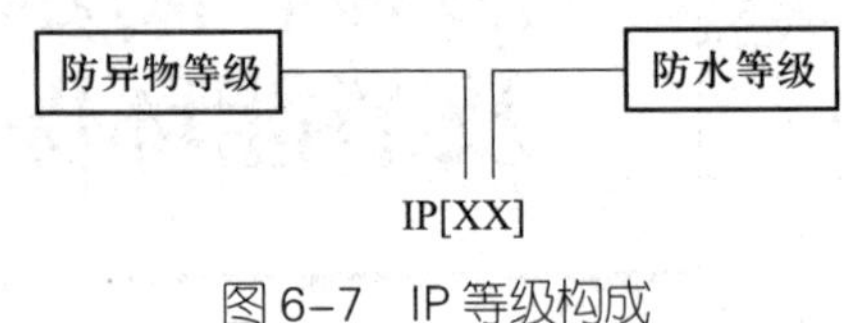

图 6–7　IP 等级构成

第一个 X 是指防止固体异物进入的防护等级（0 ~ 6 级）；第二个 X 是指防止水进入的防护等级（0 ~ 8 级）。数字越大，表示防护等级越高。例如 IP68，6 表示防异物 6 级，8 表示防水 8 级，当两项其中一项未经过测试时就用 X 表示。IP 等级见表 6–4。

表 6–4　IP 等级

第一个 X	防护范围	第二个 X	防护范围
0	无防护	0	无防护
1	防止直径不小于 50 mm 的固体异物	1	防止垂直方向滴水
2	防止直径不小于 12.5 mm 的固体异物	2	防止当外壳在 15° 倾斜时垂直方向滴水
3	防止直径不小于 2.5 mm 的固体异物	3	防淋水
4	防止直径不小于 1.0 mm 的固体异物	4	防水溅
5	防尘	5	防喷水
6	尘密	6	防强烈喷水
		7	防短时间浸水影响
		8	防持续浸水影响
		9	防高温 / 高压喷水影响

例如，发那科 LR Mate 200iD/4S 机器人的 IP 等级为 IP67（见图 6–8），即

代表该机器人尘密，能防止短时间浸水影响。

<table>
<tr><td>手腕部可搬运质量（注释 4）</td><td>手腕部</td><td colspan="2">最大 4 kg</td></tr>
<tr><td rowspan="3">手腕部允许负载力矩</td><td>J4轴</td><td colspan="2">8.86 N·m</td></tr>
<tr><td>J5轴</td><td>8.86 N·m</td><td>4.00 N·m
5.50 N·m（注释5）</td></tr>
<tr><td>J6轴</td><td>4.90 N·m</td><td></td></tr>
<tr><td rowspan="3">手腕部允许负载惯量</td><td>J4轴</td><td colspan="2">0.20 kg·m²</td></tr>
<tr><td>J5轴</td><td>0.20 kg·m²</td><td>0.046 kg·m²
0.083 kg·m²（注释5）</td></tr>
<tr><td>J6轴</td><td>0.067 kg·m²</td><td></td></tr>
<tr><td colspan="2">驱动方式</td><td colspan="2">使用 AC 伺服电动机进行电气伺服驱动</td></tr>
<tr><td colspan="2">重复定位精度（注释6）</td><td colspan="2">±0.01 mm</td></tr>
<tr><td colspan="2">机器人质量（注释7）</td><td>20 kg</td><td>19 kg</td></tr>
<tr><td colspan="2">防尘防液结构（注释8）</td><td colspan="2">符合 IP67 标准（4S/4SH）
符合IP67标准 Clean Class 10 规格（ISO class 4）（4SC）</td></tr>
<tr><td colspan="2">噪声</td><td colspan="2">64.7 dB（注释9）</td></tr>
</table>

图 6–8　发那科 LR Mate 200iD/4S 机器人相关参数

三、消防安全

1. 火灾、爆炸事故原因

（1）无论是生产用火还是生活用火，对火源的管理不善。

（2）易燃物品管理不善，库房不符合防火标准，没有根据物品的性质分类储存。例如，将性质互相抵触的化学物品合放、将遇水燃烧的物质放在潮湿地点等。

（3）电气设备绝缘不良，安装不符合规程要求，发生短路、超负荷。

（4）工艺布置不合理，易燃易爆场所未采取相应的防火防爆措施，设备缺乏维护、检修或检修质量低劣。

（5）违反安全操作规程，设备使用超温超压，或在易燃易爆场所违章动火、吸烟，或违章使用汽油等易燃液体。

（6）通风不良，生产场所的可燃气体或粉尘在空气中达到爆炸浓度并遇火源。

（7）避雷设备装置不当，缺乏检修或没有避雷装置，遭受雷击引起失火。

（8）易燃易爆生产场所的设备管线没有采取静电消除措施，发生放电产生火花。

（9）棉纱、油布等放置不当，在一定条件下自燃起火。

2. 工业机器人的消防安全

工业机器人的消防安全是一个非常需要重视的问题。由于机器人周边通常会存在大量的电子设备以及易燃物品，一旦发生火灾，后果将非常严重。因此，对于工业机器人系统运维员来说，消防安全是管理的重要部分，应熟练掌握“三懂三会”，如图 6–9 所示。

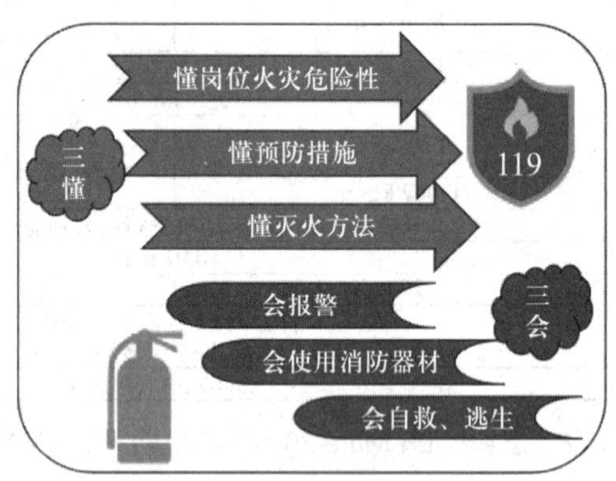

图 6–9 “三懂三会”

（1）火灾分类及扑救方法（见表 6–5）。

表 6–5 火灾分类及扑救方法

分类	含义
A 类火灾	固体物质火灾，如木材、棉花等
B 类火灾	液体或可熔化固体物质火灾，如汽油、煤油、乙醇等
C 类火灾	气体火灾，如煤气、天然气、甲烷等
D 类火灾	金属火灾，如钾、钠、镁等
E 类火灾	带电火灾，物体带电燃烧的火灾，如变压器等设备的电气火灾等
F 类火灾	烹饪器具内的烹饪物（如动物油脂）火灾

（2）灭火器分类及原理（见表 6–6）。

表 6–6 灭火器分类及原理

分类	原理
泡沫灭火器	泡沫灭火器能喷射出大量泡沫黏附在可燃物上，使可燃物与空气隔绝，破坏燃烧条件，达到灭火的目的
干粉灭火器	1）干粉中无机盐的挥发性分解物，对燃烧过程中产生的自由基或活性基团起化学抑制和负催化作用，使燃烧的链反应中断而灭火 2）干粉的粉末落在可燃物表面，发生化学反应，并在高温作用下形成一层玻璃状覆盖层，从而隔绝氧气灭火 3）部分稀释氧和冷却作用

续表

分类	原理
二氧化碳灭火器	CO_2 具有较高的密度，约为空气的 1.5 倍。灭火时，CO_2 可以包围在可燃物表面或分布于较密闭的空间中，降低可燃物周围或防护空间内的氧浓度，产生窒息作用而灭火。另外，CO_2 从储存容器中喷出时，会由液体迅速汽化成气体，吸收周围的热量，起到一定的冷却作用

电气设备引发的火灾通常采用干粉灭火器、二氧化碳灭火器进行扑救。手提式干粉灭火器的使用方法见表 6–7。

表 6–7　手提式干粉灭火器的使用方法

操作步骤	图示
提起灭火器	1
拔下保险销	2
握住软管	3
对准火苗根部扫射	4

在现代工业社会快速发展期间，高层建筑越来越多，电气设备的使用也越来越普遍，消防安全也应该引起足够的重视。在日常生活中，应留意、熟悉消防疏散图（见图 6–10）和安全通道，一旦发生火灾，能迅速、有序地撤离现场。牢记撤离火灾现场“八步逃生法”（见图 6–11），正确、有效地保护自身的安全。

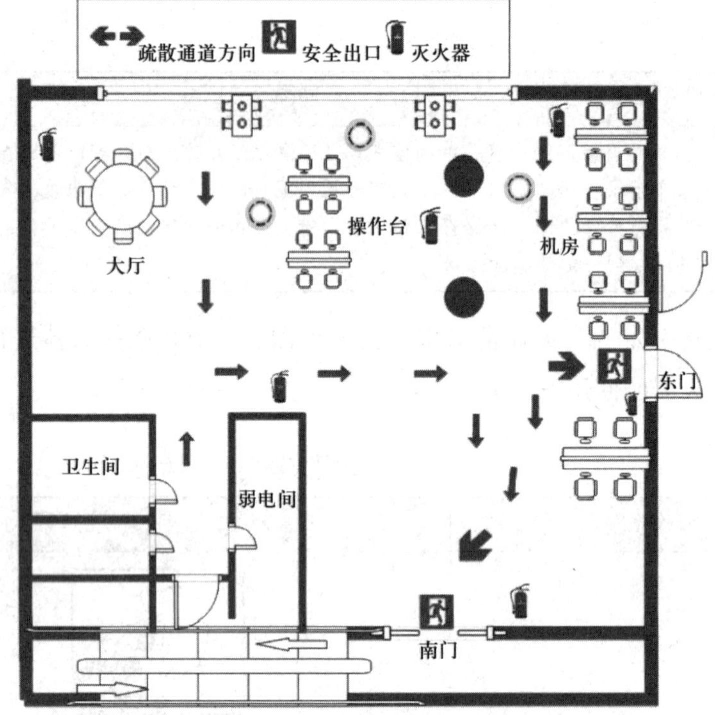

图 6–10 消防疏散图（示例）

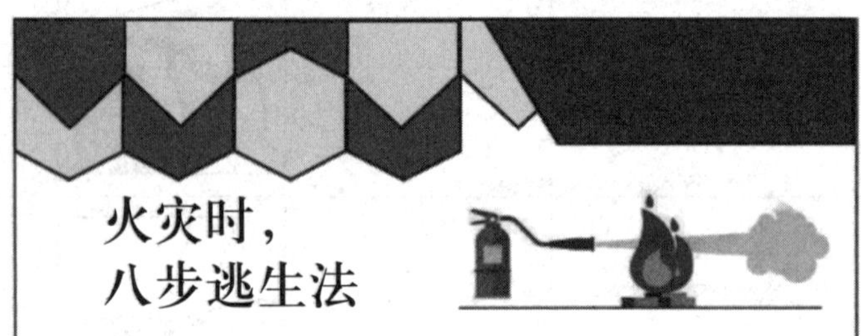

1. 及时撤离，不贪财物。

2. 常备防烟面罩、毛巾、口罩等。

3. 高层火灾可用绳索、床单、窗帘自制简易救生绳，用水打湿，紧栓固定物上，用毛巾等保护手心，顺绳滑下。

4. 快速撤离，披上浸湿衣物，跑向安全出口。

5. 善用通道，莫入电梯。

6. 大火袭来，固守待援。如房门已发烫，可关紧门窗，用湿毛巾塞堵门窗缝隙，防止烟火渗入，等待救援。

7. 火已烧身，切勿惊跑。身上着火，应迅速脱下衣服，就地打滚，压灭火苗。

8. 发出信号，寻求救援。若所有逃生线路被封，应退回室内，用打手电筒、挥舞衣物、呼叫等方式发送求救信号。

图 6–11 撤离火灾现场“八步逃生法”

四、节能环保

我国生产生活方式加快转向低碳化、智能化，能源体系和发展模式正在进入非石化能源主导的崭新阶段，力争如期实现碳达峰、碳中和的要求。

在工业机器人领域，通过改进、优化设备，研发更加精确的控制系统来实现对资源的有效利用。例如，喷漆机器人利用更精确的传感器准确测量材料表面的形状和尺寸，结合更加稳定和智能的控制系统进行最小化喷涂，减少喷涂量，从而减少涂料的浪费。这样不仅可以为企业降低成本、提高生产效率和精度，同时也达到了节约资源的目的。

我国基于推动实现可持续发展的内在要求和构建人类命运共同体的责任担当，宣布了碳达峰、碳中和目标愿景，简称“双碳”。实现碳达峰、碳中和，是以习近平同志为核心的党中央统筹国内国际两个大局作出的重大战略决策，是着力解决资源环境约束突出问题、实现中华民族永续发展的必然选择，是构建人类命运共同体的庄严承诺。

实现碳达峰、碳中和目标，要坚持“全国统筹、节约优先、双轮驱动、内外畅通、防范风险”原则。对个人而言，要保持环保节能意识，从身边的小事做起，为实现目标贡献力量。

职业模块 7 质量管理知识

培训课程 1

生产质量管理

一、质量管理体系的发展

1979 年，ISO/TC176（质量管理和质量保证技术委员会）制定了一系列关于质量管理的国际标准、技术规范、技术报告，统称为 ISO 9000 族标准。ISO 9000 族发展史如图 7–1 所示。

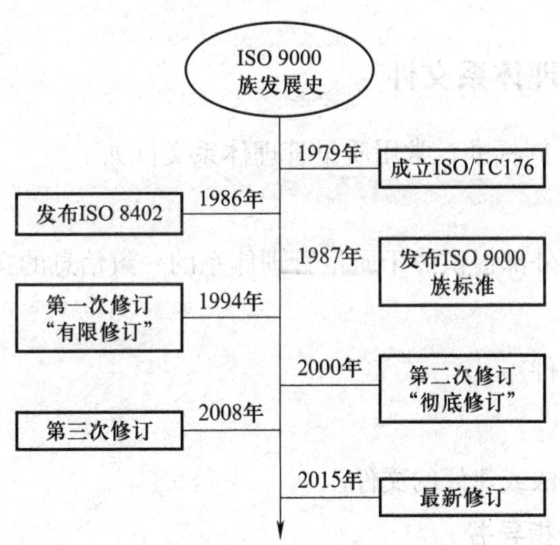

图 7–1　ISO 9000 族发展史

1986 年，国际标准化组织 ISO 将全面质量管理的内容和要求进行了标准化，并于 1987 年 3 月正式颁布了 ISO 9000 族标准，这是全面质量管理发展的第三个阶段。已发布的 ISO 9000 族标准如图 7–2 所示。

GB/T 19001/ISO 9001《质量管理体系　要求》，迄今为止依然是世界上最成熟的质量框架。后续的 GB/T 19004/ISO 9004，也为超出 GB/T 19001/ISO 9001 要求的质量管理方法提供了指南。

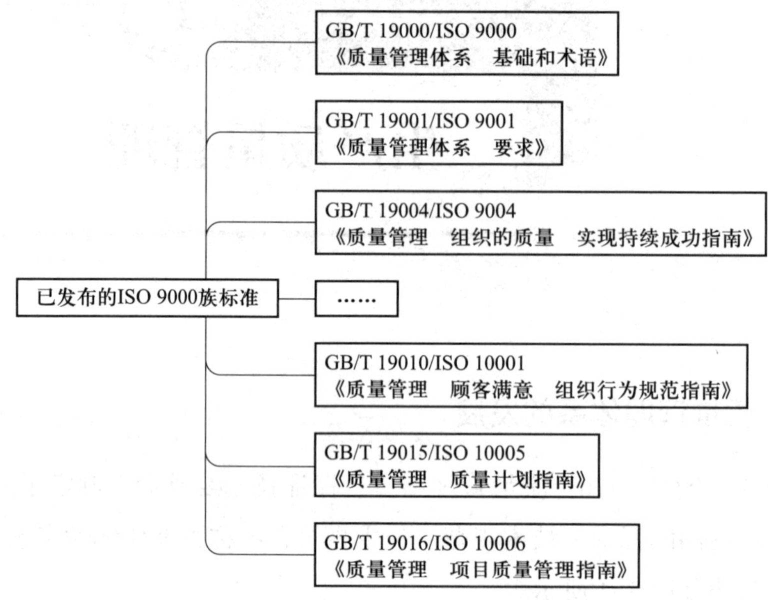

图 7–2　已发布的 ISO 9000 族标准

二、质量管理体系文件

遵照 ISO 9000 族标准，常用质量管理体系文件如下。

1. 质量手册

向组织内部和外部提供关于质量管理体系的一致信息的文件。

2. 规范

阐明要求的文件。

3. 指南

阐明推荐的方法或建议的文件。

4. 程序 / 作业指导书

提供如何一致地完成活动和过程的信息的文件。

5. 记录

对完成的活动或达到的结果提供客观证据的文件。

6. 表格

记录质量管理数据的文件。

三、质量管理原则

质量管理原则及相互关系如图 7–3 所示。

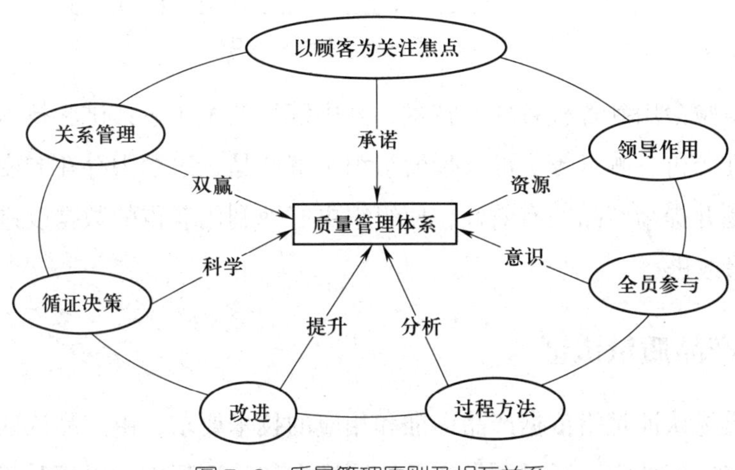

图 7–3 质量管理原则及相互关系

质量管理的首要关注点是满足顾客要求并且努力超越顾客期望，各级领导者要建立并贯彻统一的目标和方向，并创造全员积极参与、协同努力的环境。整个组织内，积极参与的人员是提高组织创造价值和能力的必要基础。采用过程方法，将一个组织或项目的运作视为一系列相互关联的过程，通过对这些过程的系统管理实现目标，可以更加有效和高效地得到一致的、可以预知的结果。一个成功的组织会持续关注改进方法，会基于对数据和信息的分析、评价而做出决策。

为了合作双赢，也为了持续成功，组织需要管理与相关方（如供方）的关系。在质量管理七项基本原则中，过程方法具有举足轻重的地位。过程方法是系统地识别和管理组织所应用的过程及其相互作用的方法，每个过程都有三个重要的角色，即顾客、操作者和供方，过程不同，角色也会转变。任何一个过程都可以分成若干个更小的过程，而若干个性质相似的过程又可以组成一个大过程。

四、质量检验

质量检验是质量管理工作中的一个重要环节，是对全生产过程中风险的把控和检查，具体步骤如图 7–4 所示。

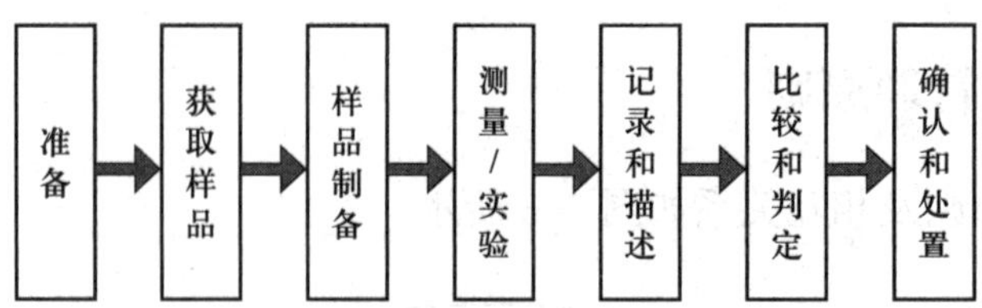

图 7–4　质量检验的七个步骤

质量检验会用到各种各样的技术，其中统计技术（包括试验技术、统计抽样、可靠性分析、测量等）可以帮助组织了解产品、过程中存在的变异，有助于解决问题并提高产品的有效性，使组织更好地利用获得的数据以进行科学的决策和质量改进。

五、产品质量认证

产品质量认证是指依据产品标准和相应的技术要求，由产品认证机构对产品是否合格实施评定，通过颁发产品认证证书和认证标志，以证明某一产品符合相应标准和要求。产品质量认证作为一种外部质量的保证手段，是随着现代工业发展逐渐发展起来的。

我国产品质量认证标志如图 7–5 所示。机器人检验检测认证体系实行统一的认证标志管理，机器人认证标志基本图案如图 7–6 所示。

图 7–5　产品质量认证标志

图 7–6　机器人认证标志基本图案

工业机器人认证包括对安全、EMC 和运动性能的认证，依据标准主要包括以下几个。

1.《工业机器人　性能规范及其试验方法》（GB/T 12642—2013）。

2.《工业环境用机器人　安全要求　第 1 部分：机器人》（GB 11291.1—2011）。

3.《机械安全　设计通则　风险评估与风险减小》（GB/T 15706—2012）。

4.《机械电气安全　机械电气设备　第 1 部分：通用技术条件》（GB/T 5226.1—2019）。

培训课程 2 生产质量保证措施

一、产品质量控制

1. 采购质量控制

采购质量是指与采购活动有关的质量问题，采购质量直接影响企业最终产品的质量。采购质量控制是指组织通过建立采购质量管理保证体系以及组织一系列的质量活动，对供应商提供的产品进行遴选、评价、验证，确保采购的产品符合规定的质量要求，保证企业物资供应。例如，工业机器人生产制造企业采购的伺服电动机、伺服驱动器、控制器等关键零部件。

2. 生产质量控制

生产质量控制的目的是确保生产顺畅，保证产品质量，完善生产流程，确保产品的可追溯性。生产质量控制主要是通过监督产品生产过程、检验产品质量、分析和溯源所出现的产品质量问题等方法，保证产品生产质量。例如，在工业机器人的生产制造过程中，对机械加工与装配质量、电气元件装配质量、产品设计质量等的质量控制。

3. 储运质量控制

储运质量控制即在存储、运输等过程中，为了保证产品质量而采取的质量控制措施。对于工业机器人产品来说，应明确包装、存放、装卸、运输等过程的要求，以保证工业机器人产品质量稳定。

4. 售后质量控制

对售后进行质量控制，一方面，可以持续满足客户的需要，为客户服务，增加产品的竞争力；另一方面，也为产品质量的进一步提升提供了必要信息。

例如，工业机器人产品用户反馈的使用情况和新的应用需求，都为其质量的提升和改进提供了方向。

5. 检测质量控制

比对实验是对检验检测机构技术能力的一种质量控制方法。通过比对实验，发现检测能力的不足（如设备仪器的不足、人员能力的欠缺、检测方法存在问题等），进而促使检验检测机构有针对性地改进，提高其技术能力。

二、PDCA 管理循环

PDCA 管理循环（见图 7–7）又称戴明环，是企业管理可遵循的科学程序，即改善计划制订和组织实现的过程。PDCA 是企业管理中一种非常重要的管理思维，同样也适用于个人的人生规划。PDCA 管理循环分为 plan（计划）、do（执行）、check（检查）、act（处理）四个阶段。

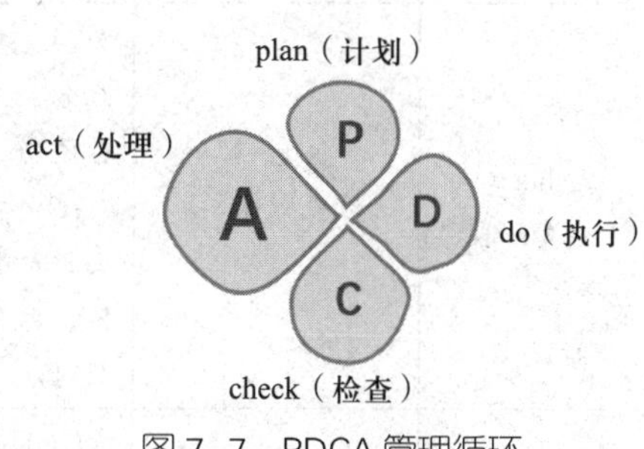

图 7–7　PDCA 管理循环

当为组织解决问题时，在绝大多数情况下不可能只解决单一的问题，一般需要解决很多小的问题，这就是我们日常所说的大环套小环、一环套一环。每进行一次 PDCA 循环，产品质量、过程能力或工作质量就提高一步，PDCA 管理循环是不断上升的循环，也就是常说的“持续改进”。

以 8D 分析法的实施运用为例（见表 7–1），阐述 PDCA 管理循环。

表 7–1　8D 分析法

PDCA 管理循环	实施步骤	实施要点	8D 报告
plan （计划阶段）	（1）分析现状 （2）找出原因 （3）分析主次原因 （4）研究措施，制订计划	（1）收集信息，在整理的基础上充分利用 （2）明确可以利用的资源和实施中可能遇到的制约条件 （3）区别目标与能力 （4）充分考虑目标与资源的平衡 （5）确定用于检查、评价计划可行性的方法 （6）营造良好的沟通氛围，将计划下发至每个部门 （7）注意做好人力潜能的开发，以不断提高员工素质	（1）成立问题分析小组 （2）问题描述 （3）临时对策 （4）根本原因分析

续表

PDCA 管理循环	实施步骤	实施要点	8D 报告
do （执行阶段）	实施计划	（1）让实施部门充分认识此项工作或活动的必要性 （2）将计划完整、准确地传达给实施部门及人员 （3）在实施过程中要进行必要的教育和培训工作 （4）在必要的时候投入必要的资源，避免浪费	长期对策
check （检查阶段）	检查效果	（1）评价计划是否符合现状、所依信息是否充分、目标设定是否合理、实现计划的手段是否适当、对实施效果的评估是否有偏差 （2）检查是否按计划实施，如对质量活动必要性的认识是否充分、计划的传达理解是否到位、教育与培训工作是否有效、资源配送是否及时	效果验证
act （处理阶段）	（1）对实施结果进行总结分析 （2）对遗留问题进行下一轮循环	（1）必须明确区分“现象的消除”与“原因的消除” （2）改善不仅是消除现象，还要通过消除原因向前推进 PDCA 管理循环 （3）对未达成目标的项目，要仔细分析原因，重新制订计划	（1）预防措施 （2）团队激励

企业自身情况不同，产品质量管理的具体细节也各不相同。企业可以以国家质量管理标准体系为指导依据，打造适合自身发展的管理规范。

职业模块 8 相关法律、法规及标准知识

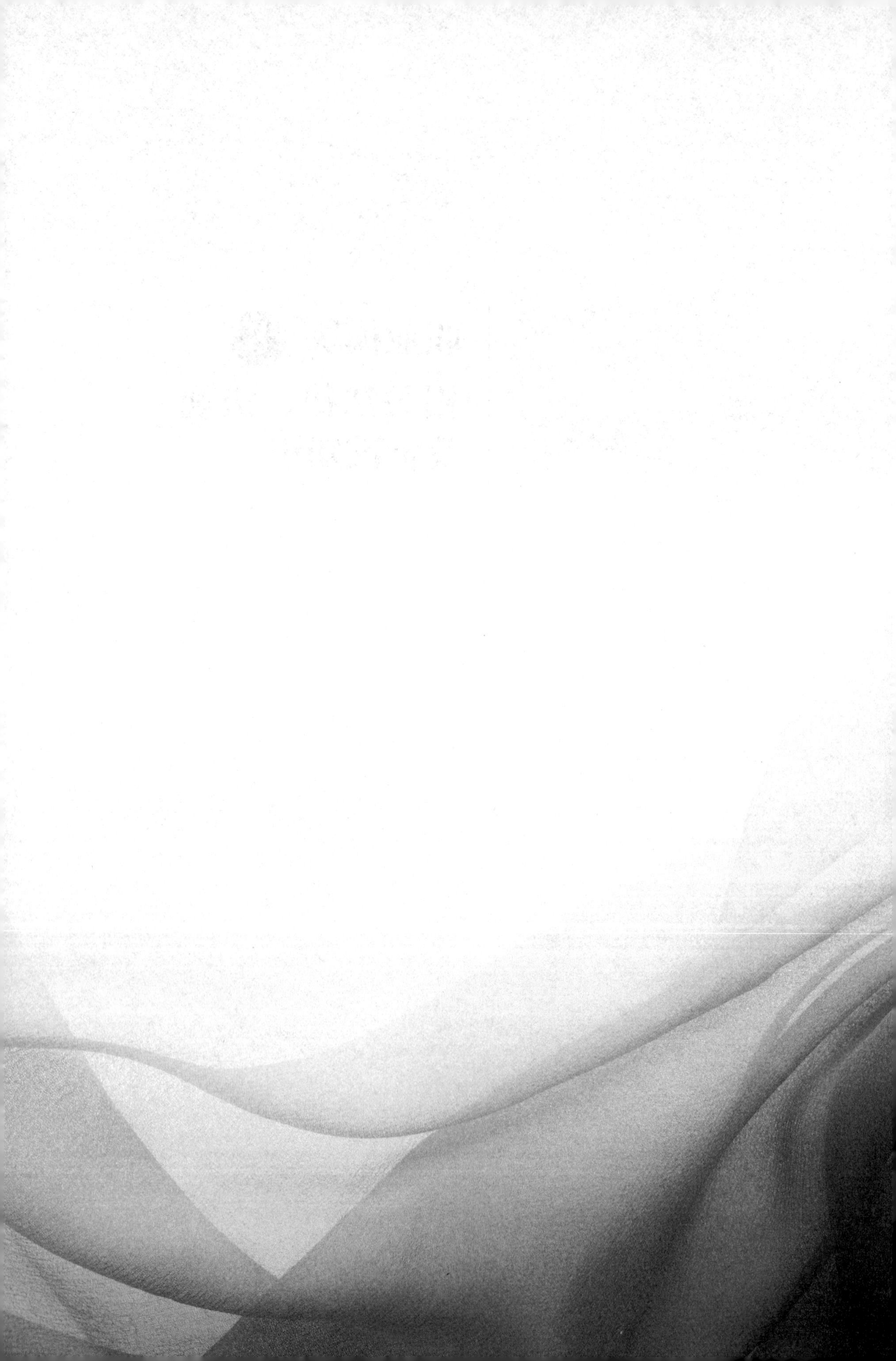

培训课程 1

相关法律、法规知识

一、《中华人民共和国劳动法》

劳动法是调整劳动关系以及与劳动关系有密切联系的其他社会关系的法律规范的总称。劳动法包括以下基本内容：促进就业、劳动合同和集体合同、工作时间和休息休假、工资、劳动安全卫生、女职工和未成年工特殊保护、职业培训、社会保险和福利、劳动争议、监督检查等。《中华人民共和国劳动法》（以下简称《劳动法》）是国家为了保护劳动者的合法权益，调整劳动关系，建立和维护适应社会主义市场经济的劳动制度，促进经济发展和社会进步，根据宪法制定并颁布的法律。1994 年 7 月 5 日，《劳动法》由第八届全国人民代表大会常务委员会第八次会议通过，自 1995 年 1 月 1 日起施行，其修订次数为两次。

二、《中华人民共和国劳动合同法》

劳动合同是指劳动者同企业、国家机关、事业单位、民办非企业单位、个体经济组织等用人单位之间订立的明确双方权利和义务的协议。2007 年 6 月 29 日，《中华人民共和国劳动合同法》（以下简称《劳动合同法》）由第十届全国人民代表大会常务委员会第二十八次会议通过，自 2008 年 1 月 1 日起施行。这是自《劳动法》颁布实施以来，我国劳动和社会保障法治建设中的又一座里程碑。

《劳动合同法》对劳动合同的订立、履行、变更、解除和终止等方面作出了详细规定，旨在完善劳动合同制度，明确劳动合同双方当事人的权利和义务，保护劳动者的合法权益，构建和发展和谐稳定的劳动关系。

《劳动合同法》的实施对于维护劳动者的合法权益、促进就业稳定、规范用人单位的劳动管理、构建和谐劳动关系等具有重要意义。

三、《中华人民共和国安全生产法》

《中华人民共和国安全生产法》（以下简称《安全生产法》）是为了加强安全生产工作，防止和减少生产安全事故，保障人民群众生命和财产安全，促进经济社会持续健康发展而制定的。

2021 年 6 月 10 日，第十三届全国人民代表大会常务委员会第二十九次会议通过《关于修改〈中华人民共和国安全生产法〉的决定》，自 2021 年 9 月 1 日起施行。安全生产是我国的一项长期基本国策，是有效保护劳动者安全及健康，保护国家财产安全，促进社会生产力发展，促进社会和谐稳定的基本保证。

四、《中华人民共和国产品质量法》

《中华人民共和国产品质量法》（以下简称《产品质量法》）是为了加强对产品质量的监督管理，提高产品质量水平，明确产品质量责任，保护消费者的合法权益，维护社会经济秩序而制定的法律。

在中华人民共和国境内从事产品生产、销售活动，必须遵守《产品质量法》的规定，生产者、销售者应当建立健全内部产品质量管理制度，严格实施岗位质量规范、质量责任以及相应的考核办法。

五、《中华人民共和国环境保护法》

《中华人民共和国环境保护法》是为保护和改善环境，防治污染和其他公害，保障公众健康，推进生态文明建设，促进经济社会可持续发展而制定的法律。

2014 年 4 月 24 日，第十二届全国人民代表大会常务委员会第八次会议修订通过，自 2015 年 1 月 1 日起施行。

培训课程 2

工业机器人相关国家标准知识

一、GB 11291.1—2011《工业环境用机器人　安全要求　第 1 部分：机器人》

标准 GB 11291.1—2011 主要规定了工业机器人的基本安全设计、防护措施以及使用信息的要求和准则。描述了工业机器人相关的基本危害情况，并提出了消除或充分地减小这些危险的要求。

标准 GB 11291.1—2011 的附录 A 对工业机器人可能出现的主要危险进行了说明，具体内容见表 8-1。

表 8-1　工业机器人可能出现的主要危险

序号	类型	描述	相关危险区域	相关危险状况示例
1	机械危险	压碎	限定空间	机器人手臂或附加轴的任一部件的运动（正常或奇异）
2		剪切	配套设备的周围	附加轴的运动
3		切割或切断	限定空间	产生剪切动作的移动或旋转
4		缠结	限定空间	腕部或附加轴的旋转
5		拉入或陷进	限定空间近处的固定物体周围	机器人手臂和任何固定物体之间
6		冲撞	限定空间	机器人手臂的任一部件的运动（正常或奇异）

续表

序号	类型	描述	相关危险区域	相关危险状况示例
7	电气危险	人与带电部件的接触（直接接触）	电气控制柜，终端箱，机器上的控制面板	与带电部件或连接件的接触
8	设计过程中由于忽视人体工程学原理而导致的危险	不健康的姿势或过度用力（反复用力）	示教盒	不良设计的示教盒
9		对手臂或腿脚在解剖学上的考虑不足	在装/卸工件和安装或设置工具处	控制装置的不合适位置
10		手动控制装置的设计、位置及标识不当	位于或接近机器人单元处	控制装置的无意操作
11		视觉显示单元的设计或位置不当	位于或接近机器人单元处	对显示信息的误解
12	意外启动、意外超限运动/超速	能源的故障/紊乱	位于或接近机器人单元处	对机器人附加轴的机械危害
13		能源中断后的恢复	位于或接近机器人单元处	机器人或附加轴的意外运动
14		对电气设备的外部影响	位于或接近机器人单元处	因电磁干扰，电控装置的不可预见行为
15		电源故障（外部电源）	位于或接近机器人单元处，其中机器人部件是通过应用电能或液压维持安全状态的	因机器人手臂制动的释放引起的控制失效。制动的释放导致机器人部件在残余力（惯性力、重力、弹性/储能装置）的作用下意外运动
16		控制电路故障（硬件或软件）	位于或接近机器人单元处	机器人或附加轴的意外运动
17		机器失稳或翻转	位于或接近机器人单元处	无约束的机器人或附加轴（它们靠重力保持其位置）跌落或翻倒

针对机器人和机器人系统的设计和制造应满足的要求，标准 GB 11291.1—2011 提出了检验方法：视觉检查、实际实验、测量、在操作中观察、分析电路图。

标准 GB 11291.1—2011 还给出了动力传递部件、动力损失或变化、部件故障、能源、储能、电磁兼容性和电气设备的通用要求。

此外，标准 GB 11291.1—2011 还详细规定了致动控制，与安全相关的控制系统性能（软件 / 硬件）、机器人停止功能、降速控制、操作方式、示教控制、同时运动控制、协同操作要求、奇异性保护、单轴限位、无驱动源运动、起重措施、电连接器等的设计要求、保护措施和对应适用的检验方式。

二、GB 11291.2—2013《机器人与机器人装备 工业机器人的安全要求 第 2 部分：机器人系统与集成》

标准 GB 11291.2—2013 主要规定了工业机器人、工业机器人系统和工业机器人单元集成的安全要求。集成主要是工业机器人系统或单元的设计、制造、安装、运行、维护和报废等。本标准描述了与这些系统有关的基本危险和危险情况，并提出了消除和充分降低与这些危险相关的风险的要求。同时，也规定了对作为集成制造系统的部分工业机器人系统的要求，但不专门涉及关于加工过程中的危险（如激光辐射、弹出碎片、焊接烟雾）。

标准 GB 11291.2—2013 的附录 A 详细列举了机器人和机器人系统的重大危险清单，具体见表 8–2。

表 8–2 机器人和机器人系统的重大危险清单

序号	类型或组	危险情况示例	
		来源	潜在后果
1	机械危险	● 机器人臂任何部分、末端执行器或机器人单元移动部分的运动（包括返回） ● 外部轴的运动（包括处于服务位置的末端执行器工具） ● 在末端执行器或外部轴、正被操控零件及相关设备上的锐利工具的旋转或运动 ● 任何机器人轴的旋转运动 ● 跌落或弹射出的材料及制品 ● 末端执行器故障（分离） ● 宽松的衣服、长发 ● 机器人手臂和任何固定物体之间 ● 末端执行器和任何固定物体之间（护栏、横梁等） ●（跌入）夹具之间，来回往返物体之间，以及公共设施之间	➢ 挤压 ➢ 剪切 ➢ 切割或切断 ➢ 纠缠 ➢ 拖入或困住 ➢ 碰撞 ➢ 刺伤或穿刺 ➢ 摩擦、磨损 ➢ 高压流体 / 煤气注入或喷射

续表

序号	类型或组	危险情况示例	
		来源	潜在后果
1	机械危险	● 在自动模式下被困操作员无法（经单元门）离开机器人单元 ● 夹具或夹持器的意外运动 ● 工具的意外释放 ● 处置操作时机器或机器人单元部件的意外运动 ● 末端执行器或相关设备（包括机器人控制的外部轴，特别是磨轮加工等）的意外运动或激活 ● 储备源潜在能量的意外释放	➢ 挤压 ➢ 剪切 ➢ 切割或切断 ➢ 纠缠 ➢ 拖入或困住 ➢ 碰撞 ➢ 刺伤或穿刺 ➢ 摩擦、磨损 ➢ 高压流体 / 煤气注入或喷射
2	电气危险	● 接触带电部件或连接器（机器的电器柜、端子箱、控制面板） ● 系统内、电气柜和终端的不同电压的混淆，如驱动电源、控制电源 ● 与电器（电子）电路的分立元件的接触，如电容 ● 暴露于电弧光中 ● 采用高压或高频加工，如静电喷漆，感应加热 ● 高压焊接应用	➢ 触电死亡 ➢ 电击 ➢ 灼伤 ➢ 熔化粒子的喷射
3	热能危险	● 与末端执行器或相关设备、工件连接的热表面（如焊枪、锻压机的热材料、注塑模、磨削和去毛刺） ● 低温表层或物体（深冷加工） ● 加工过程中的爆炸性环境，如油漆（雾化颗粒、粉末涂装）、易燃溶剂、磨削、铣削灰尘 ● 工艺需要的极端温度［熔料、做饭或取暖的炉子（高压炉、冷冻柜或冷却装置等）］ ● 易燃材料（内部集尘系统、冲洗池、密封剂涂抹装置）	➢ 灼伤（热或冷） ➢ 辐射伤害

续表

序号	类型或组	危险情况示例	
		来源	潜在后果
4	噪声危害	● 高噪声源的特殊应用（如水切割机、冲压机、泵和阀门、金属清除设备） ● 妨碍听力或阻碍接收警告危险的声音信号的噪声水平，包括无法通过正常交谈来协调人员活动的情况	➢ 丧失听力 ➢ 丧失平衡 ➢ 丧失意识、迷失方向 ➢ 周围情况或分神的任何其他（如机械的）后果
5	震动危害	● 和震动源直接接触 ● 连接件、紧固件松动 ● 组件或零件未对准	➢ 疲劳 ➢ 损伤神经 ➢ 心血管疾病 ➢ 冲击
6	辐射危害	● 电磁场干扰机器人系统的正常运作 ● 暴露于加工相关的辐射中，如弧焊、激光	➢ 灼伤 ➢ 损伤眼睛和皮肤 ➢ 相关疾病
7	材质危害	● 接触被掩盖在有害液体下的部件 ● 机械和电子部件的故障 ● 接触腐蚀性烟雾和尘埃	➢ 致敏 ➢ 火灾 ➢ 化学灼伤 ➢ 吸入性疾病
8	人体工程学危害	● 设计不当的示教盒，人机界面触摸屏或操作面板（太远或太高） ● 设计不当的装载卸载位置（如元件箱位和装货 / 卸货区距离太远） ● 设计不当的使能装置 ● 控制装置的安置或确认不当（例如难以够到） ● 需要接近的零件安置不当（故障排除、修理、调整） ● 对危险识别模糊、局部照明不足或者遮蔽	➢ 不良位姿或过分努力（重复性过度劳累） ➢ 疲劳
9	与机器使用环境相关的危险	● 在地震区安装的设备 ● 能源的电磁干扰或湧波 ● 湿度 ● 温度	➢ 灼伤 ➢ 疾病 ➢ 打滑、跌落 ➢ 呼吸系统损害 ➢ 冲击

续表

序号	类型或组	危险情况示例	
		来源	潜在后果
10	多种因素结合的危险	● 机器人系统被一人开启，而另一人未想到机器人系统已开启 ● 多个故障 / 状况引起的危险 ● 对实际问题的误判和执行错误或不必要动作引发的综合问题 ● 加重危险程度的行为，如为避免锋利的边缘，反而碰触到灼热表面 ● 握持装置意外释放后余力导致的运动（惯性力、重力、弹簧 / 能量存储装置） ● 安全防护装置功能无法如期正常运转	➢ 多种因素结合的危险或危险状况导致的任何其他后果

由于机器人系统始终是集成到一个特定的应用中，因此集成者应进行风险评估，以确定降低风险的措施，这些措施要能充分降低集成应用中存在的风险。需要特别注意的例子是：为了实现集成应用，个别机器去除了安全防护的情况。

风险评估可以进行系统性分析和对与机器人系统相关的、整个生命周期（试运行、调整、生产、维护、检修、报废）的风险进行评估。

每逢需要时，风险评估后就采取措施降低风险。重复此过程是通过实施保护措施尽量消除危险与减少风险的迭代过程。

风险评估包括确定机器人系统的限制、危险识别、风险估计、风险评价。

三、GB/T 20867—2007《工业机器人　安全实施规范》

本标准规定了工业机器人安全标准的实施步骤和细则，从而增加了 GB 11291 标准的可操作性，便于广大生产厂商、销售商和用户的设计、安装、调试、操作和维护等相关人员全面准确地使用和实施机器人安全标准。本标准适用于工业环境中的工业机器人及其系统的设计、生产、销售、管理和使用。

标准 GB/T 20867—2007 覆盖范围广。该标准包含工业机器人本体及工业机器人系统的安全实施规范，包括工业机器人机器系统的设计、制造、使用、维护、运输等机器人全生命周期过程。本标准属于推荐性国家标准，不具有法律属性，属于技术文件，技术内容简明扼要，不具有强制执行功能。